2次関数

1 定義域・値域
関数 $y=f(x)$ において
　定義域　変数 x のとる値の範囲
　値　域　定義域の x の値に対応して y がとる値の範囲

2 1次関数 $y=ax+b$ のグラフ
傾きが a で y 軸上の切片が b の直線。

3 1次関数 $y=ax+b$ $(p\leqq x\leqq q)$ の最大・最小
$a>0$ のとき　$x=q$ で最大，$x=p$ で最小
$a<0$ のとき　$x=p$ で最大，$x=q$ で最小

4 $y=ax^2$ のグラフ
・y 軸に関して対称な放物線
・$a>0$ のとき下に凸
・$a<0$ のとき上に凸

5 $y=a(x-p)^2+p$ のグラフ
$y=ax^2$ のグラフを，x 軸方向に p，y 軸方向に q だけ平行移動した放物線
　頂点は点 $(p,\ q)$，軸は直線 $x=p$

6 $y=ax^2+bx+c$ のグラフ
$y=a\left(x+\dfrac{b}{2a}\right)^2-\dfrac{b^2-4ac}{4a}$　と変形できるから
頂点は　点 $\left(-\dfrac{b}{2a},\ -\dfrac{b^2-4ac}{4a}\right)$
軸は　直線 $x=-\dfrac{b}{2a}$

7 2次関数の最大・最小
$y=a(x-p)^2+q$ において
$a>0$　$x=p$ で最小値 q をとり，最大値はない。
$a<0$　$x=p$ で最大値 q をとり，最小値はない。

8 2次関数の決定
① 放物線の頂点や軸が与えられている
　⟶ $y=a(x-p)^2+q$ とおく。
② グラフが通る3点が与えられている
　⟶ $y=ax^2+bc+c$ とおく。

9 2次関数のグラフと2次方程式・2次不等式
(1) 2次方程式 $ax^2+bx+c=0$ の解の公式 $x=\dfrac{-b\pm\sqrt{b^2-4ac}}{2a}$

(2) 判別式 $D=b^2-4ac$ とおくと
$D>0 \iff$ 異なる2つの実数解
$D=0 \iff$ ただ1つの実数解（重解）
$D<0 \iff$ 実数解はない

(3) 2次関数 $y=ax^2+bx+c$ のグラフと x 軸の位置関係は $D=b^2-4ac$ の符号によって定まる。

$D=b^2-4ac$	$D>0$	$D=0$	$D<0$
$y=ax^2+bx+c$ のグラフと x 軸の位置関係	α　β　x	α　x	x
$ax^2+bx+c=0$ の解	$x=\alpha,\ \beta$	$x=\alpha$	ない
$ax^2+bx+c>0$ の解 $ax^2+bx+c\geqq0$ の解 $ax^2+bx+c<0$ の解 $ax^2+bx+c\leqq0$ の解	$x<\alpha,\ \beta<x$ $x\leqq\alpha,\ \beta\leqq x$ $\alpha<x<\beta$ $\alpha\leqq x\leqq\beta$	α 以外のすべての実数 すべての実数 ない $x=\alpha$	すべての実数 すべての実数 ない ない

図形と計量

1 正弦・余弦・正接
$\sin A=\dfrac{a}{c}$，$\cos A=\dfrac{b}{c}$，$\tan A=\dfrac{a}{b}$

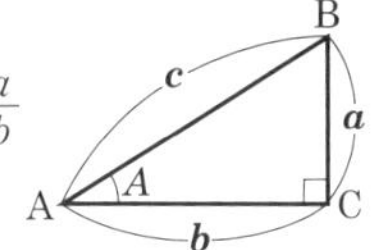

2 $90^\circ-\theta$ の三角比
$\sin(90^\circ-\theta)=\cos\theta$，$\cos(90^\circ-\theta)=\sin\theta$
$\tan(90^\circ-\theta)=\dfrac{1}{\tan\theta}$

3 三角比の符号

θ	0°	鋭角	90°	鈍角	180°
$\sin\theta$	0	＋	1	＋	0
$\cos\theta$	1	＋	0	－	-1
$\tan\theta$	0	＋	なし	－	0

4 $180^\circ-\theta$ の三角比
$\sin(180^\circ-\theta)=\sin\theta$，$\cos(180^\circ-\theta)=-\cos\theta$
$\tan(180^\circ-\theta)=-\tan\theta$

5 相互関係
$\sin^2\theta+\cos^2\theta=1$，$\tan\theta=\dfrac{\sin\theta}{\cos\theta}$，$1+\tan^2\theta=\dfrac{1}{\cos^2\theta}$

6 正弦定理（R は外接円の半径）
$\dfrac{a}{\sin A}=\dfrac{b}{\sin B}=\dfrac{c}{\sin C}=2R$

7 余弦定理
$a^2=b^2+c^2-2bc\cos A$，$\cos A=\dfrac{b^2+c^2-a^2}{2bc}$
$b^2=c^2+a^2-2ca\cos B$，$\cos B=\dfrac{c^2+a^2-b^2}{2ca}$
$c^2=a^2+b^2-2ab\cos C$，$\cos C=\dfrac{a^2+b^2-c^2}{2ab}$

8 三角形の面積
三角形の面積を S とすると
$S=\dfrac{1}{2}bc\sin A=\dfrac{1}{2}ca\sin B=\dfrac{1}{2}ab\sin C$

データの分析

1 平均値
$\bar{x}=\dfrac{1}{n}(x_1+x_2+\cdots\cdots+x_n)$

2 中央値と最頻値
中央値　変量を大きさの順に並べたときの中央の値
最頻値　度数が最も多い階級の階級値

3 四分位範囲と箱ひげ図
大きさの順に並べられたデータの中央値
　⟶ 第2四分位数：Q_2
その前半のデータの中央値
　⟶ 第1四分位数：Q_1
その後半のデータの中央値
　⟶ 第3四分位数：Q_3

四分位範囲：Q_3-Q_1

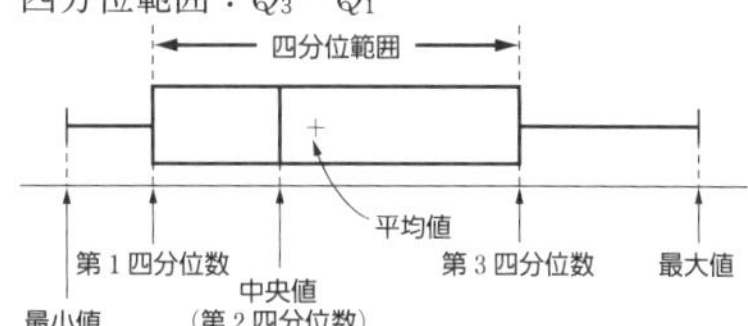

4 分散と標準偏差
変量 x が n 個の値 x_1，x_2，…，x_n をとるとき，平均値を $\bar{x}$ とすると，分散 s^2 と標準偏差 s は
$s^2=\dfrac{1}{n}\{(x_1-\bar{x})^2+(x_2-\bar{x})^2+\cdots\cdots+(x_n-\bar{x})^2\}$
$s=\sqrt{\dfrac{1}{n}\{(x_1-\bar{x})^2+(x_2-\bar{x})^2+\cdots\cdots+(x_n-\bar{x})^2\}}$

ラウンドノート数学Ⅰ

本書は，教科書「新編数学Ⅰ」に準拠した問題集です。教科書で扱う知識・技能が確実に身に付くようにするとともに，思考力・応用力も養えるように編集してあります。

本書の使い方

POINT 1　重要な用語や公式を簡潔にまとめています。

例 1　各項目の代表的な問題です。解答の考え方や要点をよく理解してください。

1A 1B　例の解き方を確認しながら取り組んでください。
同じタイプの問題を左右２段に配置しています。
■一度になるべく多くの問題に取り組みたい場合は，A・B を同時に解きましょう。
■二度目の反復練習を行いたい場合は，はじめにAだけを解き，その後Bに取り組んでください。

▼

ROUND 2　教科書の応用例題レベルの反復演習まで進む場合に取り組んでください。

▼

演習問題　各章の最後にある難易度の高い問題です。教科書の思考力 PLUS・章末問題レベルの応用力を身に付けたい場合に取り組んでください。例題で解法を確認してから問題を解いてみましょう。

■各項目の最後のページに検印欄を設けました。
■巻末の解答は略解です。詳細は別冊に掲載しました。

問題数

例	134 (188)
例題	9 (18)
問題	282 (683)

(　) は小問の数を表す。

目次

1　整式

▶教 p.4~6

POINT 1
単項式

いくつかの数や文字の積の形で表されている式。
掛けあわされている文字の個数を次数，文字以外の数の部分を係数という。

例 1　単項式 $-2x^3y$ の次数と係数をいえ。

解答　単項式 $-2x^3y$ の次数は 4，　係数は -2

1A　次の単項式の次数と係数をいえ。

(1)　$2x^3$

(2)　$-\frac{1}{2}a^2x$

(3)　$-4ax^2y^3$

1B　次の単項式の次数と係数をいえ。

(1)　x^2

(2)　$\frac{1}{3}ax^2$

(3)　$-5a^2xy^4$

例 2　次の単項式で［　］内の文字に着目したとき，次数と係数をいえ。
$-3ab^3x^2$　$[x]$

解答　x に着目すると，$-3ab^3x^2$ の次数は 2，　係数は $-3ab^3$

2A　次の単項式で［　］内の文字に着目したとき，次数と係数をいえ。

(1)　$3a^2x$　$[x]$

(2)　$5ax^2y^3$　$[y]$

2B　次の単項式で［　］内の文字に着目したとき，次数と係数をいえ。

(1)　$2xy^3$　$[y]$

(2)　$-\frac{1}{2}a^3x^2$　$[a]$

POINT 2 整式の整理

① 同類項をまとめる。
② 降べきの順に整理する。

例 3 次の整式を降べきの順に整理せよ。

$$5x+4x^2-2x-5-2x^2+7$$

解答 $5x+4x^2-2x-5-2x^2+7=2x^2+3x+2$

3A 次の整式を降べきの順に整理せよ。

(1) $3x-5+5x-10+4$

(2) $-5x^3+x-3-x^3-2x+x^2$

3B 次の整式を降べきの順に整理せよ。

(1) $3x^2+x-3-x^2+3x-2$

(2) $2x^3-3x^2+2-x^3+3x^2-x+1$

例 4 次の整式を，x に着目して降べきの順に整理し，各項の係数と定数項を求めよ。

$$3x^2+2xy-3x-y+1$$

解答 $3x^2+2xy-3x-y+1=3x^2+(2y-3)x+(-y+1)$

よって，この整式の各項の係数および定数項は

x^2 の係数 3，　x の係数 $2y-3$，　定数項 $-y+1$

4A 次の整式を，x に着目して降べきの順に整理し，各項の係数と定数項を求めよ。

(1) $x^2+2xy-3x+y-5$

(2) $2x-x^3+xy-3x^2-y^2+x^2y+5$

4B 次の整式を，x に着目して降べきの順に整理し，各項の係数と定数項を求めよ。

(1) $4x^2-y+5xy^2-4+x^2-3x+1$

(2) $3x^3-x^2-xy+2x^2y+y-y^2+5x-7$

2　整式の加法・減法

▶教 p.7

POINT 3
整式の加法・減法

整式の加法・減法は，次の法則を用いて同類項をまとめて計算する。

$\boldsymbol{A+B=B+A}$　　（交換法則）

$\boldsymbol{A+(B+C)=(A+B)+C}$　　（結合法則）

例 5　$A=2x^2-5x+3$，$B=x^2+3x-2$ のとき，次の式を計算せよ。

(1)　$A+B$　　　　(2)　$A-B$

解答　(1)　$A+B=(2x^2-5x+3)+(x^2+3x-2)=2x^2-5x+3+x^2+3x-2$

$=(2+1)x^2+(-5+3)x+(3-2)=3x^2-2x+1$

(2)　$A-B=(2x^2-5x+3)-(x^2+3x-2)=2x^2-5x+3-x^2-3x+2$

$=(2-1)x^2+(-5-3)x+(3+2)=x^2-8x+5$

5A　次の整式 A，B について，$A+B$ と $A-B$ を計算せよ。

(1)　$A=3x^2-x+1$，$B=x^2-2x-3$

(2)　$A=x-2x^2+1$，$B=3-x+x^2$

5B　次の整式 A，B について，$A+B$ と $A-B$ を計算せよ。

(1)　$A=-2x^2+x-3$，$B=3x^2+2x-1$

(2)　$A=-5x-4+2x^2$，$B=2-3x^2-x$

例6 $A=2x^2-5x+3$，$B=x^2+3x-2$ のとき，$3A-2B$ を計算せよ。

解答 $3A-2B=3(2x^2-5x+3)-2(x^2+3x-2)$
$=6x^2-15x+9-2x^2-6x+4$
$=4x^2-21x+13$

ROUND 2

6A $A=3x^2-2x+1$，$B=-x^2+3x-2$ のとき，次の式を計算せよ。

(1) $A+3B$

(2) $3A-2B$

6B $A=3x^2-2x+1$，$B=-x^2+3x-2$ のとき，次の式を計算せよ。

(1) $2A+B$

(2) $-2A+3B$

3 整式の乗法

▶教 p.8〜9

POINT 4
指数法則

[1] $a^m \times a^n = a^{m+n}$　[2] $(a^m)^n = a^{mn}$　[3] $(ab)^n = a^n b^n$
ただし，m，n は正の整数である。

例 7 次の式の計算をせよ。

(1) $2x^3 \times 3x$　(2) $(-2xy^2)^3$　(3) $(-x)^3 \times 2x^2$

解答
(1) $2x^3 \times 3x = 2 \times 3 \times x^3 \times x = 6 \times x^{3+1} = 6x^4$
(2) $(-2xy^2)^3 = (-2)^3 \times x^3 \times (y^2)^3 = -8x^3y^6$
(3) $(-x)^3 \times 2x^2 = (-1)^3x^3 \times 2x^2 = -2 \times x^{3+2} = -2x^5$

7A 次の式の計算をせよ。

(1) $a^2 \times a^5$

(2) $(a^3)^4$

(3) $(a^3b^4)^2$

(4) $2x^3 \times 3x^4$

(5) $(-2x)^3 \times 4x^3$

(6) $(2x)^3 \times (-3x^2y)^2$

7B 次の式の計算をせよ。

(1) $x^7 \times x$

(2) $(x^4)^2$

(3) $(2a^2)^3$

(4) $xy^2 \times (-3x^4)$

(5) $(2xy)^2 \times (-2x)^3$

(6) $(-4x)^3 \times (2xy^2)^2$

POINT 5 分配法則

$A(B+C)=AB+AC,\ (A+B)C=AC+BC$

例 8 次の式を展開せよ。

(1) $2x^3(x-3)$　　(2) $(2x-3)(3x^2+x-2)$

解答 (1) $2x^3(x-3)=2x^3\times x-2x^3\times 3=2x^4-6x^3$

(2) $(2x-3)(3x^2+x-2)=2x(3x^2+x-2)-3(3x^2+x-2)$

$=6x^3+2x^2-4x-9x^2-3x+6=6x^3-7x^2-7x+6$

8A 次の式を展開せよ。

(1) $x(3x-2)$

(2) $(2x^2-3x-4)\times 2x$

(3) $(3x^2-2)(x+5)$

(4) $(2x-5)(3x^2-x+2)$

8B 次の式を展開せよ。

(1) $-3x(x^2+x-5)$

(2) $(-2x^2+x-5)\times(-3x^2)$

(3) $(-2x^2+1)(x-5)$

(4) $(3x+1)(2x^2-5x+3)$

検印

4 乗法公式

▶教 p.10〜11

POINT 6
乗法公式

[1] $(a+b)^2=a^2+2ab+b^2$, $(a-b)^2=a^2-2ab+b^2$

[2] $(a+b)(a-b)=a^2-b^2$

例 9 次の式を展開せよ。

(1) $(3x+5)^2$　　(2) $(2x-y)^2$

解答 (1) $(3x+5)^2=(3x)^2+2\times 3x\times 5+5^2=9x^2+30x+25$

(2) $(2x-y)^2=(2x)^2-2\times 2x\times y+y^2=4x^2-4xy+y^2$

9A 次の式を展開せよ。

(1) $(x+2)^2$

(2) $(x+5y)^2$

(3) $(2x-5y)^2$

9B 次の式を展開せよ。

(1) $(4x-3)^2$

(2) $(3x-y)^2$

(3) $(4x+3y)^2$

例 10 次の式を展開せよ。

(1) $(4x+3)(4x-3)$　　(2) $(3x+2y)(3x-2y)$

解答 (1) $(4x+3)(4x-3)=(4x)^2-3^2=16x^2-9$

(2) $(3x+2y)(3x-2y)=(3x)^2-(2y)^2=9x^2-4y^2$

10A 次の式を展開せよ。

(1) $(2x+3)(2x-3)$

(2) $(4x+3y)(4x-3y)$

10B 次の式を展開せよ。

(1) $(3x+4)(3x-4)$

(2) $(x+3y)(x-3y)$

POINT 7 乗法公式

[3] $(x+a)(x+b)=x^2+(a+b)x+ab$

例 11 次の式を展開せよ。

(1) $(x+2)(x-5)$　　(2) $(x-5y)(x+3y)$

解答 (1) $(x+2)(x-5)=x^2+\{2+(-5)\}x+2\times(-5)=x^2-3x-10$

(2) $(x-5y)(x+3y)=x^2+\{(-5y)+3y\}x+(-5y)\times 3y=x^2-2xy-15y^2$

11A 次の式を展開せよ。

(1) $(x+3)(x+2)$

(2) $(x+2)(x-3)$

(3) $(x+3y)(x+4y)$

(4) $(x+10y)(x-5y)$

11B 次の式を展開せよ。

(1) $(x-5)(x+3)$

(2) $(x-5)(x-1)$

(3) $(x-2y)(x-4y)$

(4) $(x-3y)(x-7y)$

POINT 8 [4] $(ax+b)(cx+d)=acx^2+(ad+bc)x+bd$

乗法公式

例 12 次の式を展開せよ。

(1) $(x-3)(2x+5)$　　(2) $(5x-2y)(3x+y)$

解答 (1) $(x-3)(2x+5)=(1\times 2)x^2+\{1\times 5+(-3)\times 2\}x+(-3)\times 5=2x^2-x-15$

(2) $(5x-2y)(3x+y)=(5\times 3)x^2+\{5\times y+(-2y)\times 3\}x+(-2y)\times y=15x^2-xy-2y^2$

12A 次の式を展開せよ。

(1) $(3x+1)(x+2)$

(2) $(5x-1)(3x+2)$

(3) $(3x-7)(4x+3)$

(4) $(4x+y)(3x-2y)$

(5) $(5x-2y)(2x-y)$

12B 次の式を展開せよ。

(1) $(2x+1)(5x-3)$

(2) $(4x-3)(3x-2)$

(3) $(-2x+1)(3x-2)$

(4) $(7x-3y)(2x-3y)$

(5) $(-x+2y)(3x-5y)$

検印

5 展開の工夫

▶教 p.12〜13

POINT 9
展開の工夫 [1]

1．式の一部をひとまとめにして，別の文字で置きかえる。
2．右の公式を利用する。 $(a+b+c)^2=a^2+b^2+c^2+2ab+2bc+2ca$

例 13 次の式を展開せよ。

(1) $(a+2b-c)^2$　　(2) $(x+2y+2)(x+2y-3)$

解答 (1) $(a+2b-c)^2=a^2+(2b)^2+(-c)^2+2\times a\times 2b+2\times 2b\times(-c)+2\times(-c)\times a$
$=a^2+4b^2+c^2+4ab-4bc-2ca$

(2) $x+2y=A$ とおくと
$(x+2y+2)(x+2y-3)=(A+2)(A-3)=A^2-A-6$
$=(x+2y)^2-(x+2y)-6=x^2+4xy+4y^2-x-2y-6$

ROUND 2

13A 次の式を展開せよ。

(1) $(a+2b+1)^2$

(2) $(a-b-c)^2$

(3) $(x+2y+3)(x+2y-3)$

(4) $(x^2-x+2)(x^2-x-4)$

13B 次の式を展開せよ。

(1) $(3a-2b+1)^2$

(2) $(2x-y+3z)^2$

(3) $(3x+y-5)(3x+y+5)$

(4) $(x^2+2x+1)(x^2+2x+3)$

POINT 10 計算の順序を工夫する。

展開の工夫 [2]

例 14 次の式を展開せよ。

(1) $(x^2+4)(x+2)(x-2)$　　(2) $(2x+y)^2(2x-y)^2$

解答 (1) $(x^2+4)(x+2)(x-2)=(x^2+4)\{(x+2)(x-2)\}=(x^2+4)(x^2-4)$
$=(x^2)^2-4^2=x^4-16$

(2) $(2x+y)^2(2x-y)^2=\{(2x+y)(2x-y)\}^2=\{(2x)^2-y^2\}^2=(4x^2-y^2)^2$
$=(4x^2)^2-2\times4x^2\times y^2+(y^2)^2=16x^4-8x^2y^2+y^4$

ROUND 2

14A 次の式を展開せよ。

(1) $(x^2+9)(x+3)(x-3)$

(2) $(x^2+4y^2)(x+2y)(x-2y)$

(3) $(3x+2y)^2(3x-2y)^2$

(4) $(-2x+y)^2(-2x-y)^2$

14B 次の式を展開せよ。

(1) $(a^2+b^2)(a+b)(a-b)$

(2) $(4x^2+9y^2)(2x-3y)(2x+3y)$

(3) $(a+2b)^2(a-2b)^2$

(4) $(5x-3y)^2(-3y-5x)^2$

検印

▶教 p.14〜15

6 因数分解（1）

POINT 11 $AB+AC=A(B+C)$

共通因数のくくり出し

例 15 次の式を因数分解せよ。

(1) $2ab^2+3a^2b-5ab$　　(2) $(a-2b)x-a+2b$

解答 (1) $2ab^2+3a^2b-5ab=ab(2b+3a-5)$

(2) $(a-2b)x-a+2b=(a-2b)x-(a-2b)=(a-2b)(x-1)$

15A 次の式を因数分解せよ。

(1) x^2+3x

(2) $4xy^2-xy$

(3) $abx^2-abx+2ab$

15B 次の式を因数分解せよ。

(1) $2x^2-x$

(2) $3ab^2-6a^2b$

(3) $2x^2y+xy^2-3xy$

ROUND 2

16A 次の式を因数分解せよ。

(1) $(a+2)x+(a+2)y$

(2) $(3a-2)x+(2-3a)y$

16B 次の式を因数分解せよ。

(1) $3a(2x-y)-(2x-y)$

(2) $a(3x-2y)-b(2y-3x)$

7 因数分解 (2)

▶教 p.16〜19

POINT 12
因数分解の公式

[1] $a^2+2ab+b^2=(a+b)^2$, $a^2-2ab+b^2=(a-b)^2$

[2] $a^2-b^2=(a+b)(a-b)$

例 16 次の式を因数分解せよ。

(1) $x^2-12x+36$ (2) $9x^2+6xy+y^2$ (3) $25x^2-49$

解答

(1) $x^2-12x+36=x^2-2\times6\times x+6^2=(x-6)^2$

(2) $9x^2+6xy+y^2=(3x)^2+2\times3x\times y+y^2=(3x+y)^2$

(3) $25x^2-49=(5x)^2-7^2=(5x+7)(5x-7)$

17A 次の式を因数分解せよ。

(1) x^2+2x+1

(2) $x^2+4xy+4y^2$

(3) $9x^2-30xy+25y^2$

(4) x^2-81

(5) $36x^2-25y^2$

(6) $64x^2-81y^2$

17B 次の式を因数分解せよ。

(1) x^2-6x+9

(2) $4x^2+4xy+y^2$

(3) $16x^2-24xy+9y^2$

(4) $9x^2-16$

(5) $49x^2-4y^2$

(6) $100x^2-9y^2$

POINT 13 因数分解の公式

[3] $x^2+(a+b)x+ab=(x+a)(x+b)$

例 17 次の式を因数分解せよ。

(1) x^2-x-20 (2) $x^2-5xy+4y^2$

解答 (1) $x^2-x-20=x^2+(-5+4)x+(-5)\times 4=(x-5)(x+4)$

(2) $x^2-5xy+4y^2=x^2+(-y-4y)x+(-y)\times(-4y)=(x-y)(x-4y)$

18A 次の式を因数分解せよ。

(1) x^2+5x+4

(2) x^2-6x+8

(3) $x^2+4x-12$

(4) $x^2-3x-54$

(5) $x^2+6xy+8y^2$

(6) $x^2-2xy-24y^2$

18B 次の式を因数分解せよ。

(1) $x^2+7x+12$

(2) $x^2-3x-10$

(3) $x^2-8x+15$

(4) $x^2+7x-18$

(5) $x^2+7xy+6y^2$

(6) $x^2+3xy-28y^2$

POINT 14 因数分解の公式

[4] $acx^2+(ad+bc)x+bd=(ax+b)(cx+d)$

例 18 次の式を因数分解せよ。

(1) $2x^2-7x+5$　　(2) $3x^2-2xy-y^2$

解答 (1) $2x^2-7x+5=(x-1)(2x-5)$

1	-1	$\longrightarrow -2$
2	-5	$\longrightarrow -5$
2	5	-7

(2) $3x^2-2xy-y^2=(x-y)(3x+y)$

1	$-y$	$\longrightarrow -3y$
3	y	$\longrightarrow y$
3	$-y^2$	$-2y$

19A 次の式を因数分解せよ。

(1) $3x^2+4x+1$

(2) $2x^2-5x+2$

(3) $3x^2+16x+5$

(4) $6x^2+x-1$

(5) $5x^2+6xy+y^2$

(6) $2x^2-7xy+6y^2$

19B 次の式を因数分解せよ。

(1) $2x^2+7x+3$

(2) $3x^2-8x-3$

(3) $5x^2-8x+3$

(4) $6x^2+17x+12$

(5) $7x^2-13xy-2y^2$

(6) $6x^2-5xy-6y^2$

検印

8 因数分解の工夫

POINT 15 式の一部をひとまとめにして，別の文字に置きかえる。

因数分解の工夫 [1]

例 19 次の式を因数分解せよ。

(1) $(x+y)^2-3(x+y)-4$　　(2) x^4-7x^2-18

解答 (1) $x+y=A$ とおくと

$(x+y)^2-3(x+y)-4=A^2-3A-4=(A+1)(A-4)=(x+y+1)(x+y-4)$

(2) $x^2=A$ とおくと

$x^4-7x^2-18=A^2-7A-18=(A+2)(A-9)=(x^2+2)(x^2-9)$

$=(x^2+2)(x+3)(x-3)$

ROUND 2

20A 次の式を因数分解せよ。

(1) $(x-y)^2+2(x-y)-15$

(2) x^4-5x^2+4

(3) $(x^2+x)^2-3(x^2+x)+2$

20B 次の式を因数分解せよ。

(1) $(x+2y)^2+2(x+2y)$

(2) x^4-16

(3) $(x^2-2x)^2-(x^2-2x)-6$

POINT 16
因数分解の工夫 [2]

いくつかの文字を含んだ整式を因数分解するときには，最も次数の低い文字に着目して整理する。

例 20 $a^2+ac-2ab+b^2-bc$ を因数分解せよ。

解答 最も次数の低い文字 c について整理すると

$$a^2+ac-2ab+b^2-bc=(a-b)c+(a^2-2ab+b^2)=(a-b)c+(a-b)^2$$
$$=(a-b)\{c+(a-b)\}=(a-b)(a-b+c)$$

ROUND 2

21A 次の式を因数分解せよ。

(1) $2a+2b+ab+b^2$

(2) $a^2+c^2-ab-bc+2ac$

21B 次の式を因数分解せよ。

(1) $a^2-3b+ab-3a$

(2) a^3+b-a^2b-a

POINT 17 因数分解の工夫 [3]

どれか1つの文字に着目して降べきの順に整理し，さらに，定数項にあたる式を因数分解する。

例 21 $2x^2+5xy-3y^2-x+11y-6$ を因数分解せよ。

解答

$$\begin{aligned}&2x^2+5xy-3y^2-x+11y-6\\&=2x^2+(5y-1)x-(3y^2-11y+6)\\&=2x^2+(5y-1)x-(3y-2)(y-3)\\&=\{x+(3y-2)\}\{2x-(y-3)\}\\&=(x+3y-2)(2x-y+3)\end{aligned}$$

$$\begin{array}{ccccc}1 & \diagdown\!\!\diagup & 3y-2 & \longrightarrow & 6y-4\\ 2 & \diagup\!\!\diagdown & -(y-3) & \longrightarrow & -y+3\\ \hline 2 & & -(3y-2)(y-3) & & 5y-1\end{array}$$

ROUND 2

22A 次の式を因数分解せよ。

(1) $x^2+(2y+1)x+(y-3)(y+4)$

(2) $x^2+3xy+2y^2+x+3y-2$

(3) $2x^2-3xy-2y^2+x+3y-1$

22B 次の式を因数分解せよ。

(1) $x^2+(y-2)x-(2y-5)(y-3)$

(2) $2x^2+5xy+2y^2+5x+y-3$

(3) $6x^2-7xy+2y^2-6x+5y-12$

9　3次式の展開と因数分解

▶教 p.24〜25

POINT 18
3次式の乗法公式

[1]　$(a+b)^3=a^3+3a^2b+3ab^2+b^3$

$(a-b)^3=a^3-3a^2b+3ab^2-b^3$

例 22　次の式を展開せよ。

(1)　$(x-1)^3$　　(2)　$(3x+2y)^3$

解答　(1)　$(x-1)^3=x^3-3\times x^2\times 1+3\times x\times 1^2-1^3=x^3-3x^2+3x-1$

(2)　$(3x+2y)^3=(3x)^3+3\times(3x)^2\times 2y+3\times 3x\times(2y)^2+(2y)^3$

$=27x^3+54x^2y+36xy^2+8y^3$

23A　次の式を展開せよ。

(1)　$(x+3)^3$

(2)　$(3x+1)^3$

(3)　$(2x+3y)^3$

23B　次の式を展開せよ。

(1)　$(a-2)^3$

(2)　$(2x-1)^3$

(3)　$(-a+2b)^3$

POINT 19 3次式の乗法公式

[2] $(\boldsymbol{a}+\boldsymbol{b})(\boldsymbol{a}^2-\boldsymbol{ab}+\boldsymbol{b}^2)=\boldsymbol{a}^3+\boldsymbol{b}^3$

$(\boldsymbol{a}-\boldsymbol{b})(\boldsymbol{a}^2+\boldsymbol{ab}+\boldsymbol{b}^2)=\boldsymbol{a}^3-\boldsymbol{b}^3$

例 23 次の式を展開せよ。

$$(x+2)(x^2-2x+4)$$

解答 $(x+2)(x^2-2x+4)=(x+2)(x^2-x\times2+2^2)=x^3+2^3=x^3+8$

24A 次の式を展開せよ。

(1) $(x+3)(x^2-3x+9)$

(2) $(3x-2y)(9x^2+6xy+4y^2)$

24B 次の式を展開せよ。

(1) $(x-1)(x^2+x+1)$

(2) $(x+4y)(x^2-4xy+16y^2)$

POINT 20 3次式の因数分解の公式

$\boldsymbol{a}^3+\boldsymbol{b}^3=(\boldsymbol{a}+\boldsymbol{b})(\boldsymbol{a}^2-\boldsymbol{ab}+\boldsymbol{b}^2)$

$\boldsymbol{a}^3-\boldsymbol{b}^3=(\boldsymbol{a}-\boldsymbol{b})(\boldsymbol{a}^2+\boldsymbol{ab}+\boldsymbol{b}^2)$

例 24 次の式を因数分解せよ。

$$8x^3-1$$

解答 $8x^3-1=(2x)^3-1^3=(2x-1)\{(2x)^2+2x\times1+1^2\}=(2x-1)(4x^2+2x+1)$

25A 次の式を因数分解せよ。

(1) x^3+8

(2) $27x^3+8y^3$

25B 次の式を因数分解せよ。

(1) $27x^3-1$

(2) $64x^3-27y^3$

検印

10 実数

▶教 p. 26〜28

POINT 21 循環小数

ある位以下では数字の同じ並びがくり返される無限小数

例 25 次の分数を循環小数の記号・を用いて表せ。

(1) $\dfrac{7}{11}$　　(2) $\dfrac{31}{27}$

解答　(1) $\dfrac{7}{11}=7\div11=0.636363\cdots\cdots=0.\dot{6}\dot{3}$　(2) $\dfrac{31}{27}=31\div27=1.148148148\cdots\cdots=1.\dot{1}4\dot{8}$

26A 次の分数を循環小数の記号・を用いて表せ。

(1) $\dfrac{4}{9}$

(2) $\dfrac{13}{33}$

26B 次の分数を循環小数の記号・を用いて表せ。

(1) $\dfrac{10}{3}$

(2) $\dfrac{33}{7}$

POINT 22 実数の分類

- 実数
  - 有理数
    - 整数
      - 正の整数（自然数）
      - 0
      - 負の整数
    - 有限小数
    - 循環小数
  - 無理数（循環しない無限小数）

（循環小数・無理数）無限小数

例 26 $-\sqrt{2}$, -1, 0, $\dfrac{3}{5}$, 3.12, $\pi+1$, 7 の中から，①自然数，②整数，③有理数，④無理数 であるものをそれぞれ選べ。

解答　①自然数は 7　②整数は -1, 0, 7　③有理数は -1, 0, $\dfrac{3}{5}$, 3.12, 7

④無理数は $-\sqrt{2}$, $\pi+1$

27A 次の数の中から，①自然数，②整数，③有理数，④無理数 であるものをそれぞれ選べ。

$-3,\quad 0,\quad \dfrac{22}{3},\quad -\dfrac{1}{4},\quad \sqrt{3},\quad \pi,\quad 5,\quad 0.\dot{5}$

27B 次の数の中から，①自然数，②整数，③有理数，④無理数 であるものをそれぞれ選べ。

$-2\pi,\quad -5.72,\quad -2,\quad \dfrac{\sqrt{2}}{3},\quad \dfrac{5}{2},\quad 10,\quad -0.\dot{3}$

POINT 23 絶対値

$a \geqq 0$ のとき $|a| = a$,　$a < 0$ のとき $|a| = -a$

例 27 次の値を，絶対値記号を用いないで表せ。

(1) $|-3|$　　(2) $|3-\sqrt{5}|$

解答 (1) $|-3| = -(-3) = 3$

(2) $3 = \sqrt{9}$ より $3-\sqrt{5} > 0$ であるから　$|3-\sqrt{5}| = 3-\sqrt{5}$

28A 次の値を，絶対値記号を用いないで表せ。

(1) $|3|$

(2) $|-3.1|$

(3) $|\sqrt{7}-\sqrt{6}|$

(4) $|3-\sqrt{3}|$

28B 次の値を，絶対値記号を用いないで表せ。

(1) $|-6|$

(2) $\left|\dfrac{1}{2}\right|$

(3) $|\sqrt{2}-\sqrt{5}|$

(4) $|\sqrt{10}-4|$

検印

11 根号を含む式の計算

▶教 p. 29〜31

POINT 24
平方根

$a>0$ のとき　a の平方根は $\pm\sqrt{a}$

$a \geqq 0$ のとき　$\sqrt{a^2}=a$
$a<0$ のとき　$\sqrt{a^2}=-a$
$\Bigg\}\ \sqrt{a^2}=|a|$

例 28　次の値を求めよ。

(1)　5 の平方根　　(2)　$\sqrt{100}$　　(3)　$\sqrt{(-7)^2}$

解答　(1)　5 の平方根は $\sqrt{5}$ と $-\sqrt{5}$　　すなわち　$\pm\sqrt{5}$

(2)　$\sqrt{100}=\sqrt{10^2}=10$

(3)　$\sqrt{(-7)^2}=-(-7)=7$

29A　次の値を求めよ。

(1)　7 の平方根

(2)　$\sqrt{36}$

(3)　$\sqrt{7^2}$

(4)　$\sqrt{(-3)^2}$

29B　次の値を求めよ。

(1)　$\dfrac{1}{9}$ の平方根

(2)　$\sqrt{\dfrac{1}{4}}$

(3)　$\sqrt{\left(\dfrac{2}{3}\right)^2}$

(4)　$\sqrt{\left(-\dfrac{5}{8}\right)^2}$

POINT 25
平方根の積と商

$a>0,\ b>0$ のとき　[1] $\sqrt{a}\sqrt{b}=\sqrt{ab}$　[2] $\dfrac{\sqrt{a}}{\sqrt{b}}=\sqrt{\dfrac{a}{b}}$

例 29 次の式を計算せよ。

(1) $\sqrt{5}\times\sqrt{7}$　(2) $\dfrac{\sqrt{21}}{\sqrt{7}}$

解答 (1) $\sqrt{5}\times\sqrt{7}=\sqrt{5\times7}=\sqrt{35}$　(2) $\dfrac{\sqrt{21}}{\sqrt{7}}=\sqrt{\dfrac{21}{7}}=\sqrt{3}$

30A 次の式を計算せよ。

(1) $\sqrt{3}\times\sqrt{5}$

(2) $\dfrac{\sqrt{10}}{\sqrt{5}}$

30B 次の式を計算せよ。

(1) $\sqrt{6}\times\sqrt{7}$

(2) $\dfrac{\sqrt{30}}{\sqrt{6}}$

POINT 26
平方根の性質

$a>0,\ k>0$ のとき　$\sqrt{k^2a}=k\sqrt{a}$

例 30 $\sqrt{5}\times\sqrt{10}$ を計算せよ。

解答 $\sqrt{5}\times\sqrt{10}=\sqrt{5\times10}=\sqrt{5\times5\times2}=\sqrt{5^2\times2}=5\sqrt{2}$

31A 次の式を計算せよ。

(1) $\sqrt{3}\times\sqrt{15}$

(2) $\sqrt{6}\times\sqrt{12}$

31B 次の式を計算せよ。

(1) $\sqrt{6}\times\sqrt{2}$

(2) $\sqrt{5}\times\sqrt{20}$

例 31 次の式を簡単にせよ。

(1) $\sqrt{32}-3\sqrt{18}+6\sqrt{2}$　　(2) $(2\sqrt{7}-3\sqrt{5})(\sqrt{7}+\sqrt{5})$

解答 (1) $\sqrt{32}-3\sqrt{18}+6\sqrt{2}=\sqrt{4^2\times2}-3\sqrt{3^2\times2}+6\sqrt{2}=4\sqrt{2}-3\times3\sqrt{2}+6\sqrt{2}$

$=4\sqrt{2}-9\sqrt{2}+6\sqrt{2}=(4-9+6)\sqrt{2}=\sqrt{2}$

(2) $(2\sqrt{7}-3\sqrt{5})(\sqrt{7}+\sqrt{5})$　　⬅ $(a+b)(c+d)=ac+ad+bc+bd$

$=2\sqrt{7}\times\sqrt{7}+2\sqrt{7}\times\sqrt{5}-3\sqrt{5}\times\sqrt{7}-3\sqrt{5}\times\sqrt{5}$

$=2\times7+2\sqrt{35}-3\sqrt{35}-3\times5$

$=14-\sqrt{35}-15=-1-\sqrt{35}$

32A 次の式を簡単にせよ。

(1) $3\sqrt{3}-\sqrt{3}$

(2) $\sqrt{12}+\sqrt{48}-5\sqrt{3}$

(3) $(3\sqrt{2}-\sqrt{3})(\sqrt{2}+2\sqrt{3})$

(4) $(\sqrt{3}+2)^2$

(5) $(\sqrt{7}+\sqrt{2})(\sqrt{7}-\sqrt{2})$

32B 次の式を簡単にせよ。

(1) $\sqrt{2}-2\sqrt{2}+5\sqrt{2}$

(2) $(\sqrt{20}-\sqrt{8})-(\sqrt{5}-\sqrt{32})$

(3) $(2\sqrt{2}-\sqrt{5})(3\sqrt{2}+2\sqrt{5})$

(4) $(\sqrt{3}+\sqrt{7})^2$

(5) $(2\sqrt{3}-\sqrt{5})(2\sqrt{3}+\sqrt{5})$

検印

12 分母の有理化

▶教 p.32〜33

POINT 27
分母の有理化

[1] $\dfrac{1}{\sqrt{a}}=\dfrac{\sqrt{a}}{\sqrt{a}\times\sqrt{a}}=\dfrac{\sqrt{a}}{a}$

例 32 $\dfrac{1}{\sqrt{7}}$ の分母を有理化せよ。

解答 $\dfrac{1}{\sqrt{7}}=\dfrac{\sqrt{7}}{\sqrt{7}\times\sqrt{7}}=\dfrac{\sqrt{7}}{7}$

33A 次の式の分母を有理化せよ。

(1) $\dfrac{\sqrt{2}}{\sqrt{5}}$

(2) $\dfrac{9}{\sqrt{3}}$

(3) $\dfrac{\sqrt{5}}{\sqrt{27}}$

33B 次の式の分母を有理化せよ。

(1) $\dfrac{8}{\sqrt{2}}$

(2) $\dfrac{3}{2\sqrt{3}}$

(3) $\dfrac{\sqrt{3}}{\sqrt{24}}$

POINT 28
分母の有理化

[2] $\dfrac{1}{\sqrt{a}+\sqrt{b}}=\dfrac{\sqrt{a}-\sqrt{b}}{(\sqrt{a}+\sqrt{b})(\sqrt{a}-\sqrt{b})}=\dfrac{\sqrt{a}-\sqrt{b}}{a-b}$

$\dfrac{1}{\sqrt{a}-\sqrt{b}}=\dfrac{\sqrt{a}+\sqrt{b}}{(\sqrt{a}-\sqrt{b})(\sqrt{a}+\sqrt{b})}=\dfrac{\sqrt{a}+\sqrt{b}}{a-b}$

例 33 $\dfrac{\sqrt{6}+\sqrt{3}}{\sqrt{6}-\sqrt{3}}$ の分母を有理化せよ。

解答 $\dfrac{\sqrt{6}+\sqrt{3}}{\sqrt{6}-\sqrt{3}}=\dfrac{(\sqrt{6}+\sqrt{3})^2}{(\sqrt{6}-\sqrt{3})(\sqrt{6}+\sqrt{3})}=\dfrac{6+2\times3\sqrt{2}+3}{(\sqrt{6})^2-(\sqrt{3})^2}$

$=\dfrac{9+6\sqrt{2}}{6-3}=\dfrac{3(3+2\sqrt{2})}{3}=3+2\sqrt{2}$

34A 次の式の分母を有理化せよ。

(1) $\dfrac{1}{\sqrt{5}-\sqrt{3}}$

(2) $\dfrac{2}{\sqrt{3}+1}$

(3) $\dfrac{5}{2+\sqrt{3}}$

(4) $\dfrac{3-\sqrt{7}}{3+\sqrt{7}}$

34B 次の式の分母を有理化せよ。

(1) $\dfrac{4}{\sqrt{7}+\sqrt{3}}$

(2) $\dfrac{\sqrt{2}}{2-\sqrt{5}}$

(3) $\dfrac{\sqrt{11}-3}{\sqrt{11}+3}$

(4) $\dfrac{\sqrt{2}+\sqrt{5}}{\sqrt{2}-\sqrt{5}}$

検印

13 二重根号

▶教 p.35

POINT 29
二重根号

$a>0,\ b>0$ のとき　$\sqrt{(a+b)+2\sqrt{ab}}=\sqrt{(\sqrt{a}+\sqrt{b})^2}=\sqrt{a}+\sqrt{b}$

$a>b>0$ のとき　$\sqrt{(a+b)-2\sqrt{ab}}=\sqrt{(\sqrt{a}-\sqrt{b})^2}=\sqrt{a}-\sqrt{b}$

例 34　次の式の二重根号をはずせ。

(1)　$\sqrt{7-2\sqrt{10}}$　　(2)　$\sqrt{6+\sqrt{32}}$　　(3)　$\sqrt{2-\sqrt{3}}$

解答
(1)　$\sqrt{7-2\sqrt{10}}=\sqrt{(5+2)-2\sqrt{5\times2}}=\sqrt{(\sqrt{5}-\sqrt{2})^2}=\sqrt{5}-\sqrt{2}$

(2)　$\sqrt{6+\sqrt{32}}=\sqrt{6+2\sqrt{8}}=\sqrt{(4+2)+2\sqrt{4\times2}}=\sqrt{(\sqrt{4}+\sqrt{2})^2}=\sqrt{4}+\sqrt{2}=2+\sqrt{2}$

(3)　$\sqrt{2-\sqrt{3}}=\sqrt{\dfrac{4-2\sqrt{3}}{2}}=\dfrac{\sqrt{(3+1)-2\sqrt{3\times1}}}{\sqrt{2}}=\dfrac{\sqrt{(\sqrt{3}-1)^2}}{\sqrt{2}}=\dfrac{\sqrt{3}-1}{\sqrt{2}}=\dfrac{\sqrt{6}-\sqrt{2}}{2}$

ROUND 2

35A　次の式の二重根号をはずせ。

(1)　$\sqrt{7+2\sqrt{12}}$

(2)　$\sqrt{8+\sqrt{48}}$

(3)　$\sqrt{15-6\sqrt{6}}$

(4)　$\sqrt{4-\sqrt{15}}$

35B　次の式の二重根号をはずせ。

(1)　$\sqrt{9-2\sqrt{14}}$

(2)　$\sqrt{5-\sqrt{24}}$

(3)　$\sqrt{11+4\sqrt{6}}$

(4)　$\sqrt{5+\sqrt{21}}$

14 不等号と不等式，不等式の性質

▶数 p.36〜39

POINT 30
不等式の性質

$a<b$ のとき

[1] $a+c<b+c$, $a-c<b-c$

[2] $c>0$ ならば　$ac<bc$, $\dfrac{a}{c}<\dfrac{b}{c}$

[3] $c<0$ ならば　$ac>bc$, $\dfrac{a}{c}>\dfrac{b}{c}$ （不等号の向きが変わる）

例 35 次の数量の大小関係を不等式で表せ。

ある数 x を -5 倍して 4 を引いた数は，-5 以上である。

解答　$-5x-4 \geqq -5$

36A 次の数量の大小関係を不等式で表せ。

(1) ある数 x を 2 倍して 3 を引いた数は，6 より大きい。

(2) 1 袋 220 円のキャンデーを x 袋と，1 枚 140 円の板チョコレートを 3 枚買ったときの合計金額は，2400 円以下であった。

36B 次の数量の大小関係を不等式で表せ。

(1) ある数 x を 3 で割って 2 を加えた数は，x の 5 倍以下である。

(2) 1 本 60 円のえんぴつを x 本と，1 冊 150 円のノートを 3 冊買ったときの合計金額は，1800 円未満であった。

37A $a<b$ のとき，次の 2 つの数の大小関係を不等号を用いて表せ。

(1) $a+3$,　$b+3$

(2) $-5a$,　$-5b$

(3) $\dfrac{a}{5}$,　$\dfrac{b}{5}$

(4) $2a-1$,　$2b-1$

37B $a<b$ のとき，次の 2 つの数の大小関係を不等号を用いて表せ。

(1) $a-5$,　$b-5$

(2) $4a$,　$4b$

(3) $-\dfrac{a}{5}$,　$-\dfrac{b}{5}$

(4) $1-3a$,　$1-3b$

検印

15　1次不等式

▶教 p.40〜42

POINT 31
1次不等式の解き方

① 移項して $ax > b$ や $ax < b$ の形に整理する。
② $ax > b$ の解は　$a > 0$ のとき $x > \frac{b}{a}$　$a < 0$ のとき $x < \frac{b}{a}$

例 36　次の1次不等式を解け。
(1) $x - 5 \leqq 3$　　(2) $3x + 1 > 7$

解答
(1) 左辺の -5 を移項して　$x \leqq 3 + 5$　よって　$x \leqq 8$
(2) 左辺の1を移項して $3x > 7 - 1$ より　$3x > 6$　両辺を3で割ると　$x > 2$

38A　次の不等式で表された x の値の範囲を，数直線上に図示せよ。
$x \leqq 5$

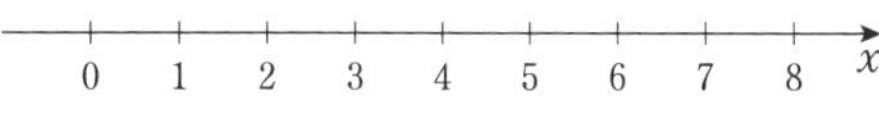

38B　次の不等式で表された x の値の範囲を，数直線上に図示せよ。
$x > -2$

−6　−5　−4　−3　−2　−1　0　1　2　3　x

39A　次の1次不等式を解け。
(1) $x - 1 > 2$

(2) $x + 3 > -2$

(3) $4x - 1 < 7$

(4) $-3x + 2 \leqq 6$

39B　次の1次不等式を解け。
(1) $x + 5 < 12$

(2) $x - 2 \leqq -2$

(3) $2x - 1 > 3$

(4) $-2x + 6 \geqq 3$

例 37 次の1次不等式を解け。

$$3x-5>4x-2$$

解答 移項すると $3x-4x>-2+5$ 整理すると $-x>3$
両辺を -1 で割って $x<-3$

40A 次の1次不等式を解け。

(1) $5x+2>3x+6$

(2) $2x+3<4x+7$

(3) $12-x \leqq 3x-2$

(4) $3(x+2) \leqq 2(x+5)$

40B 次の1次不等式を解け。

(1) $7x+1 \leqq 2x-4$

(2) $3x+5 \geqq 6x-4$

(3) $-6+2x>5+4x$

(4) $2(x+1)<5(x-2)$

例 38 次の1次不等式を解け。

$$\frac{3}{4}x-1<-\frac{1}{2}x-3$$

解答 両辺に4を掛けると　$3x-4<-2x-12$　← 4は2と4の最小公倍数

移項して整理すると　$5x<-8$

両辺を5で割って　$x<-\frac{8}{5}$

41A 次の1次不等式を解け。

(1) $x-1<-\frac{3}{2}x+2$

(2) $\frac{4}{3}x-\frac{1}{3}>\frac{3}{4}x+\frac{1}{2}$

(3) $\frac{1}{3}x+\frac{7}{6}\geqq\frac{1}{2}x+\frac{1}{3}$

41B 次の1次不等式を解け。

(1) $x+\frac{2}{3}\leqq-2x+1$

(2) $\frac{3}{2}-\frac{1}{2}x<\frac{2}{3}x-\frac{5}{3}$

(3) $\frac{1}{2}x+\frac{1}{3}<\frac{3}{4}x-\frac{5}{6}$

16 連立不等式

▶教 p.43〜44

POINT 32
連立不等式 [1]

連立不等式 $\begin{cases} A>0 \\ B>0 \end{cases}$ の解　　$A>0$ と $B>0$ を同時に満たす範囲

例 39　連立不等式 $\begin{cases} x-1<4x+2 \\ 3x-1 \geqq 2x+1 \end{cases}$ を解け。

解答　$x-1<4x+2$ を解くと，$-3x<3$ より　　$x>-1$ ……①

$3x-1 \geqq 2x+1$ を解くと　　$x \geqq 2$ ……②

①，②より，連立不等式の解は　　$x \geqq 2$

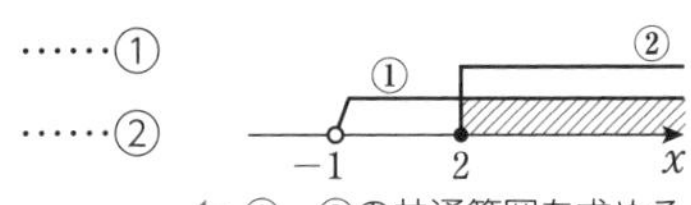

← ①，②の共通範囲を求める

42A　次の連立不等式を解け。

(1) $\begin{cases} 4x-3<2x+9 \\ 3x>x+2 \end{cases}$

(2) $\begin{cases} 27 \geqq 2x+13 \\ 9 \leqq 7+4x \end{cases}$

(3) $\begin{cases} 3x+1>5(x-1) \\ 2(x-1)>5x+4 \end{cases}$

42B　次の連立不等式を解け。

(1) $\begin{cases} 2x-3<3 \\ 3x+6>x-2 \end{cases}$

(2) $\begin{cases} x-1<3x+7 \\ 5x+2<2x-4 \end{cases}$

(3) $\begin{cases} 2x-5(x+1) \leqq 1 \\ x-5 \leqq 3x+7 \end{cases}$

POINT 33
連立不等式 [2]

不等式 $A<B<C$ の解　　連立不等式 $\begin{cases} A<B \\ B<C \end{cases}$ の解

例 40 不等式 $-7 \leqq 3x-4 \leqq 8-x$ を解け。

解答　与えられた不等式は $\begin{cases} -7 \leqq 3x-4 \\ 3x-4 \leqq 8-x \end{cases}$ と表される。　← 2つの不等式をそれぞれ解く

$-7 \leqq 3x-4$ を解くと，$-3x \leqq 3$ より　$x \geqq -1$ ……①

$3x-4 \leqq 8-x$ を解くと，$4x \leqq 12$ より　$x \leqq 3$ ……②

①，②より　$-1 \leqq x \leqq 3$　← ①，②の共通範囲を求める

ROUND 2

43A 次の不等式を解け。

(1) $-2 \leqq 4x+2 \leqq 10$

(2) $3x+2 \leqq 5x \leqq 8x+6$

43B 次の不等式を解け。

(1) $x-7<3x-5<5-2x$

(2) $3x+4 \geqq 2(2x-1)>3(x-1)$

検印

17 不等式の応用

▶教 p.45

POINT 34
不等式の応用

① 求める数量を x とおき，x の満たす条件を調べる。
② 問題の示す大小関係を不等式で表す。
③ ②の不等式を解き，①の条件にあてはまるものから問題に適するものを選ぶ。

例 41 1 個 200 円のりんごと 1 個 80 円のりんごをあわせて 10 個買い，合計金額が 1600 円以下になるようにしたい。200 円のりんごをなるべく多く買うには，それぞれ何個ずつ買えばよいか。

解答 200 円のりんごを x 個買うとすると，80 円のりんごは $(10-x)$ 個であるから

$0 \leqq x \leqq 10$ ……①

このとき，合計金額について次の不等式が成り立つ。

$200x+80(10-x) \leqq 1600$ ← 200 円のりんご x 個，80 円のりんご $(10-x)$ 個

$200x+800-80x \leqq 1600$

$120x \leqq 800$ より　$x \leqq \dfrac{20}{3}$ ……②

①，②より　$0 \leqq x \leqq \dfrac{20}{3}$ ← $\dfrac{20}{3}=6.666\cdots\cdots$

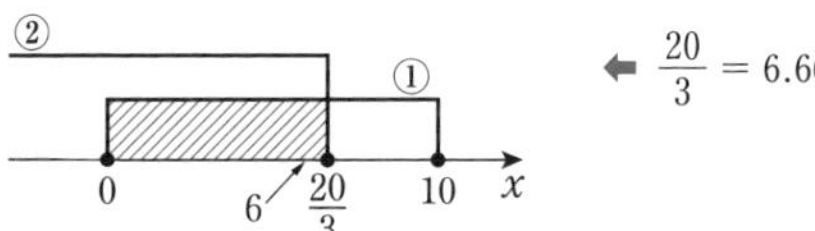

この範囲における最大の整数は 6 であるから，200 円のりんごを 6 個，80 円のりんごを 4 個買えばよい。

ROUND 2

44A 1 個 130 円のりんごと 1 個 90 円のりんごをあわせて 15 個買い，合計金額が 1800 円以下になるようにしたい。130 円のりんごをなるべく多く買うには，それぞれ何個ずつ買えばよいか。

44B 1 冊 200 円のノートと 1 冊 160 円のノートをあわせて 10 冊買い，1 本 90 円の鉛筆を 2 本買って，合計金額が 2000 円以下になるようにしたい。1 冊 200 円のノートは最大で何冊まで買えるか。

検印

18 絶対値を含む方程式・不等式

▶教 p.46〜47

POINT 35 絶対値を含む方程式・不等式の解

$a>0$ のとき，方程式 $|x|=a$ の解は　$x=\pm a$

不等式 $|x|<a$ の解は　$-a<x<a$

不等式 $|x|>a$ の解は　$x<-a,\ a<x$

例 42 次の方程式，不等式を解け。

(1) $|x|=1$　(2) $|x|<1$　(3) $|x|>1$

解答 (1) 数直線上で，原点との距離が1の点に対応するxの値を求めればよい。
よって　$x=\pm 1$

(2) 数直線上で，原点との距離が1より小さい点に対応するxの値の範囲を求めればよい。
よって　$-1<x<1$

(3) 数直線上で，原点との距離が1より大きい点に対応するxの値の範囲を求めればよい。
よって　$x<-1,\ 1<x$

45A 次の方程式，不等式を解け。

(1) $|x|=5$

(2) $|x|<6$

45B 次の方程式，不等式を解け。

(1) $|x|=7$

(2) $|x|>2$

例 43 次の方程式，不等式を解け。

(1) $|x-5|=2$　(2) $|x-5|\leqq 2$

解答 (1) $x-5=\pm 2$　すなわち　$x-5=2,\ x-5=-2$　よって　$x=7,\ 3$

(2) $-2\leqq x-5\leqq 2$ であるから，各辺に5を加えて　$3\leqq x\leqq 7$
$-2+5\leqq x-5+5\leqq 2+5$

ROUND 2

46A 次の方程式，不等式を解け。

(1) $|x-3|=4$

(2) $|x+3|\leqq 4$

46B 次の方程式，不等式を解け。

(1) $|x+6|=3$

(2) $|x-1|>5$

例題 1　式の値

▶教 p.34 思考力＋

$x=\sqrt{3}+\sqrt{2}$，$y=\sqrt{3}-\sqrt{2}$ のとき，次の式の値を求めよ。

(1)　$x+y$　　(2)　xy　　(3)　x^2+y^2　　(4)　x^3+y^3

考え方　$x^2+y^2=(x+y)^2-2xy$，　$x^3+y^3=(x+y)^3-3xy(x+y)$ を利用するとよい。

解答　(1)　$x+y=(\sqrt{3}+\sqrt{2})+(\sqrt{3}-\sqrt{2})=\mathbf{2\sqrt{3}}$

(2)　$xy=(\sqrt{3}+\sqrt{2})(\sqrt{3}-\sqrt{2})=3-2=\mathbf{1}$

(3)　$x^2+y^2=(x+y)^2-2xy=(2\sqrt{3})^2-2\times1=12-2=\mathbf{10}$

(4)　$x^3+y^3=(x+y)^3-3xy(x+y)$

$=(2\sqrt{3})^3-3\times1\times2\sqrt{3}=24\sqrt{3}-6\sqrt{3}=\mathbf{18\sqrt{3}}$

47A　$x=\sqrt{5}-\sqrt{2}$，　$y=\sqrt{5}+\sqrt{2}$ のとき，次の式の値を求めよ。

(1)　$x+y$

(2)　xy

(3)　x^2+y^2

(4)　x^3+y^3

47B　$x=\dfrac{\sqrt{3}-1}{\sqrt{3}+1}$，$y=\dfrac{\sqrt{3}+1}{\sqrt{3}-1}$ のとき，次の式の値を求めよ。

(1)　$x+y$

(2)　xy

(3)　x^2+y^2

(4)　x^3+y^3

例題 2　根号を含む式の整数部分と小数部分　▶教 p.50 章末 9

$\dfrac{1}{\sqrt{2}-1}$ の整数の部分を a，小数の部分を b とするとき，a と b の値を求めよ。

解答　$\dfrac{1}{\sqrt{2}-1}=\dfrac{\sqrt{2}+1}{(\sqrt{2}-1)(\sqrt{2}+1)}=\dfrac{\sqrt{2}+1}{(\sqrt{2})^2-1^2}=\sqrt{2}+1$

ここで，$1<\sqrt{2}<2$　であるから　$2<\sqrt{2}+1<3$

ゆえに　$\boldsymbol{a=2}$　よって　$\boldsymbol{b=\sqrt{2}+1-2=\sqrt{2}-1}$

48　$\dfrac{2}{3-\sqrt{7}}$ の整数の部分を a，小数の部分を b とするとき，a と b の値を求めよ。

例題 3　絶対値と場合分け　▶教 p.47 例題 2

次の方程式を解け。

$|x+3|=-2x$　……①

考え方　x の値の範囲で場合分けをして，絶対値記号をはずす。

解答　(i)　$x+3\geqq 0$ すなわち $x\geqq -3$ のとき　$|x+3|=x+3$

よって，①は　$x+3=-2x$　これを解くと　$x=-1$

この値は，$x\geqq -3$ を満たす。

(ii)　$x+3<0$ すなわち $x<-3$ のとき　$|x+3|=-(x+3)$

よって，①は　$-(x+3)=-2x$　これを解くと　$x=3$

この値は，$x<-3$ を満たさない。

(i)，(ii)より，①の解は　$\boldsymbol{x=-1}$

49　次の方程式を解け。

$|x-4|=3x$

検印

19 集合

▶教 p.52～57

POINT 36
集合と要素

$a \in A$　a は集合 A に属する（a は集合 A の要素である）
$b \notin A$　b は集合 A に属さない（b は集合 A の要素でない）

例 44　7 以下の自然数の集合を A とするとき，次の □ に，$\in$，$\notin$ のうち適する記号を入れよ。

(1)　$1 \square A$　　(2)　$8 \square A$

解答　集合 A の要素は 1，2，3，4，5，6，7 である。

(1)　$1 \in A$　　(2)　$8 \notin A$

50A　10 以下の正の奇数の集合を A とするとき，次の □ に，$\in$，$\notin$ のうち適する記号を入れよ。

(1)　$3 \square A$　　(2)　$6 \square A$

(3)　$11 \square A$　　(4)　$9 \square A$

50B　10 以下の素数の集合を A とするとき，次の □ に，$\in$，$\notin$ のうち適する記号を入れよ。

(1)　$2 \square A$　　(2)　$4 \square A$

(3)　$7 \square A$　　(4)　$13 \square A$

POINT 37
集合の表し方

①　{　} の中に，要素を書き並べる。
②　{　} の中に，要素の満たす条件を書く。

例 45　次の集合を，要素を書き並べる方法で表せ。

(1)　$A=\{x \mid x$ は 18 の正の約数$\}$　　(2)　$B=\{2x \mid -2 \leqq x \leqq 3,\ x$ は整数$\}$

解答　(1)　$A=\{1,\ 2,\ 3,\ 6,\ 9,\ 18\}$

(2)　$B=\{-4,\ -2,\ 0,\ 2,\ 4,\ 6\}$

51A　集合 $A=\{x \mid x$ は 12 の正の約数$\}$ を，要素を書き並べる方法で表せ。

51B　集合 $B=\{2x+5 \mid x=-2,\ -1,\ 0,\ 1\}$ を，要素を書き並べる方法で表せ。

POINT 38
部分集合

$A \subset B$　A は B の**部分集合**（A のすべての要素が B の要素になっている）
$A = B$　A と B は**等しい**（A と B の要素がすべて一致している）
空集合 $\varnothing$　要素を1つももたない集合

例 46　集合 $A=\{1,\ 2,\ 3,\ 6,\ 12\}$，集合 $B=\{1,\ 3,\ 12\}$ の関係を，$\supset$，$\subset$，$=$ のいずれかを用いて表せ。

解答　$A \supset B$

52A　集合 $A=\{1,\ 5,\ 9\}$，集合 $B=\{1,\ 3,\ 5,\ 7,\ 9\}$ の関係を，$\supset$，$\subset$，$=$ のいずれかを用いて表せ。

52B　集合 $A=\{x \mid x$ は 20 以下の自然数で 3 の倍数$\}$，集合 $B=\{x \mid x$ は 20 以下の自然数で 6 の倍数$\}$ の関係を，$\supset$，$\subset$，$=$ のいずれかを用いて表せ。

例 47　集合 $\{3,\ 4,\ 5\}$ の部分集合をすべて書き表せ。

解答　$\varnothing$，$\{3\}$，$\{4\}$，$\{5\}$，$\{3,\ 4\}$，$\{3,\ 5\}$，$\{4,\ 5\}$，$\{3,\ 4,\ 5\}$

53A　集合 $\{3,\ 5\}$ の部分集合をすべて書き表せ。

53B　集合 $\{2,\ 4,\ 6\}$ の部分集合をすべて書き表せ。

POINT 39 共通部分と和集合

共通部分 $A \cap B$　A, B のどちらにも属する要素全体からなる集合
和集合 $A \cup B$　A, B の少なくとも一方に属する要素全体からなる集合

例 48 $A=\{1,\ 3,\ 5,\ 7\}$, $B=\{2,\ 3,\ 5,\ 7\}$ のとき，次の集合を求めよ。
(1) $A \cap B$　(2) $A \cup B$

解答 (1) $A \cap B=\{3,\ 5,\ 7\}$　(2) $A \cup B=\{1,\ 2,\ 3,\ 5,\ 7\}$

54A $A=\{2,\ 4,\ 6,\ 8\}$, $B=\{6,\ 7,\ 8\}$ のとき，次の集合を求めよ。
(1) $A \cap B$

(2) $A \cup B$

54B $A=\{5,\ 7,\ 11\}$, $B=\{9,\ 11,\ 13,\ 15\}$ のとき，次の集合を求めよ。
(1) $A \cap B$

(2) $A \cup B$

例 49 $A=\{x \mid -4 \leqq x \leqq 2,\ x \text{は実数}\}$, $B=\{x \mid 0 \leqq x \leqq 6,\ x \text{は実数}\}$ のとき，$A \cap B$ および $A \cup B$ を求めよ。

解答 右の図から　$A \cap B=\{x \mid 0 \leqq x \leqq 2,\ x \text{は実数}\}$,
$A \cup B=\{x \mid -4 \leqq x \leqq 6,\ x \text{は実数}\}$

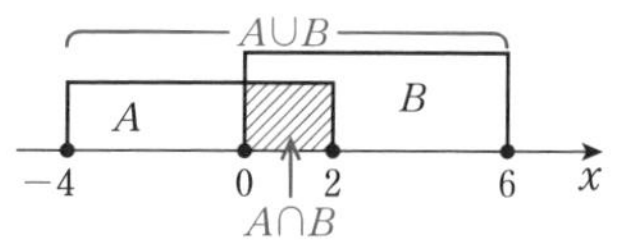

55A $A=\{x \mid -3 < x < 4,\ x \text{は実数}\}$, $B=\{x \mid -1 < x < 6,\ x \text{は実数}\}$ のとき，次の集合を求めよ。
(1) $A \cap B$

(2) $A \cup B$

55B $A=\{x \mid 1 \leqq x \leqq 3,\ x \text{は実数}\}$, $B=\{x \mid 2 \leqq x \leqq 5,\ x \text{は実数}\}$ のとき，次の集合を求めよ。
(1) $A \cap B$

(2) $A \cup B$

POINT 40 補集合

補集合 $\overline{A}$　全体集合 U の中で，集合 A に属さない要素全体からなる集合

例 50　$U=\{1,\ 2,\ 3,\ 4,\ 5,\ 6\}$ を全体集合とするとき，その部分集合 $A=\{1,\ 2,\ 3\}$，$B=\{3,\ 6\}$ について，次の集合を求めよ。

(1) $\overline{A}$　(2) $\overline{B}$　(3) $\overline{A\cup B}$

(4) $\overline{A\cap B}$　(5) $\overline{A}\cap B$　(6) $A\cup\overline{B}$

解答

(1) $\overline{A}=\{4,\ 5,\ 6\}$

(2) $\overline{B}=\{1,\ 2,\ 4,\ 5\}$

(3) $A\cup B=\{1,\ 2,\ 3,\ 6\}$ であるから　$\overline{A\cup B}=\{4,\ 5\}$

(4) $A\cap B=\{3\}$ であるから　$\overline{A\cap B}=\{1,\ 2,\ 4,\ 5,\ 6\}$

(5) $\overline{A}\cap B=\{6\}$

(6) $A\cup\overline{B}=\{1,\ 2,\ 3,\ 4,\ 5\}$

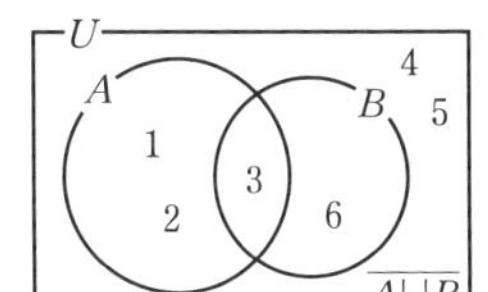

56A　$U=\{1,\ 2,\ 3,\ 4,\ 5,\ 6,\ 7,\ 8,\ 9,\ 10\}$ を全体集合とするとき，その部分集合 $A=\{1,\ 3,\ 5,\ 7,\ 9\}$，$B=\{1,\ 2,\ 3,\ 6\}$ について，次の集合を求めよ。

(1) $\overline{A}$

(2) $\overline{A\cap B}$

(3) $\overline{A\cup B}$

56B　$U=\{1,\ 2,\ 3,\ 4,\ 5,\ 6,\ 7,\ 8,\ 9,\ 10\}$ を全体集合とするとき，その部分集合 $A=\{1,\ 3,\ 5,\ 7,\ 9\}$，$B=\{1,\ 2,\ 3,\ 6\}$ について，次の集合を求めよ。

(1) $\overline{B}$

(2) $\overline{A}\cap B$

(3) $A\cup\overline{B}$

20 命題と条件

▶教 p.58〜63

POINT 41
条件と集合

- 2つの条件 p, q を満たすもの全体の集合をそれぞれ P, Q とすると，
  命題「$p \Longrightarrow q$」が真であることと，$P \subset Q$ が成り立つことは同じことである。
- 「p を満たしているが q を満たしていない」という例を**反例**という。
  命題「$p \Longrightarrow q$」が偽であることを示すには，反例を1つあげればよい。

例 51 次の条件 p, q について，命題「$p \Longrightarrow q$」の真偽を調べよ。ただし，x は実数とする。

$p：0 \leqq x \leqq 2 \qquad q：-1 \leqq x \leqq 4$

解答　条件 p, q を満たす x の集合をそれぞれ P, Q とする。
このとき，右の図から $P \subset Q$ が成り立つ。
よって，命題「$p \Longrightarrow q$」は真である。

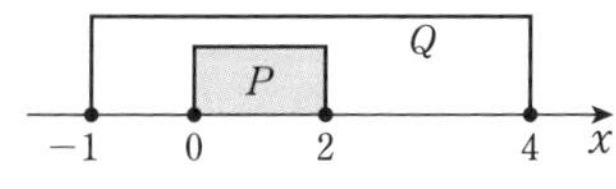

57A 次の条件 p, q について，命題「$p \Longrightarrow q$」の真偽を調べよ。ただし，x は実数，n は自然数とする。

(1) $p：-2 \leqq x \leqq 1 \qquad q：x \geqq -3$

(2) $p：n$ は3の倍数　　$q：n$ は6の倍数

57B 次の条件 p, q について，命題「$p \Longrightarrow q$」の真偽を調べよ。ただし，x は実数，n は自然数とする。

(1) $p：-1 < x < 2 \qquad q：-2 < x < 5$

(2) $p：n$ は8の約数　　$q：n$ は24の約数

POINT 42 必要条件と十分条件

2つの条件 p, q について，命題「$p \Longrightarrow q$」が真であるとき，
p は q であるための**十分条件**であるといい，
q は p であるための**必要条件**であるという。
命題「$p \Longrightarrow q$」，「$q \Longrightarrow p$」がともに真であるとき，
p は q であるための**必要十分条件**であるという。

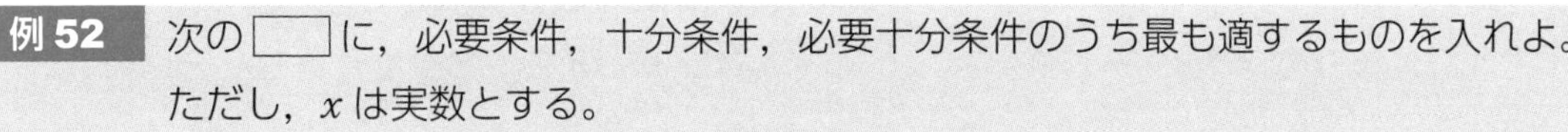

例 52 次の［　］に，必要条件，十分条件，必要十分条件のうち最も適するものを入れよ。ただし，x は実数とする。

$x^2 = 4$ は，$x = 2$ であるための［　］である。

解答 条件「$x^2 = 4$」を p，「$x = 2$」を q とおく。
命題「$p \Longrightarrow q$」は偽である。(反例は $x = -2$)
命題「$q \Longrightarrow p$」は真である。
よって，$x^2 = 4$ は，$x = 2$ であるための［必要条件］である。

58A 次の［　］に，必要条件，十分条件，必要十分条件のうち最も適するものを入れよ。ただし，x, y は実数とする。

(1) $x = 1$ は，$x^2 = 1$ であるための［　］である。

(2) 「四角形 ABCD は平行四辺形」は，「四角形 ABCD は長方形」であるための［　］である。

(3) $x^2 = y^2$ は，$x = \pm y$ であるための［　］である。

58B 次の［　］に，必要条件，十分条件，必要十分条件のうち最も適するものを入れよ。ただし，x, y は実数とする。

(1) $x^2 = 0$ は，$x = 0$ であるための［　］である。

(2) $\triangle ABC \equiv \triangle DEF$ は $\triangle ABC \backsim \triangle DEF$ であるための［　］である。

(3) $x = 0$ または $y = 0$ は，$x^2 + y^2 = 0$ であるための［　］である。

POINT 43 条件と否定

否定　条件pに対し，「pでない」という条件をpの否定といい，$\overline{p}$で表す。

ド・モルガンの法則　[1]　$\overline{p \text{かつ} q} \Longleftrightarrow \overline{p}$ または $\overline{q}$

[2]　$\overline{p \text{または} q} \Longleftrightarrow \overline{p}$ かつ $\overline{q}$

例 53　次の条件の否定をいえ。ただし，x，yは実数，m，nは整数とする。

(1)　$x=2$　　(2)　$x=1$ かつ $y=1$

(3)　$x \geqq 0$ または $y \leqq 0$　　(4)　m，nのうち少なくとも一方は奇数

解答　(1)　$x \neq 2$

(2)　$x \neq 1$ または $y \neq 1$

(3)　$x<0$ かつ $y>0$

(4)　「mは奇数 またはnは奇数」ということなので，その否定は「mは偶数 かつnは偶数」

59A　次の条件の否定をいえ。ただし，x，yは実数とする。

(1)　$x=5$

(2)　$x \geqq 0$

(3)　$x<4$ かつ $y \leqq 2$

(4)　$x \leqq 2$ または $x>5$

(5)　x，yのうち少なくとも一方は正

59B　次の条件の否定をいえ。ただし，x，yは実数，m，nは整数とする。

(1)　$x \neq -1$

(2)　$x<-2$

(3)　$-3<x<2$

(4)　$x<-2$ かつ $x<1$

(5)　m，nがともに偶数

検印

21 逆・裏・対偶

▶教 p.64〜66

POINT 44
逆・裏・対偶

1．命題「$p \Longrightarrow q$」に対して，
　「$q \Longrightarrow p$」を　逆
　「$\overline{p} \Longrightarrow \overline{q}$」を　裏
　「$\overline{q} \Longrightarrow \overline{p}$」を　対偶　という。

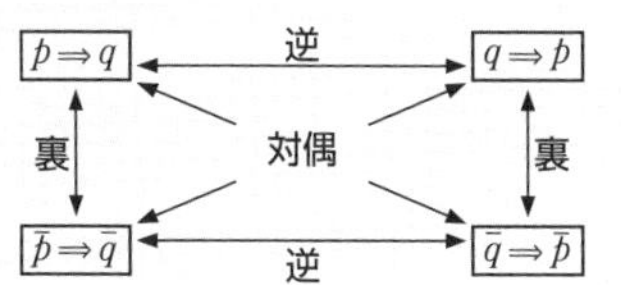

2．ある命題が真であっても，その逆や裏は真であるとは限らない。

3．命題「$p \Longrightarrow q$」と，その対偶「$\overline{q} \Longrightarrow \overline{p}$」の真偽は一致する。

例 54　次の命題の真偽を調べよ。また，逆，裏，対偶を述べ，それらの真偽も調べよ。ただし，x は実数とする。

$$x > 2 \Longrightarrow x > 1$$

解答
　　　「$x > 2 \Longrightarrow x > 1$」…… 真
逆　：「$x > 1 \Longrightarrow x > 2$」…… 偽
裏　：「$x \leqq 2 \Longrightarrow x \leqq 1$」…… 偽
対偶：「$x \leqq 1 \Longrightarrow x \leqq 2$」…… 真

60A　次の命題の真偽を調べよ。また，逆，裏，対偶を述べ，それらの真偽も調べよ。ただし，x，y は実数とする。

(1)　$x^2 = 16 \Longrightarrow x = 4$

(2)　$x = 2$ かつ $y = 3 \Longrightarrow xy = 6$

60B　次の命題の真偽を調べよ。また，逆，裏，対偶を述べ，それらの真偽も調べよ。ただし，x，y は実数とする。

(1)　$x > -1 \Longrightarrow x < 5$

(2)　$x + y > 3 \Longrightarrow x > 2$ または $y > 1$

POINT 45 対偶を利用する証明

命題「$p \Longrightarrow q$」が真であることを，その対偶「$\overline{q} \Longrightarrow \overline{p}$」が真であることを示すことで証明できる。

例 55 n を整数とするとき，命題「n^2+1 が偶数ならば n は奇数である」を，対偶を利用して証明せよ。

解答 与えられた命題の対偶「n が偶数ならば n^2+1 は奇数である」を証明する。

n が偶数であるとき，ある整数 k を用いて $n=2k$ と表される。

よって　$n^2+1=(2k)^2+1=4k^2+1=2\times 2k^2+1$

ここで，$2k^2$ は整数であるから，n^2+1 は奇数である。

したがって，対偶が真であるから，もとの命題も真である。

← 対偶が真であることを証明する

← 奇数は $2\times$(整数)$+1$ の形

ROUND 2

61A n を整数とするとき，命題「n^2+5 が 9 の倍数ならば n は 3 の倍数でない」を，対偶を利用して証明せよ。

61B n を整数とするとき，命題「n^2 が 3 の倍数ならば，n は 3 の倍数である」を，対偶を利用して証明せよ。

POINT 46
背理法

「与えられた命題が成り立たないと仮定して，その仮定のもとで矛盾が生じれば，もとの命題は真である」と結論する証明方法。

例 56 $\sqrt{3}$ が無理数であることを用いて，$1+2\sqrt{3}$ が無理数であることを証明せよ。

解答 $1+2\sqrt{3}$ が無理数でない，すなわち $1+2\sqrt{3}$ は有理数であると仮定する。

← 与えられた命題が成り立たないと仮定する

そこで，r を有理数として $1+2\sqrt{3}=r$ とおくと

$$\sqrt{3}=\frac{r-1}{2} \quad \cdots\cdots ①$$

r は有理数であるから，$\dfrac{r-1}{2}$ は有理数であり，等式①は，$\sqrt{3}$ が無理数であることに矛盾する。

← $\sqrt{3}$ が有理数かつ無理数であるという矛盾

よって，$1+2\sqrt{3}$ は無理数である。

ROUND 2

62A $\sqrt{2}$ が無理数であることを用いて，$3+2\sqrt{2}$ が無理数であることを証明せよ。

62B $\sqrt{5}$ が無理数であることを用いて，$2-3\sqrt{5}$ が無理数であることを証明せよ。

22 関数とグラフ

▶教 p.72〜75

POINT 47
関数

x の値を決めるとそれに対応して y の値がただ1つ定まるとき，y は x の関数であるという。y が x の関数であることを，$y=f(x)$，$y=g(x)$ などと表す。
関数の値 $f(a)$　$x=a$ のときの関数 $f(x)$ の値

例 57　半径 x cm の円の周の長さを y cm とするとき，y を x の式で表せ。

解答　円周率を π として，$y=2\pi x$ となる。　← 円の周の長さは，$2\pi\times$(半径)

63A　1辺の長さが x cm の正三角形の周の長さを y cm とするとき，y を x の式で表せ。

63B　1本50円の鉛筆を x 本と500円の筆箱を買ったときの代金の合計を y 円とするとき，y を x の式で表せ。

例 58　関数 $f(x)=x^2-4x+3$ において，$f(-1)$ の値を求めよ。

解答　$f(-1)=(-1)^2-4\times(-1)+3=8$

64A　関数 $f(x)=2x^2-5x+3$ において，次の値を求めよ。

(1)　$f(3)$

(2)　$f(a)$

64B　関数 $f(x)=-x^2+2x-2$ において，次の値を求めよ。

(1)　$f(2)$

(2)　$f(-2a)$

POINT 48

関数 $y=f(x)$ の定義域・値域

定義域	変数 x のとり得る値の範囲
値　域	定義域の x の値に対応する変数 y のとり得る値の範囲
最大値	関数の値域における y の最大の値
最小値	関数の値域における y の最小の値

例 59　関数 $y=2x+1$ $(1 \leqq x \leqq 3)$ について，次の問いに答えよ。

(1) 値域を求めよ。　　(2) 最大値，最小値を求めよ。

解答　(1) この関数のグラフは，$y=2x+1$ のグラフのうち $1 \leqq x \leqq 3$ に対応する部分である。

$x=1$ のとき $y=3$，　$x=3$ のとき $y=7$

よって，この関数のグラフは，右の図の実線部分であり，

その値域は　$3 \leqq y \leqq 7$

(2) y は，$x=3$ のとき最大値 7 をとり，

$x=1$ のとき最小値 3 をとる。

65A　関数 $y=3x-2$ $(-2 \leqq x \leqq 1)$ について，次の問いに答えよ。

(1) グラフをかけ。

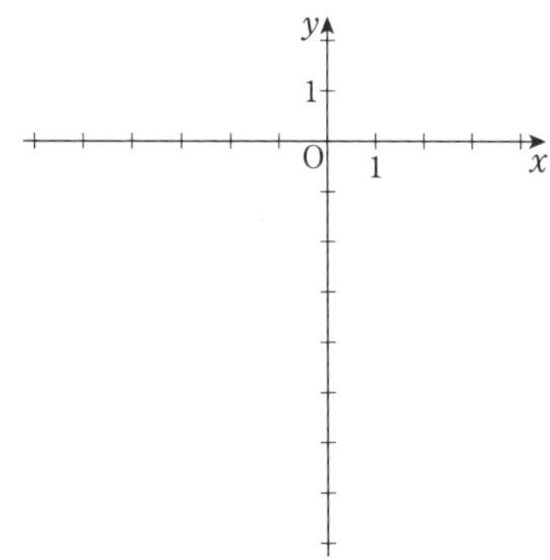

(2) 値域を求めよ。

(3) 最大値，最小値を求めよ。

65B　関数 $y=-x+3$ $(-2 \leqq x \leqq 2)$ について，次の問いに答えよ。

(1) グラフをかけ。

(2) 値域を求めよ。

(3) 最大値，最小値を求めよ。

23 2次関数とグラフ

▶教 p.76〜83

POINT 49 $y=ax^2$ のグラフは，軸が y 軸，頂点が 原点 $(0,\ 0)$ の放物線。

$y=ax^2$ のグラフ

例 60 2次関数 $y=3x^2$ のグラフをかけ。

解答 $y=3x^2$ のグラフは，
軸が y 軸，頂点が 原点 $(0,\ 0)$
の放物線で，右の図のようになる。

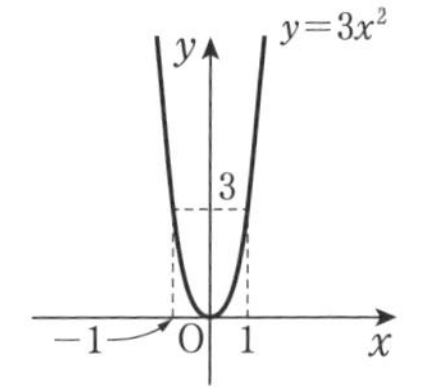

66A 次の2次関数のグラフをかけ。

(1) $y=2x^2$

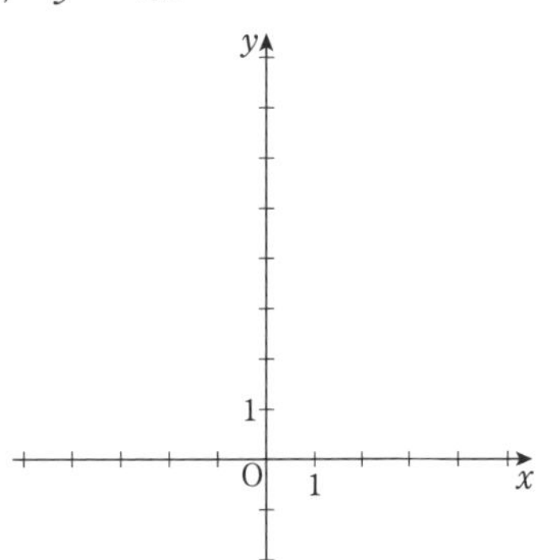

(2) $y=\dfrac{1}{2}x^2$

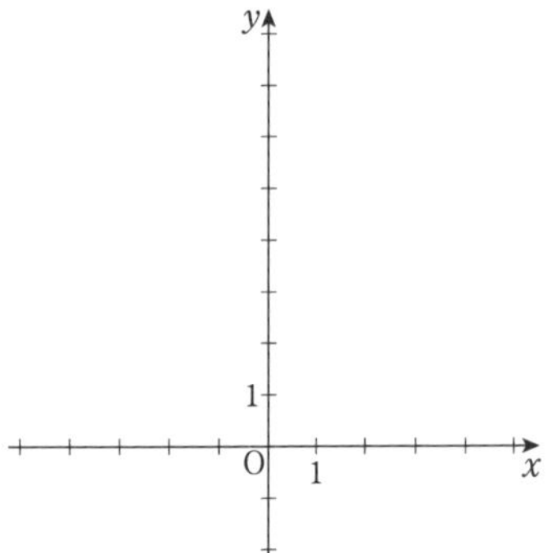

66B 次の2次関数のグラフをかけ。

(1) $y=-3x^2$

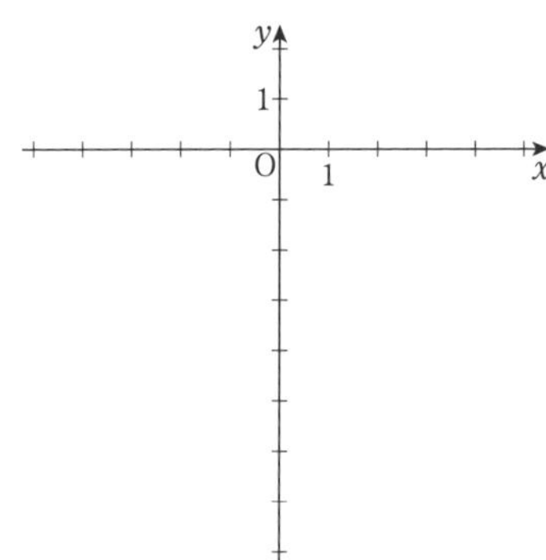

(2) $y=-\dfrac{1}{3}x^2$

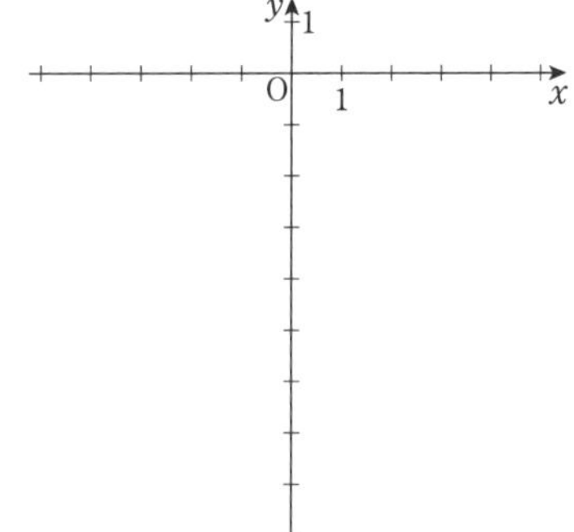

POINT 50 $y=ax^2+q$ のグラフ

$y=ax^2+q$ のグラフは，$y=ax^2$ のグラフを y 軸方向に q だけ平行移動した放物線
軸は y 軸，頂点は 点 $(0,\ q)$

例 61 2 次関数 $y=-3x^2+5$ のグラフをかけ。

解答 $y=-3x^2+5$ のグラフは，$y=-3x^2$ のグラフを
y 軸方向に 5 だけ平行移動した放物線である。
よって，この関数のグラフは右の図のようになる。
また，この放物線の 軸は y 軸，頂点は 点 $(0,\ 5)$ である。

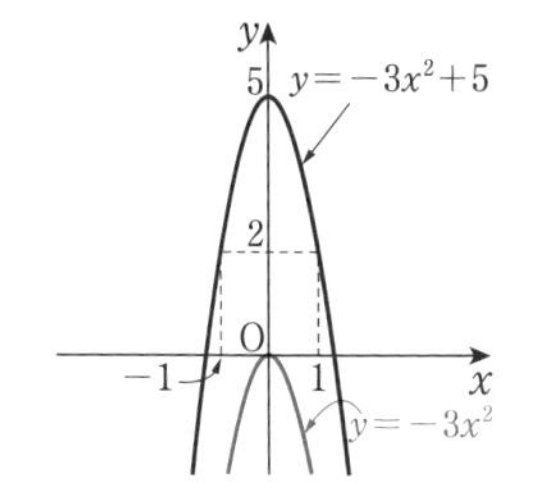

67A 次の 2 次関数のグラフをかけ。また，その軸と頂点を求めよ。

(1) $y=2x^2+5$

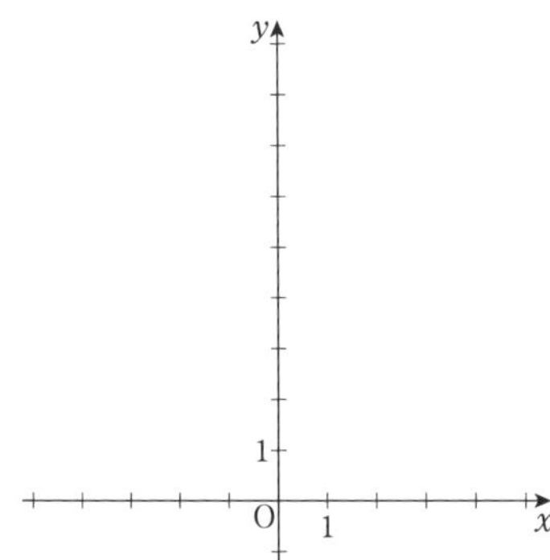

(2) $y=-x^2-2$

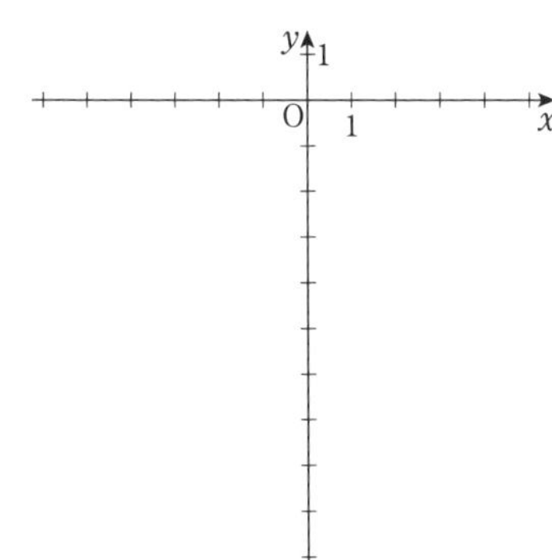

67B 次の 2 次関数のグラフをかけ。また，その軸と頂点を求めよ。

(1) $y=3x^2-5$

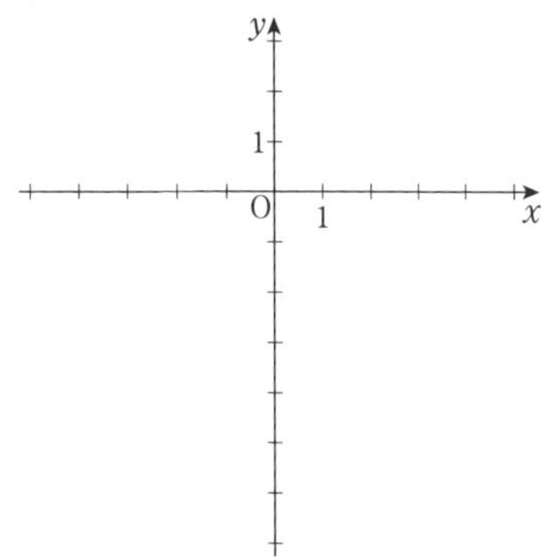

(2) $y=-\frac{1}{2}x^2+1$

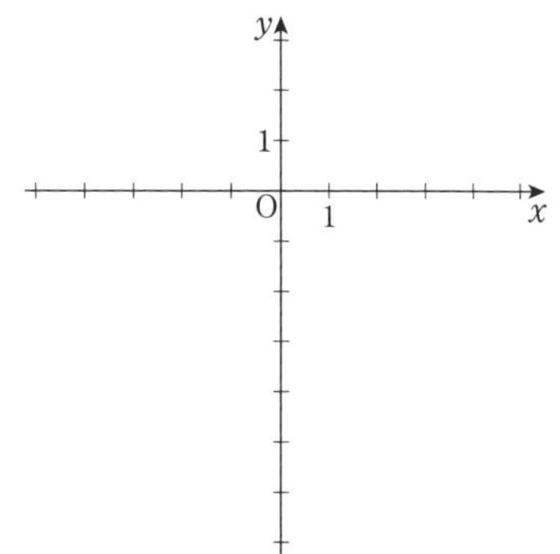

POINT 51
$y=a(x-p)^2$ のグラフ

$y=a(x-p)^2$ のグラフは，$y=ax^2$ のグラフを x 軸方向に p だけ平行移動した放物線
軸は 直線 $x=p$，頂点は 点 $(p,\ 0)$

例 62 2 次関数 $y=2(x-3)^2$ のグラフをかけ。また，その軸と頂点を求めよ。

解答 $y=2(x-3)^2$ のグラフは，$y=2x^2$ のグラフを x 軸方向に 3 だけ平行移動した放物線である。
よって，この関数のグラフは右の図のようになる。
また，この放物線の 軸は 直線 $x=3$，頂点は 点 $(3,\ 0)$ である。

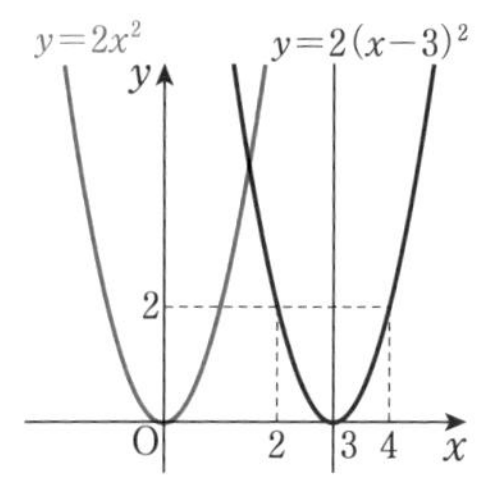

68A 次の 2 次関数のグラフをかけ。また，その軸と頂点を求めよ。

(1) $y=(x-3)^2$

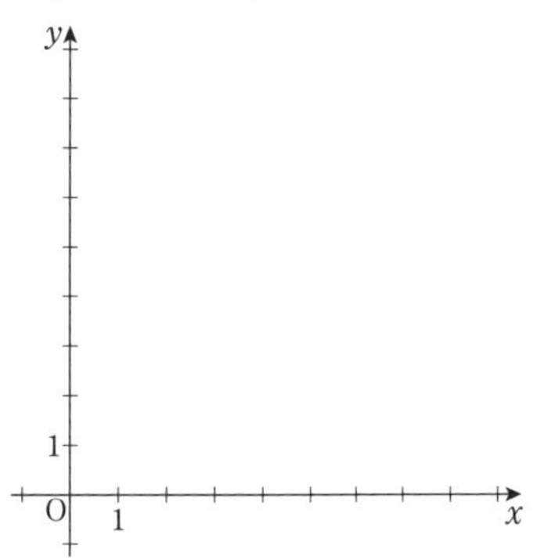

(2) $y=-3(x-1)^2$

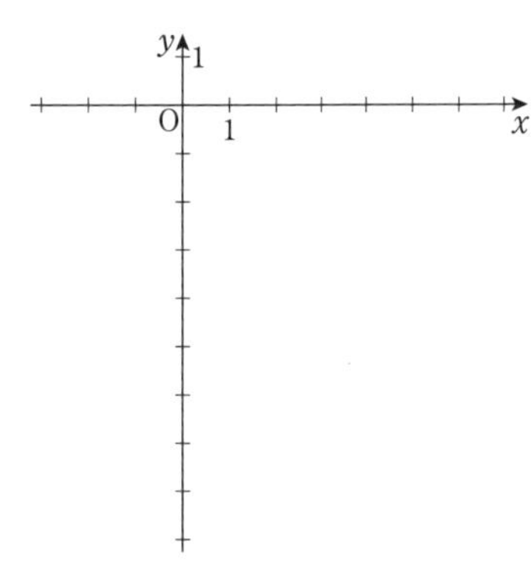

68B 次の 2 次関数のグラフをかけ。また，その軸と頂点を求めよ。

(1) $y=-(x+2)^2$

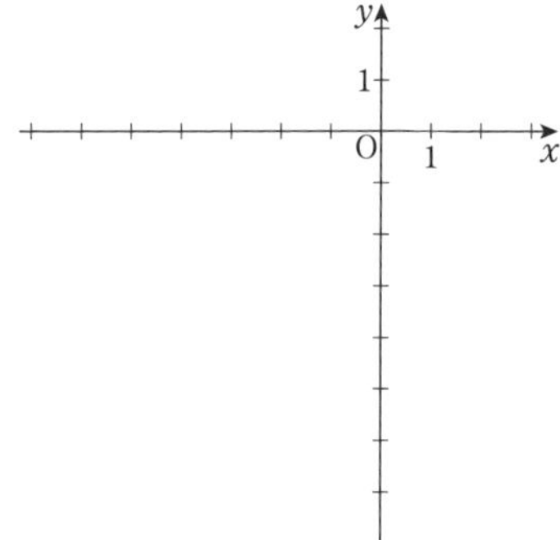

(2) $y=-\dfrac{1}{3}(x+4)^2$

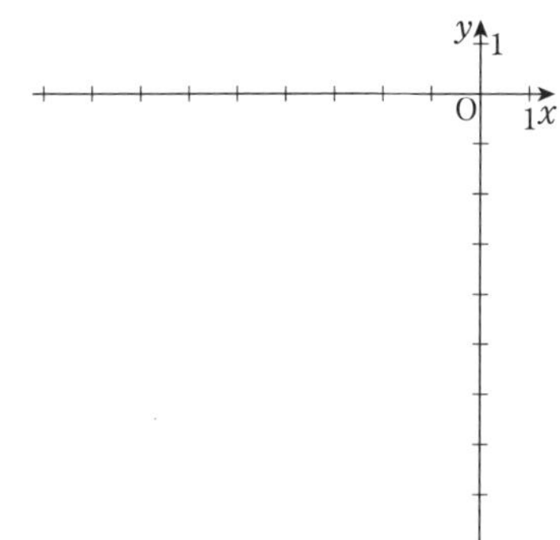

POINT 52

$y=a(x-p)^2+q$ のグラフ

$y=a(x-p)^2+q$ のグラフは，$y=ax^2$ のグラフを x 軸方向に p，y 軸方向に q だけ平行移動した放物線。軸は 直線 $x=p$，頂点は 点 $(p,\ q)$

例 63 2 次関数 $y=(x-2)^2-1$ のグラフをかけ。また，その軸と頂点を求めよ。

解答 $y=(x-2)^2-1$ のグラフは，$y=x^2$ のグラフを
x 軸方向に 2，y 軸方向に -1 だけ平行移動した放物線である。
よって，この関数のグラフは右の図のようになる。
また，この放物線の 軸は 直線 $x=2$，頂点は 点 $(2,\ -1)$ である。

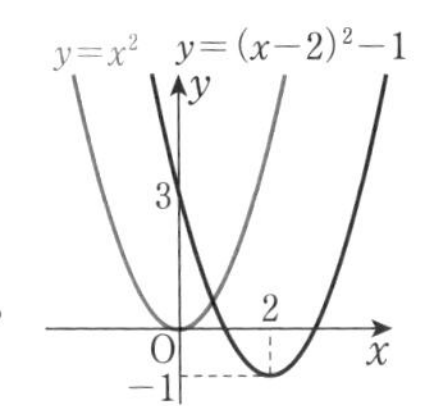

69A 次の 2 次関数のグラフをかけ。また，その軸と頂点を求めよ。

(1) $y=(x-3)^2-2$

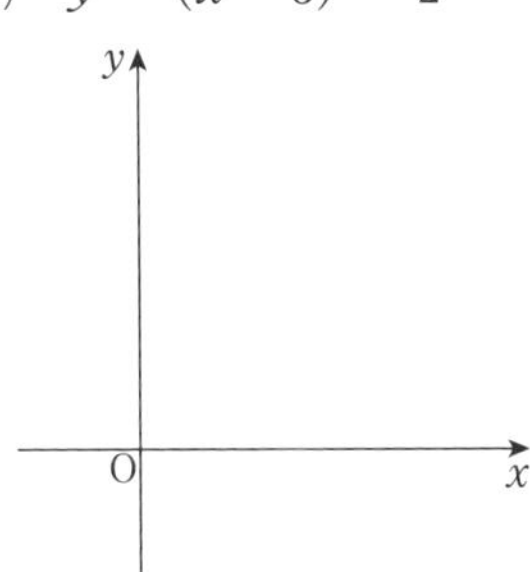

(2) $y=-2(x+1)^2-2$

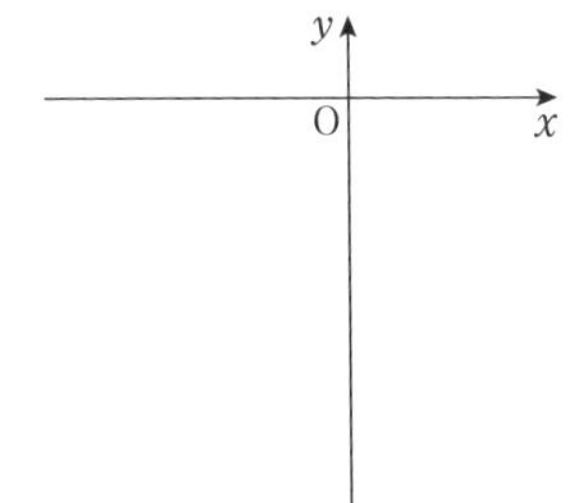

69B 次の 2 次関数のグラフをかけ。また，その軸と頂点を求めよ。

(1) $y=-(x-3)^2+1$

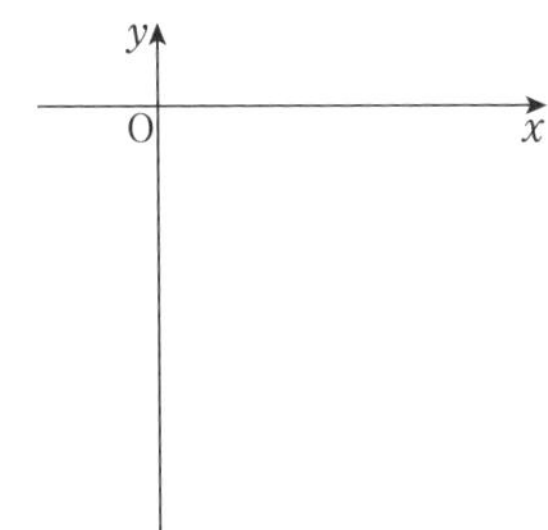

(2) $y=\dfrac{1}{2}(x+3)^2-4$

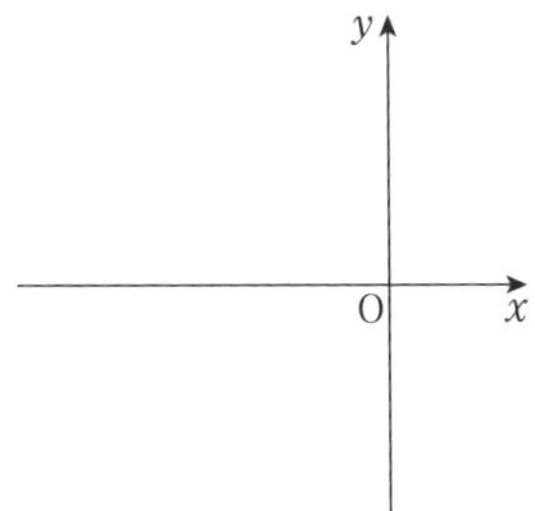

ROUND 2

70A 2 次関数 $y=3x^2$ のグラフを，x 軸方向に -2，y 軸方向に 4 だけ平行移動した放物線をグラフとする 2 次関数を求めよ。

70B 2 次関数 $y=-x^2$ のグラフを，x 軸方向に 2，y 軸方向に -1 だけ平行移動した放物線をグラフとする 2 次関数を求めよ。

第3章 2次関数

検印

24　$y=ax^2+bx+c$ の変形

▶教 p.84〜85

POINT 53
平方完成 [1]

$(x-p)^2=x^2-2px+p^2$　より　$x^2-2px=(x-p)^2-p^2$
となることを利用する。

例 64　次の 2 次関数を $y=(x-p)^2+q$ の形に変形せよ。

(1)　$y=x^2-6x+1$　　(2)　$y=x^2+x+2$

解答　(1)　$y=x^2-6x+1=(x-3)^2-3^2+1=(x-3)^2-8$

(2)　$y=x^2+x+2=\left(x+\frac{1}{2}\right)^2-\left(\frac{1}{2}\right)^2+2=\left(x+\frac{1}{2}\right)^2+\frac{7}{4}$

71A　次の 2 次関数を $y=(x-p)^2+q$ の形に変形せよ。

(1)　$y=x^2-2x$

(2)　$y=x^2-8x+9$

(3)　$y=x^2+10x-5$

(4)　$y=x^2-x$

(5)　$y=x^2-3x-2$

71B　次の 2 次関数を $y=(x-p)^2+q$ の形に変形せよ。

(1)　$y=x^2+4x$

(2)　$y=x^2+6x-2$

(3)　$y=x^2-4x+4$

(4)　$y=x^2+5x+5$

(5)　$y=x^2+x-\frac{3}{4}$

POINT 54

平方完成 [2]

① 定数項以外を x^2 の係数でくくる。
② ( )の中を $(x\pm○)^2-○^2$ の形にする。
③ { }をはずす。

例 65 次の 2 次関数を $y=a(x-p)^2+q$ の形に変形せよ。

(1) $y=2x^2+4x-5$　　(2) $y=-5x^2+10x-2$

解答 (1) $y=2x^2+4x-5=2(x^2+2x)-5=2\{(x+1)^2-1^2\}-5$
$=2(x+1)^2-2\times1^2-5=2(x+1)^2-7$

(2) $y=-5x^2+10x-2=-5(x^2-2x)-2$
$=-5\{(x-1)^2-1^2\}-2=-5(x-1)^2+5\times1^2-2=-5(x-1)^2+3$

72A 次の 2 次関数を $y=a(x-p)^2+q$ の形に変形せよ。

(1) $y=2x^2+12x$

(2) $y=3x^2-12x-4$

(3) $y=4x^2-8x+1$

(4) $y=-3x^2+12x-2$

(5) $y=-x^2-4x-4$

72B 次の 2 次関数を $y=a(x-p)^2+q$ の形に変形せよ。

(1) $y=3x^2-6x$

(2) $y=2x^2+4x+5$

(3) $y=-2x^2+4x+3$

(4) $y=-4x^2-8x-3$

(5) $y=2x^2-8x+8$

25 $y = ax^2 + bx + c$ のグラフ

▶教 p.86〜87

POINT 55

$y = ax^2 + bx + c$ のグラフ

$y = a(x - p)^2 + q$ の形に変形して，軸と頂点を求める。

① $a > 0$ のとき下に凸　　$a < 0$ のとき上に凸

② y 軸との交点は点 $(0,\ c)$

例 66　2 次関数 $y = x^2 + 2x - 1$ のグラフの軸と頂点を求め，そのグラフをかけ。

解答　$y = x^2 + 2x - 1 = (x + 1)^2 - 1^2 - 1 = (x + 1)^2 - 2$

よって，この関数のグラフは

軸が 直線 $x = -1$　　頂点が 点 $(-1,\ -2)$

の放物線で，右の図のようになる。

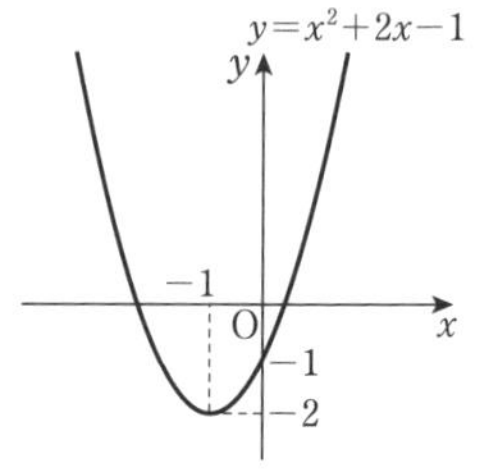

73A　次の 2 次関数のグラフの軸と頂点を求め，そのグラフをかけ。

(1)　$y = x^2 + 6x + 7$

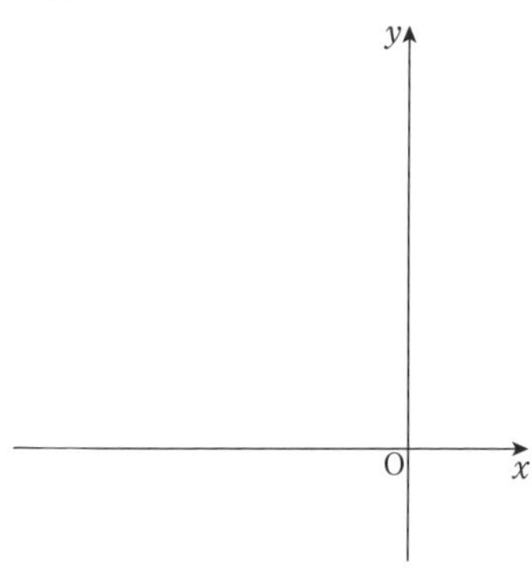

(2)　$y = x^2 + 4x - 1$

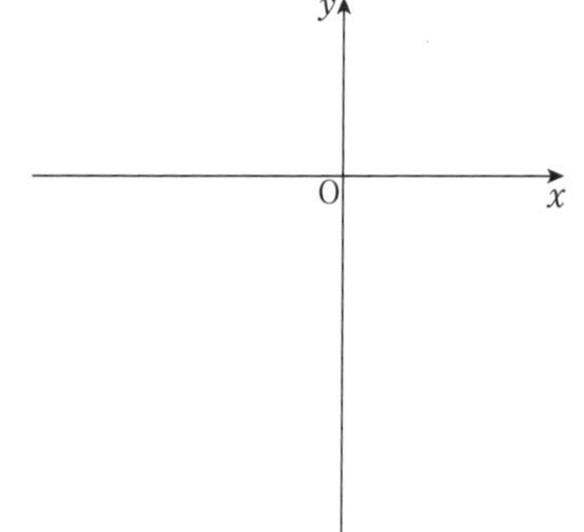

73B　次の 2 次関数のグラフの軸と頂点を求め，そのグラフをかけ。

(1)　$y = x^2 - 2x - 3$

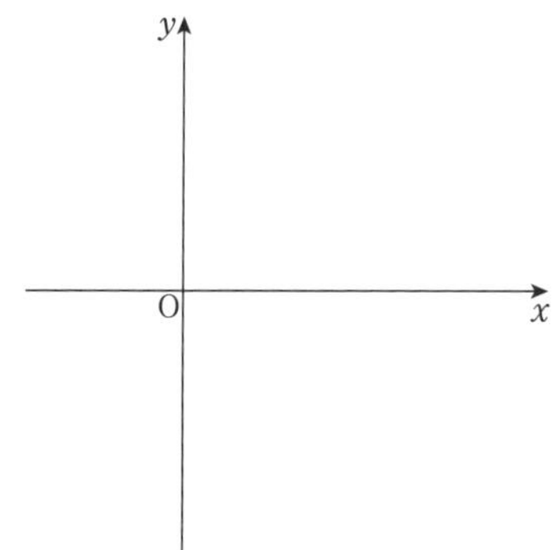

(2)　$y = x^2 - 8x + 13$

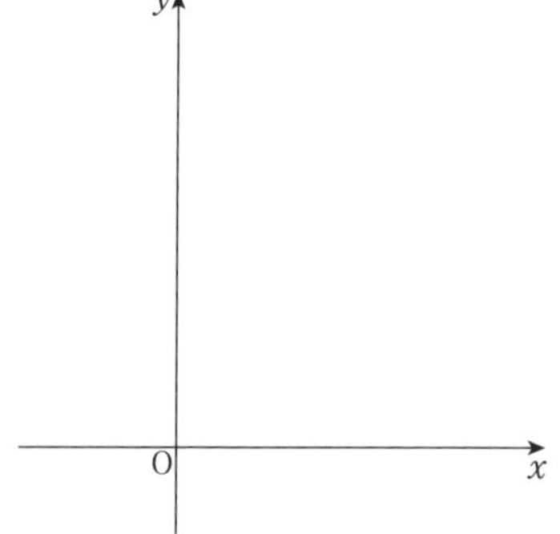

例 67　2次関数 $y=-2x^2+4x+1$ のグラフの軸と頂点を求め，そのグラフをかけ。

解答　$y=-2x^2+4x+1=-2(x^2-2x)+1$

$=-2\{(x-1)^2-1^2\}+1=-2(x-1)^2+3$

よって，この関数のグラフは

軸が 直線 $x=1$　　頂点が 点 $(1,\ 3)$

の放物線で，右の図のようになる。

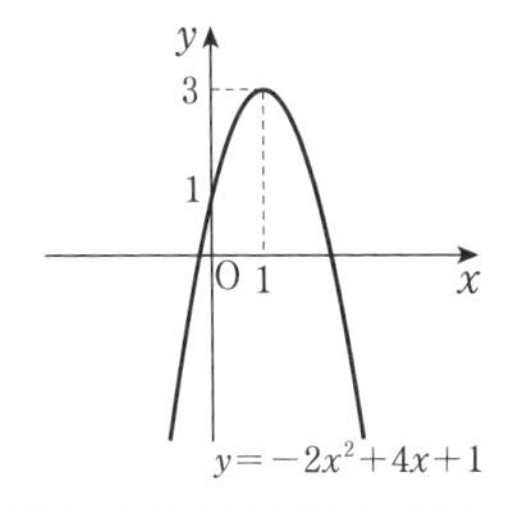

74A

次の2次関数のグラフの軸と頂点を求め，そのグラフをかけ。

(1)　$y=2x^2-8x+3$

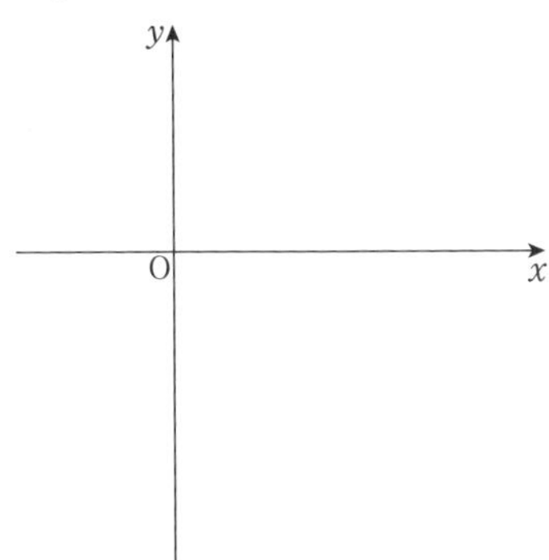

(2)　$y=-2x^2-4x+5$

74B

次の2次関数のグラフの軸と頂点を求め，そのグラフをかけ。

(1)　$y=3x^2+6x+5$

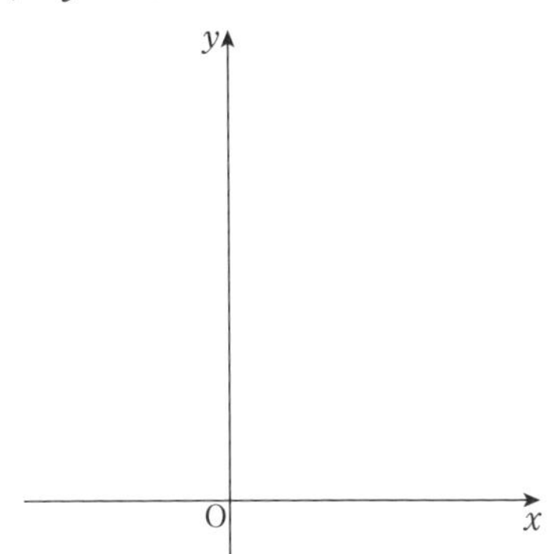

(2)　$y=-3x^2+12x-8$

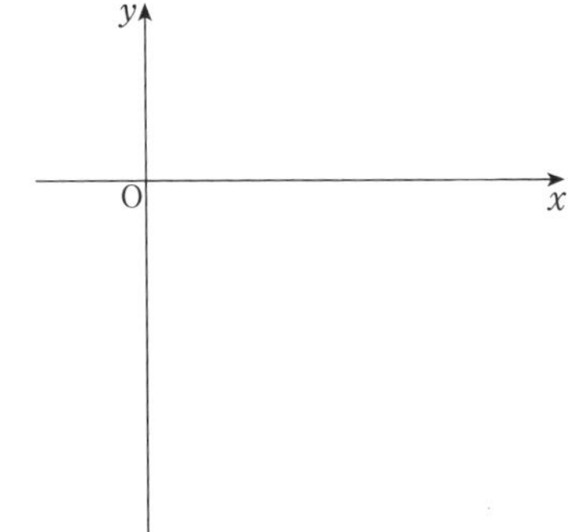

POINT 56

2次関数のグラフの平行移動

放物線 $y=ax^2+bx+c$ と $y=ax^2+b'x+c'$ の頂点をそれぞれ求め，どのように平行移動すればよいか考える。

例 68 2次関数 $y=2x^2+4x+1$ のグラフをどのように平行移動すれば，2次関数 $y=2x^2-8x+5$ のグラフに重なるか。

解答

$y=2x^2+4x+1$ を変形すると　$y=2(x+1)^2-1$ ……①

$y=2x^2-8x+5$ を変形すると　$y=2(x-2)^2-3$ ……②

よって，①，②のグラフは，ともに $y=2x^2$ のグラフを平行移動した放物線であり，頂点はそれぞれ

点 $(-1,\ -1)$　　点 $(2,\ -3)$

したがって，$y=2x^2+4x+1$ のグラフを

x 軸方向に 3，y 軸方向に -2

だけ平行移動すれば，$y=2x^2-8x+5$ のグラフに重なる。

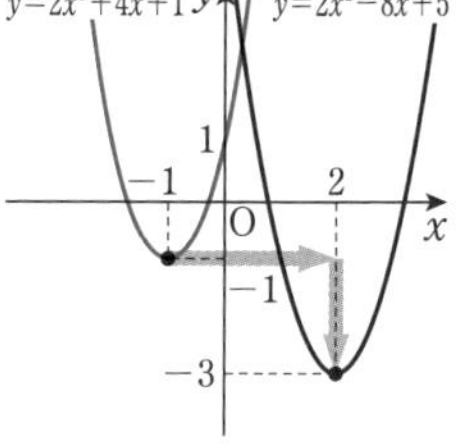

ROUND 2

75A 2次関数 $y=x^2-6x+4$ のグラフをどのように平行移動すれば，2次関数 $y=x^2+4x-2$ のグラフに重なるか。

75B 2次関数 $y=-x^2-4x-7$ のグラフをどのように平行移動すれば，2次関数 $y=-x^2+2x-4$ のグラフに重なるか。

検印

26 グラフの平行移動・対称移動

▶教 p.88〜89

POINT 57
グラフの平行移動

関数 $y=f(x)$ のグラフを，x 軸方向に p，y 軸方向に q だけ平行移動すると
関数 $y-q=f(x-p)$　すなわち　関数 $y=f(x-p)+q$ のグラフになる。

例 69　2 次関数 $y=x^2-4x+7$ のグラフを，x 軸方向に -3，y 軸方向に 2 だけ平行移動した放物線をグラフとする 2 次関数を求めよ。

解答　求める 2 次関数は，$y=x^2-4x+7$ において，x を $x+3$ に，y を $y-2$ に置きかえて
$y-2=(x+3)^2-4(x+3)+7$　すなわち　$y=x^2+2x+6$

ROUND 2

76A　2 次関数 $y=x^2+3x-4$ のグラフを，x 軸方向に 2，y 軸方向に 3 だけ平行移動した放物線をグラフとする 2 次関数を求めよ。

76B　2 次関数 $y=2x^2+x+1$ のグラフを，x 軸方向に -1，y 軸方向に -2 だけ平行移動した放物線をグラフとする 2 次関数を求めよ。

POINT 58
グラフの対称移動

関数 $y=f(x)$ のグラフを，x 軸，y 軸，原点に関して対称移動すると，それぞれ次のような関数のグラフになる。

x 軸：$-y=f(x)$　すなわち　$y=-f(x)$　　　y 軸：$y=f(-x)$
原点：$-y=f(-x)$　すなわち　$y=-f(-x)$

例 70　2 次関数 $y=2x^2-3x+5$ のグラフを，x 軸，y 軸，原点に関して対称移動した放物線をグラフとする 2 次関数をそれぞれ求めよ。

解答　求める 2 次関数は，それぞれ
x 軸：$-y=2x^2-3x+5$　すなわち　$y=-2x^2+3x-5$
y 軸：$y=2(-x)^2-3(-x)+5$　すなわち　$y=2x^2+3x+5$
原点：$-y=2(-x)^2-3(-x)+5$　すなわち　$y=-2x^2-3x-5$

ROUND 2

77A　2 次関数 $y=x^2+2x-3$ のグラフを，x 軸，y 軸，原点に関して対称移動した放物線をグラフとする 2 次関数をそれぞれ求めよ。

77B　2 次関数 $y=-2x^2-x+5$ のグラフを，x 軸，y 軸，原点に関して対称移動した放物線をグラフとする 2 次関数をそれぞれ求めよ。

27 2次関数の最大・最小

▶教 p.90～94

POINT 59

2次関数の最大・最小 [1]

2次関数 $y=a(x-p)^2+q$ は
$a>0$ のとき，$x=p$ で最小値 q をとる。最大値はない。
$a<0$ のとき，$x=p$ で最大値 q をとる。最小値はない。

例 71 2次関数 $y=-3x^2-12x-5$ に最大値，最小値があれば，それを求めよ。

解答 $y=-3x^2-12x-5$ を変形すると，

$$y=-3(x+2)^2+7$$

よって，y は $x=-2$ のとき 最大値 7 をとる。
最小値はない。

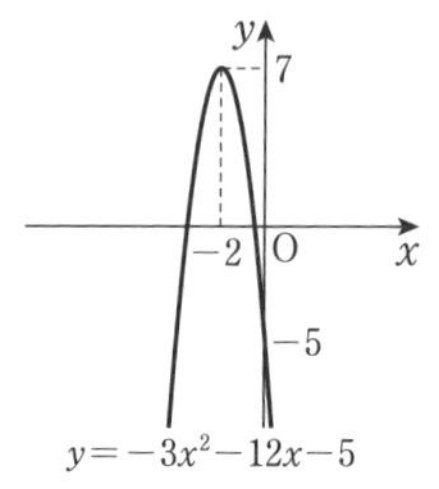

78A 次の2次関数に最大値，最小値があれば，それを求めよ。

(1) $y=3(x+2)^2-5$

(2) $y=-(x-3)^2+2$

(3) $y=x^2-4x+1$

(4) $y=-x^2-8x+4$

78B 次の2次関数に最大値，最小値があれば，それを求めよ。

(1) $y=(x+1)^2-1$

(2) $y=-2(x-3)^2+5$

(3) $y=2x^2+12x+7$

(4) $y=-3x^2+6x-5$

POINT 60

2次関数の最大・最小 [2]

定義域に制限がある2次関数の場合は，グラフをかいて，定義域の両端の点と頂点における y の値を比較する。

例 72 2次関数 $y=-2x^2$ $(-1 \leqq x \leqq 2)$ の最大値，最小値を求めよ。

解答 $y=-2x^2$ $(-1 \leqq x \leqq 2)$ において，

$x=-1$ のとき　$y=-2$

$x=2$ のとき　$y=-8$

であるから，この関数のグラフは，右の図の実線部分である。

よって，y は　$x=0$ のとき　最大値0をとり，

$x=2$ のとき　最小値 -8 をとる。

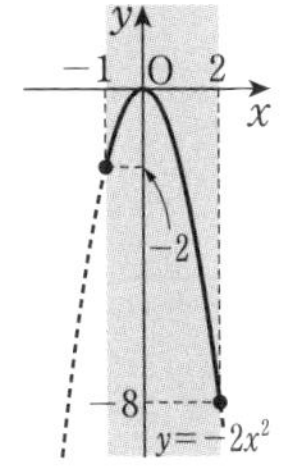

79A 次の2次関数の最大値，最小値を求めよ。

(1)　$y=2x^2$　$(1 \leqq x \leqq 2)$

(2)　$y=3x^2$　$(-3 \leqq x \leqq -1)$

(3)　$y=-2x^2$　$(1 \leqq x \leqq 4)$

79B 次の2次関数の最大値，最小値を求めよ。

(1)　$y=x^2$　$(-4 \leqq x \leqq 2)$

(2)　$y=-x^2$　$(-3 \leqq x \leqq -1)$

(3)　$y=-3x^2$　$(-2 \leqq x \leqq 1)$

例 73 2次関数 $y = x^2 + 2x - 3$ $(-2 \leqq x \leqq 2)$ の最大値，最小値を求めよ。

解答 $y = x^2 + 2x - 3$ を変形すると

$y = (x+1)^2 - 4$

$-2 \leqq x \leqq 2$ におけるこの関数のグラフは，右の図の実線部分である。

よって，y は　$x = 2$ のとき　最大値 5 をとり，

$x = -1$ のとき　最小値 -4 をとる。

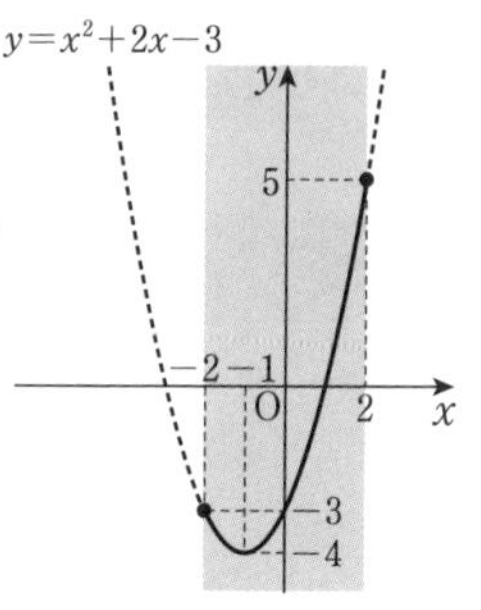

80A 次の2次関数の最大値，最小値を求めよ。

(1) $y = x^2 - 2x + 4$ $(1 \leqq x \leqq 3)$

(2) $y = x^2 - 4x - 1$ $(-1 \leqq x \leqq 3)$

(3) $y = -x^2 - 4x - 3$ $(-3 \leqq x \leqq 2)$

80B 次の2次関数の最大値，最小値を求めよ。

(1) $y = x^2 + 6x - 3$ $(-2 \leqq x \leqq 1)$

(2) $y = 2x^2 - 8x + 7$ $(0 \leqq x \leqq 2)$

(3) $y = -2x^2 + 4x - 1$ $(-1 \leqq x \leqq 3)$

POINT 61 最大・最小の応用

① 適当な数量を x とおき，y を x の式で表す。
② x の値の範囲に注意して，y の最大値・最小値を求める。

例 74 隣りあう 2 辺の長さの和が 4 cm である長方形の面積を $y\,\text{cm}^2$ とするとき，y の最大値を求めよ。

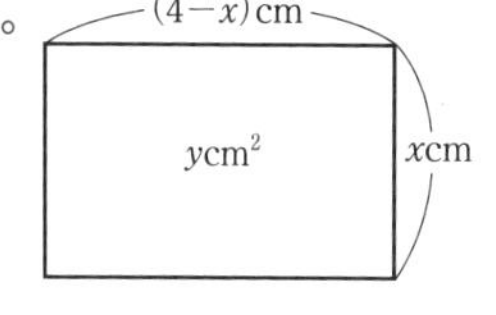

解答　長方形の縦の長さを x cm とすると，横の長さは $(4-x)$ cm である。
$x>0$ かつ $4-x>0$ であるから　$0<x<4$
このとき，長方形の面積は　$y=x(4-x)$
よって　$y=-x^2+4x=-(x-2)^2+4$
ゆえに，$0<x<4$ におけるこの関数のグラフは，右の図の実線部分である。
したがって，y は　$x=2$ のとき　最大値 4 をとる。

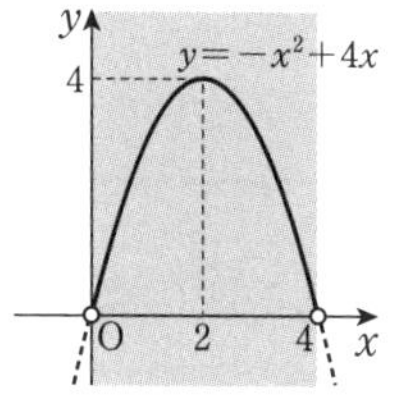

ROUND 2

81A 長さ 36 m のロープで，長方形の囲いをつくりたい。囲いの面積を $y\,\text{m}^2$ とするとき，y の最大値を求めよ。

81B 1 辺が 100 cm の正方形 ABCD に，それより小さい正方形 EFGH を右の図のように内接させる。正方形 EFGH の面積を $y\,\text{cm}^2$ とするとき，y の最小値を求めよ。

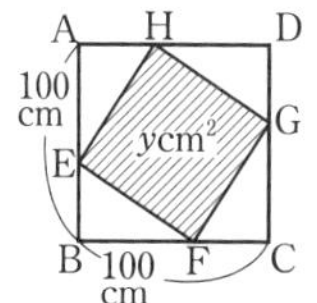

第3章 2次関数

検印

28　2次関数の決定

▶教 p.96～99

POINT 62　求める2次関数を $y=a(x-p)^2+q$ と表して，条件から a を求める。

グラフの頂点が与えられたとき

例 75　頂点が点 $(3,\ 1)$ で，点 $(1,\ -3)$ を通る放物線をグラフとする2次関数を求めよ。

解答　頂点が点 $(3,\ 1)$ であるから，求める2次関数は

$y=a(x-3)^2+1$　と表される。

グラフが点 $(1,\ -3)$ を通ることから　$-3=a(1-3)^2+1$

より　$-3=4a+1$　　よって　$a=-1$

したがって，求める2次関数は　$y=-(x-3)^2+1$

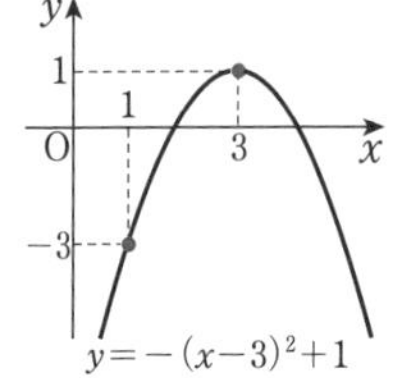

82A　次の条件を満たす放物線をグラフとする2次関数を求めよ。

(1)　頂点が点 $(-3,\ 5)$ で，点 $(-2,\ 3)$ を通る

(2)　頂点が点 $(2,\ -4)$ で，原点を通る

82B　次の条件を満たす放物線をグラフとする2次関数を求めよ。

(1)　頂点が点 $(2,\ 3)$ で，点 $(1,\ 5)$ を通る

(2)　頂点が点 $(-1,\ -3)$ で，点 $(-3,\ -1)$ を通る

POINT 63 グラフの軸が与えられたとき

求める2次関数を $y=a(x-p)^2+q$ と表して，条件から a，q を求める。

例 76 軸が直線 $x=2$ で，2点 $(0,\ 7)$，$(3,\ -2)$ を通る放物線をグラフとする2次関数を求めよ。

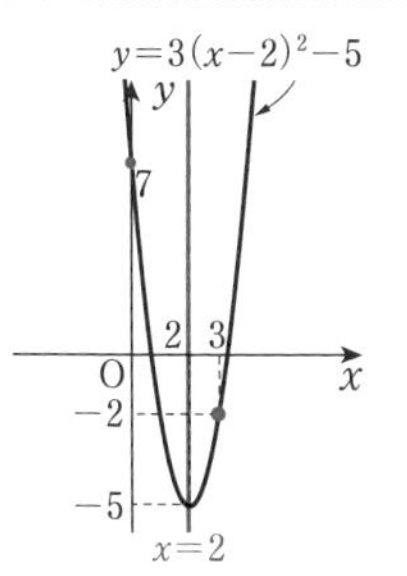

解答 軸が直線 $x=2$ であるから，求める2次関数は

$y=a(x-2)^2+q$ と表される。

グラフが点 $(0,\ 7)$ を通ることから $7=a(0-2)^2+q$ ……①

グラフが点 $(3,\ -2)$ を通ることから $-2=a(3-2)^2+q$ ……②

①，②より $\begin{cases} 4a+q=7 \\ a+q=-2 \end{cases}$

これを解いて $a=3$，$q=-5$

よって，求める2次関数は $y=3(x-2)^2-5$

83A 次の条件を満たす放物線をグラフとする2次関数を求めよ。

(1) 軸が直線 $x=3$ で，2点 $(1,\ -2)$，$(4,\ -8)$ を通る

(2) 軸が直線 $x=-1$ で，2点 $(0,\ 1)$，$(2,\ 17)$ を通る

83B 次の条件を満たす放物線をグラフとする2次関数を求めよ。

(1) 軸が直線 $x=-2$ で，2点 $(0,\ 13)$，$(-3,\ 4)$ を通る

(2) 軸が直線 $x=3$ で，2点 $(2,\ -2)$，$(1,\ -8)$ を通る

POINT 64 求める 2 次関数を $y = ax^2 + bx + c$ と表して，条件から a，b，c を定める。

グラフを通る 3 点が与えられたとき

例 77 3 点 (1, −2), (2, 1), (0, −1) を通る放物線をグラフとする 2 次関数を求めよ。

解答 求める 2 次関数を　$y = ax^2 + bx + c$　とおく。

グラフが 3 点 (1, −2), (2, 1), (0, −1) を通ることから

$$\begin{cases} -2 = a + b + c & \cdots\cdots ① \\ 1 = 4a + 2b + c & \cdots\cdots ② \\ -1 = c & \cdots\cdots ③ \end{cases}$$

③を①，②に代入して整理すると $\begin{cases} a + b = -1 & \cdots\cdots ④ \\ 2a + b = 1 & \cdots\cdots ⑤ \end{cases}$

これを解いて　　$a = 2$，$b = -3$

よって，求める 2 次関数は　　$y = 2x^2 - 3x - 1$

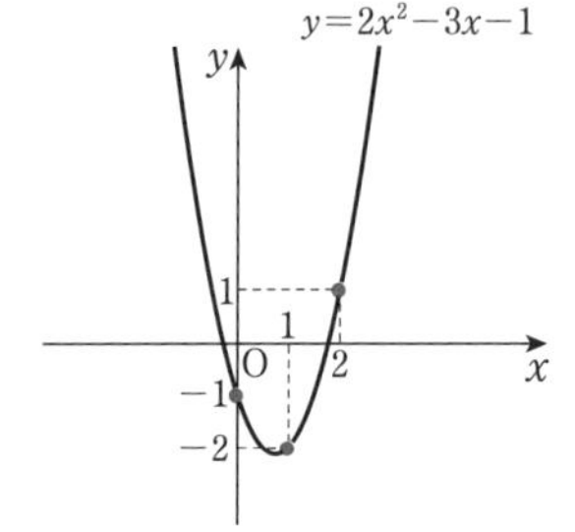

84A 3 点 (0, −1), (1, 2), (2, 7) を通る放物線をグラフとする 2 次関数を求めよ。

84B 3 点 (0, 2), (−2, −14), (3, −4) を通る放物線をグラフとする 2 次関数を求めよ。

例 78　3点 $(-1,\ 1)$，$(2,\ 1)$，$(3,\ -3)$ を通る放物線をグラフとする2次関数を求めよ。

解答　求める2次関数を　$y=ax^2+bx+c$　とおく。

グラフが3点 $(-1,\ 1)$，$(2,\ 1)$，$(3,\ -3)$ を通ることから

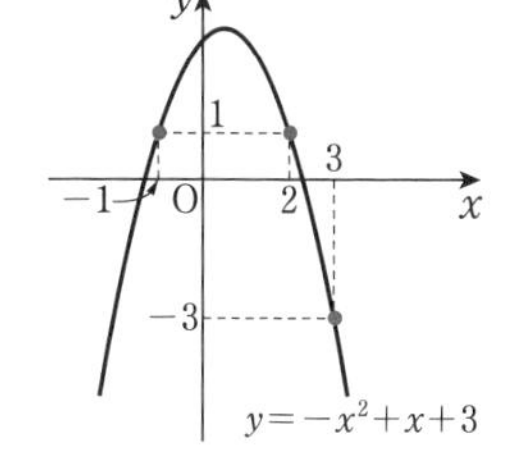

$$\begin{cases} a-b+c=1 & \cdots\cdots① \\ 4a+2b+c=1 & \cdots\cdots② \\ 9a+3b+c=-3 & \cdots\cdots③ \end{cases}$$

②－① より　$3a+3b=0$　　すなわち　$a+b=0$　……④

③－① より　$8a+4b=-4$　　すなわち　$2a+b=-1$　……⑤

④，⑤より a と b の値を求めると　　$a=-1$，$b=1$

これらを①に代入して，c の値を求めると　　$c=3$

よって，求める2次関数は　　$y=-x^2+x+3$

ROUND 2

85A　3点 $(-2,\ 7)$，$(-1,\ 2)$，$(2,\ -1)$ を通る放物線をグラフとする2次関数を求めよ。

85B　3点 $(1,\ 2)$，$(3,\ 6)$，$(-2,\ 11)$ を通る放物線をグラフとする2次関数を求めよ。

29　2次方程式

▶教 p.101〜102

POINT 65
因数分解による解法

$ax^2+bx+c=0$ $(a \neq 0)$ の左辺が因数分解できるときは
$AB=0 \iff A=0$ または $B=0$ を利用する。

例 79　2次方程式 $x^2-7x+12=0$ を解け。

解答　左辺を因数分解すると　$(x-3)(x-4)=0$
よって　$x-3=0$　または　$x-4=0$
したがって　$x=3,\ 4$

86A　次の2次方程式を解け。

(1)　$(x+1)(x-2)=0$

(2)　$x^2+2x-3=0$

(3)　$x^2-x-6=0$

(4)　$x^2-25=0$

(5)　$x^2+3x=0$

86B　次の2次方程式を解け。

(1)　$(2x+1)(3x-2)=0$

(2)　$x^2-8x+15=0$

(3)　$x^2+5x-24=0$

(4)　$x^2-36=0$

(5)　$x^2+4x=0$

POINT 66
解の公式

$$x = \frac{-b \pm \sqrt{b^2 - 4ac}}{2a} \quad \text{ただし，} b^2 - 4ac \geqq 0$$

例 80 2 次方程式 $3x^2 - 2x - 4 = 0$ を解け。

解答 $x = \dfrac{-(-2) \pm \sqrt{(-2)^2 - 4 \times 3 \times (-4)}}{2 \times 3} = \dfrac{2 \pm \sqrt{52}}{6} = \dfrac{2 \pm 2\sqrt{13}}{6} = \dfrac{1 \pm \sqrt{13}}{3}$

第3章 2次関数

87A 次の 2 次方程式を解け。

(1) $x^2 + 3x + 1 = 0$

(2) $3x^2 - 5x - 1 = 0$

(3) $x^2 + 6x - 8 = 0$

(4) $2x^2 - x - 3 = 0$

87B 次の 2 次方程式を解け。

(1) $x^2 - 5x + 3 = 0$

(2) $2x^2 + 5x + 1 = 0$

(3) $3x^2 + 8x + 2 = 0$

(4) $6x^2 - 5x - 4 = 0$

検印

30 2次方程式の実数解

▶教 p.103〜105

POINT 67
2次方程式の実数解の個数

2次方程式 $ax^2+bx+c=0$ の判別式を $D=b^2-4ac$ とすると
$D>0$ のとき　異なる2つの実数解をもつ　←実数解2個
$D=0$ のとき　ただ1つの実数解（重解）をもつ　←実数解1個
$D<0$ のとき　実数解をもたない　←実数解0個

例 81 次の2次方程式の実数解の個数を求めよ。

(1) $x^2+7x+5=0$　　(2) $9x^2-6x+1=0$

解答 (1) 2次方程式 $x^2+7x+5=0$ の判別式を D とすると

$D=7^2-4\times1\times5=29$ より　$D>0$

よって，実数解の個数は2個である。

(2) 2次方程式 $9x^2-6x+1=0$ の判別式を D とすると

$D=(-6)^2-4\times9\times1=0$

よって，実数解の個数は1個である。

88A 次の2次方程式の実数解の個数を求めよ。

(1) $x^2+3x+1=0$

(2) $3x^2-5x+2=0$

(3) $3x^2+6x+4=0$

88B 次の2次方程式の実数解の個数を求めよ。

(1) $x^2-x+3=0$

(2) $4x^2-4x+1=0$

(3) $2x^2+2x-5=0$

例 82 2次方程式 $3x^2-6x+m=0$ が異なる2つの実数解をもつような定数 m の値の範囲を求めよ。

解答 2次方程式 $3x^2-6x+m=0$ の判別式を D とすると

$$D=(-6)^2-4\times3\times m=36-12m$$

この2次方程式が異なる2つの実数解をもつためには，$D>0$ であればよい。

よって，$36-12m>0$ より　　$m<3$

ROUND 2

89A 2次方程式 $3x^2-4x-m=0$ が異なる2つの実数解をもつような定数 m の値の範囲を求めよ。

89B 2次方程式 $2x^2-4x-m=0$ が異なる2つの実数解をもつような定数 m の値の範囲を求めよ。

90A 2次方程式 $2x^2+4mx+5m+3=0$ が重解をもつような定数 m の値を求めよ。また，そのときの重解を求めよ。

90B 2次方程式 $3x^2-6mx+2m+1=0$ が重解をもつような定数 m の値を求めよ。また，そのときの重解を求めよ。

31 2次関数のグラフとx軸の位置関係

▶教 p.106〜109

POINT 68
共有点のx座標

2次関数 $y=ax^2+bx+c$ のグラフとx軸の共有点のx座標は，
2次方程式 $ax^2+bx+c=0$ の実数解である。

例 83 2次関数 $y=x^2-4x+1$ のグラフとx軸の共有点のx座標を求めよ。

解答 2次方程式 $x^2-4x+1=0$ を解くと

$$x=\frac{-(-4)\pm\sqrt{(-4)^2-4\times1\times1}}{2\times1}=\frac{4\pm\sqrt{12}}{2}=\frac{4\pm2\sqrt{3}}{2}=2\pm\sqrt{3}$$

よって，共有点のx座標は　$2-\sqrt{3}$，$2+\sqrt{3}$

91A 次の2次関数のグラフとx軸の共有点のx座標を求めよ。

(1) $y=x^2+5x+6$

(2) $y=-x^2+4x-4$

91B 次の2次関数のグラフとx軸の共有点のx座標を求めよ。

(1) $y=x^2-3x-1$

(2) $y=-4x^2+4x-1$

POINT 69
グラフとx軸の位置関係

$D=b^2-4ac$ の符号	$D>0$	$D=0$	$D<0$
x軸との位置関係	異なる2点で交わる	接する	共有点をもたない

例 84 2次関数 $y=x^2+4x+2$ のグラフとx軸の共有点の個数を求めよ。

解答 2次方程式 $x^2+4x+2=0$ の判別式をDとすると

$$D=4^2-4\times1\times2=16-8=8>0$$

よって，グラフとx軸の共有点の個数は2個である。

92A 次の2次関数のグラフとx軸の共有点の個数を求めよ。

(1) $y=x^2-4x+2$

(2) $y=2x^2-12x+18$

92B 次の2次関数のグラフとx軸の共有点の個数を求めよ。

(1) $y=-3x^2+5x-1$

(2) $y=3x^2+3x+1$

例 85　2 次関数 $y=x^2+3x-m$ のグラフと x 軸の共有点の個数が 2 個であるとき，定数 m の値の範囲を求めよ。

解答　2 次方程式 $x^2+3x-m=0$ の判別式を D とすると

$$D=3^2-4\times1\times(-m)=9+4m$$

グラフと x 軸の共有点の個数が 2 個であるためには，$D>0$ であればよい。

よって，$9+4m>0$ より　　$m>-\dfrac{9}{4}$

ROUND 2

93A　次の問いに答えよ。

(1)　2 次関数 $y=x^2-4x-2m$ のグラフと x 軸の共有点の個数が 2 個であるとき，定数 m の値の範囲を求めよ。

(2)　2 次関数 $y=-x^2+4x+3m-2$ のグラフと x 軸の共有点がないとき，定数 m の値の範囲を求めよ。

93B　次の問いに答えよ。

(1)　2 次関数 $y=-2x^2-2x+m-1$ のグラフと x 軸の共有点の個数が 2 個であるとき，定数 m の値の範囲を求めよ。

(2)　2 次関数 $y=x^2+(m+2)x+2m+5$ のグラフが x 軸に接するとき，定数 m の値を求めよ。

32 2次関数のグラフと2次不等式 (1)

▶教 p.112〜115

POINT 70
2次不等式の解

2次方程式 $ax^2+bx+c=0$ $(a>0)$ の2つの実数解を α, β とすると

$ax^2+bx+c>0 \iff x<\alpha,\ \beta<x$

$ax^2+bx+c<0 \iff \alpha<x<\beta$

例 86 次の2次不等式を解け。

(1) $x^2+x-12 \geqq 0$　　(2) $x^2-3x<0$

解答 (1) 2次方程式 $x^2+x-12=0$ を解くと $(x+4)(x-3)=0$ より　$x=-4,\ 3$
よって，$x^2+x-12 \geqq 0$ の解は　$x \leqq -4,\ 3 \leqq x$

(2) 2次方程式 $x^2-3x=0$ を解くと $x(x-3)=0$ より　$x=0,\ 3$
よって，$x^2-3x<0$ の解は　$0<x<3$

94A 次の2次不等式を解け。

(1) $(x-3)(x-5)<0$

(2) $(x+3)(x-2)>0$

(3) $x^2-3x-40<0$

(4) $x^2-16>0$

94B 次の2次不等式を解け。

(1) $(x-1)(x+2) \leqq 0$

(2) $x(x+4) \geqq 0$

(3) $x^2-7x+10 \geqq 0$

(4) $x^2+x<0$

例 87　2 次不等式 $x^2+4x-3>0$ を解け。

解答　2 次方程式 $x^2+4x-3=0$ を解くと　$x=-2\pm\sqrt{7}$
よって，$x^2+4x-3>0$ の解は　$x<-2-\sqrt{7}$, $-2+\sqrt{7}<x$

95A 次の 2 次不等式を解け。

(1) $2x^2-5x-3>0$

(2) $6x^2+x-2<0$

(3) $x^2+5x+3\leqq 0$

(4) $2x^2-x-2>0$

95B 次の 2 次不等式を解け。

(1) $3x^2-7x+4\leqq 0$

(2) $10x^2-9x-9\geqq 0$

(3) $x^2-2x-4\geqq 0$

(4) $3x^2+2x-2<0$

POINT 71 両辺に -1 を掛けて，x^2 の係数を正にして解く。

$a<0$ の場合

例 88 2次不等式 $-x^2+6x-2>0$ を解け。

解答 両辺に -1 を掛けると　$x^2-6x+2<0$　⬅ 不等号の向きが逆になる。

2次方程式 $x^2-6x+2=0$ を解くと　$x=3\pm\sqrt{7}$　⬅ $x=\dfrac{-(-6)\pm\sqrt{(-6)^2-4\times1\times2}}{2\times1}$

よって，$-x^2+6x-2>0$ の解は　$3-\sqrt{7}<x<3+\sqrt{7}$

96A 次の2次不等式を解け。

(1) $-x^2-2x+8<0$

(2) $-x^2+4x-1\leqq0$

(3) $-2x^2+x+3\geqq0$

96B 次の2次不等式を解け。

(1) $-x^2-7x-10\geqq0$

(2) $-2x^2-x+4>0$

(3) $-3x^2-5x-1\geqq0$

検印

33　2次関数のグラフと2次不等式 (2)

▶教 p.116〜118

POINT 72

グラフと x 軸が接するとき

$a>0$ のとき　$ax^2+bx+c>0$ の解：　$x=\alpha$ 以外のすべての実数

$ax^2+bx+c \geqq 0$ の解：　すべての実数

$ax^2+bx+c<0$ の解：　ない

$ax^2+bx+c \leqq 0$ の解：　$x=\alpha$

例 89　2次不等式 $x^2-2x+1>0$ を解け。

解答　2次方程式 $x^2-2x+1=0$ は

$(x-1)^2=0$ より　　重解 $x=1$ をもつ。

よって，$x^2-2x+1>0$ の解は1以外のすべての実数。

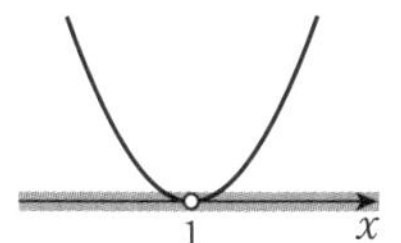

97A　次の2次不等式を解け。

(1)　$(x-2)^2>0$

(2)　$x^2+4x+4<0$

(3)　$9x^2+6x+1 \leqq 0$

(4)　$-4x^2+4x-1 \leqq 0$

97B　次の2次不等式を解け。

(1)　$(2x+3)^2 \leqq 0$

(2)　$x^2-12x+36 \geqq 0$

(3)　$4x^2-12x+9>0$

(4)　$-9x^2+12x-4<0$

POINT 73

グラフが x 軸と共有点をもたないとき

$a>0$ のとき　$ax^2+bx+c>0$ の解：　すべての実数
$ax^2+bx+c \geqq 0$ の解：　すべての実数
$ax^2+bx+c<0$ の解：　ない
$ax^2+bx+c \leqq 0$ の解：　ない

例 90　2 次不等式 $x^2+2x+3 \leqq 0$ を解け。

解答　2 次方程式 $x^2+2x+3=0$ の判別式を D とすると

$$D=2^2-4\times1\times3=-8<0$$

より，この 2 次方程式は実数解をもたない。

よって，$x^2+2x+3 \leqq 0$ の解は ない。

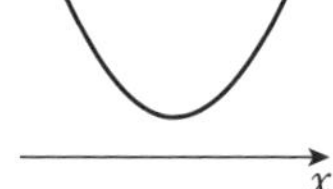

⬅ $D=b^2-4ac<0$ より，グラフは x 軸と共有点をもたない

98A　次の 2 次不等式を解け。

(1)　$x^2+4x+5>0$

(2)　$-x^2+2x-3 \leqq 0$

(3)　$4x^2-4x+3<0$

98B　次の 2 次不等式を解け。

(1)　$3x^2-6x+4 \leqq 0$

(2)　$2x^2-8x+9 \geqq 0$

(3)　$-2x^2+2x-1 \geqq 0$

POINT 74
2次不等式のまとめ

① 右辺が0になるように不等式を変形する。
② x^2 の係数が負の場合は，不等式の両辺に -1 を掛けて正にする。
③ 左辺 $=0$ とおいた2次方程式について，判別式 D の符号

$$D>0 \qquad D=0 \qquad D<0$$

から，解を調べる。

例 91 2次不等式 $3x+1>2x^2$ を解け。

解答 $3x+1>2x^2$ を整理すると　$2x^2-3x-1<0$

2次方程式 $2x^2-3x-1=0$ を解くと　$x=\dfrac{3\pm\sqrt{17}}{4}$

$x=\dfrac{-(-3)\pm\sqrt{(-3)^2-4\times2\times(-1)}}{2\times2}$

よって，$2x^2-3x-1<0$ の解は　$\dfrac{3-\sqrt{17}}{4}<x<\dfrac{3+\sqrt{17}}{4}$

99A 次の2次不等式を解け。

(1) $3-2x-x^2>0$

(2) $5+3x+2x^2 \geqq x^2+7x+2$

(3) $2x^2 \geqq x-3$

99B 次の2次不等式を解け。

(1) $3-x>2x^2$

(2) $1-x-x^2>2x^2+8x-2$

(3) $x^2+3x-2<2x^2+4x$

34 連立不等式

▶教 p.119〜120

POINT 75 連立不等式の解は，すべての不等式を同時に満たす値の範囲である。

連立不等式の解法

例 92 次の連立不等式を解け。

$$\begin{cases} x^2+3x-10 \geqq 0 \\ x^2-2x-3>0 \end{cases}$$

解答 $x^2+3x-10 \geqq 0$ を解くと $(x+5)(x-2) \geqq 0$ より $x \leqq -5,\ 2 \leqq x$ ……①

$x^2-2x-3>0$ を解くと $(x+1)(x-3)>0$ より

$x<-1,\ 3<x$ ……②

①，②より，連立不等式の解は $x \leqq -5,\ 3<x$

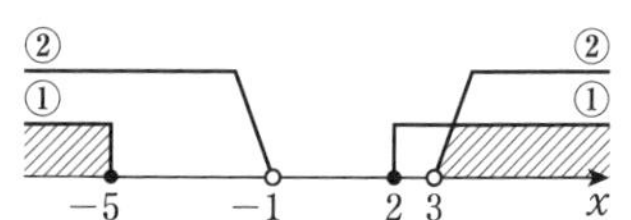

ROUND 2

100A 次の連立不等式を解け。

(1) $\begin{cases} 2x-5 \leqq 0 \\ x^2-2x-8>0 \end{cases}$

(2) $\begin{cases} x^2+4x+3 \leqq 0 \\ x^2+7x+10<0 \end{cases}$

100B 次の連立不等式を解け。

(1) $\begin{cases} 4-x \leqq 0 \\ 2x^2-x-10>0 \end{cases}$

(2) $\begin{cases} x^2-x-6<0 \\ x^2-2x>0 \end{cases}$

101A 不等式 $4<x^2-3x \leqq 10$ を解け。

101B 不等式 $7x-4 \leqq x^2+2x<4x+3$ を解け。

例 93 周囲の長さが 30 m，面積が 50 m² 以上の長方形の公園をつくり，横の長さを縦の長さより長くしたい。このとき，縦の長さのとり得る値の範囲を求めよ。

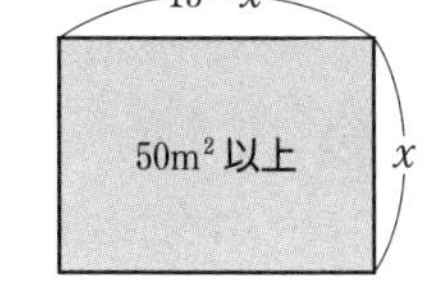

解答 長方形の縦の長さを x m とすると，横の長さは $(15-x)$ m である。
ここで，辺の長さは正で，横の長さが縦の長さより長いから

$x>0$，$15-x>x$ より　$0<x<\dfrac{15}{2}$ ……①

また，公園の面積は $x(15-x)$ m² であり，これが 50 m² 以上であるから　$x(15-x)\geqq 50$

これを解くと　$x^2-15x+50\leqq 0$ より　$(x-5)(x-10)\leqq 0$

よって　$5\leqq x\leqq 10$ ……②

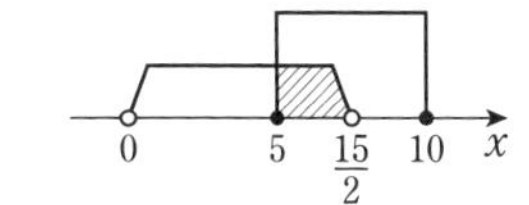

①，②を同時に満たす x の値の範囲は　$5\leqq x<\dfrac{15}{2}$

したがって，縦の長さのとり得る値の範囲は　5 m 以上 $\dfrac{15}{2}$ m 未満

ROUND 2

102 縦 6 m，横 10 m の長方形の花壇（かだん）がある。この花壇に，垂直に交わる同じ幅の道をつくり，道の面積を，もとの花壇全体の面積の $\dfrac{1}{4}$ 以下になるようにしたい。道の幅を何 m 以下にすればよいか。

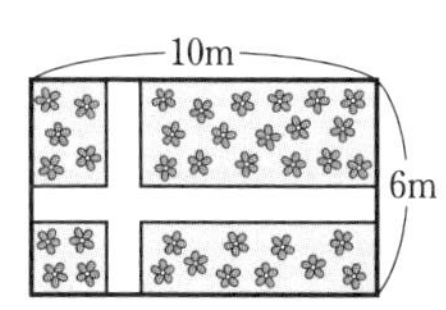

第3章 2次関数

検印

例題 4　定義域が変化する場合の最大値・最小値　▶教 p.95 思考力＋

$a>0$ のとき，2 次関数 $y=x^2-6x+4\ (0 \leqq x \leqq a)$ の最小値を求めよ。

考え方　2 次関数 $y=x^2-6x+4$ のグラフにおいて，頂点の x 座標が定義域 $0 \leqq x \leqq a$ に含まれる場合と含まれない場合に分けて考える。

解答　$y=x^2-6x+4$ を変形すると　$y=(x-3)^2-5$

(i)　$0<a<3$ のとき

$0 \leqq x \leqq a$ におけるこの関数のグラフは，右の図の実線部分である。

よって，y は $x=a$ のとき，最小値 a^2-6a+4 をとる。

(ii)　$a \geqq 3$ のとき

$0 \leqq x \leqq a$ におけるこの関数のグラフは，右の図の実線部分であり，頂点の x 座標は定義域に含まれる。

よって，y は $x=3$ のとき，最小値 -5 をとる。

(i)，(ii)より　　$0<a<3$ のとき，$x=a$ で**最小値 a^2-6a+4** をとる。

$a \geqq 3$ のとき，$x=3$ で**最小値 -5** をとる。

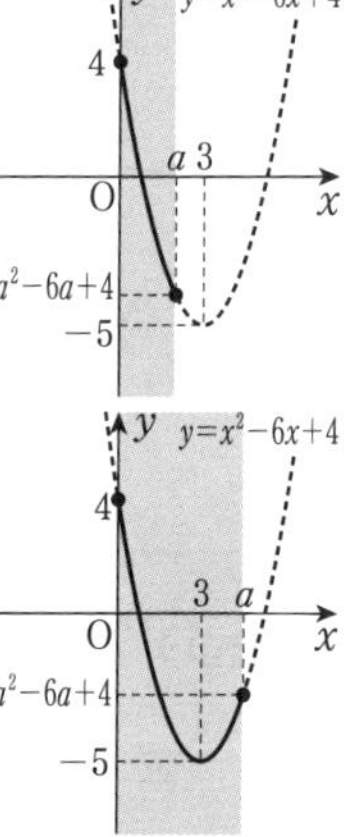

103　$a>0$ のとき，2 次関数 $y=-x^2+4x+2\ (0 \leqq x \leqq a)$ の最大値を求めよ。

例題 5　1次の項が変化する場合の最大値・最小値

▶教 p.124 章末 13

a は定数とする。2次関数 $y=x^2-2ax+1\ (0\leqq x\leqq 1)$ の最小値を，次の各場合についてそれぞれ求めよ。

(1)　$a<0$　　(2)　$0\leqq a\leqq 1$　　(3)　$a>1$

考え方　(1)〜(3)のそれぞれにおいて，軸が，定義域の左側，定義域内，定義域の右側のいずれの位置にあるか考える。

解答　$y=x^2-2ax+1$ を変形すると　$y=(x-a)^2-a^2+1$

ゆえに，この関数のグラフの　軸は 直線 $x=a$，頂点は 点 $(a,\ -a^2+1)$

(1)　$a<0$ のとき

軸は定義域の左側にある。

よって，y は，$x=0$ のとき　**最小値 1** をとる。

(2)　$0\leqq a\leqq 1$ のとき

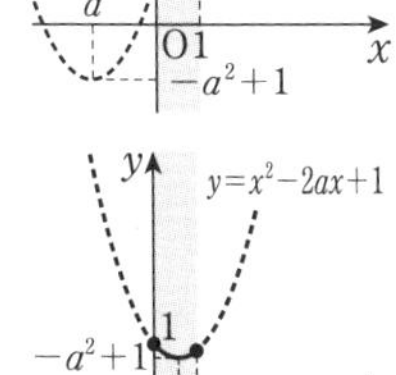

軸は定義域内にある。

よって，y は，$x=a$ のとき　**最小値 $-a^2+1$** をとる。

(3)　$a>1$ のとき

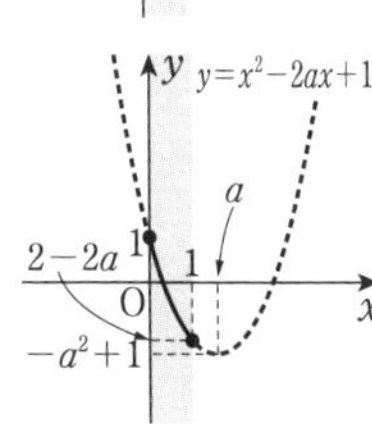

軸は定義域の右側にある。

よって，y は，$x=1$ のとき　**最小値 $2-2a$** をとる。

104　2次関数 $y=x^2-4ax+3\ (0\leqq x\leqq 1)$ の最小値を求めよ。

例題 6　放物線と直線の共有点

▶教 p.110 思考力➕発展

次の放物線と直線の共有点の座標を求めよ。

(1)　$y = x^2 - 2x + 5,\ y = x + 9$　　(2)　$y = x^2 + 3x + 2,\ y = -x - 2$

考え方　放物線 $y = f(x)$ と直線 $y = g(x)$ の共有点の x 座標は，方程式 $f(x) = g(x)$ の実数解である。

解答　(1)　共有点の x 座標は，$x^2 - 2x + 5 = x + 9$ の実数解である。
これを解くと　$(x+1)(x-4) = 0$ より　　$x = -1,\ 4$
$y = x + 9$ に代入すると　$x = -1$ のとき $y = 8$,　$x = 4$ のとき $y = 13$
よって，共有点の座標は　　**$(-1,\ 8),\ (4,\ 13)$**

(2)　共有点の x 座標は，$x^2 + 3x + 2 = -x - 2$ の実数解である。
これを解くと　$(x+2)^2 = 0$ より　　$x = -2$
$y = -x - 2$ に代入すると　$x = -2$ のとき $y = 0$
よって，共有点の座標は　　**$(-2,\ 0)$**

105　次の放物線と直線の共有点の座標を求めよ。

(1)　$y = x^2 + 4x - 1,\ y = 2x + 3$

(2)　$y = -x^2 + 3x + 1,\ y = -x + 5$

例題 7　すべての実数に対して成り立つ不等式

▶教 p.123 章末 7

2 次不等式 $x^2+kx+2k-3>0$ の解がすべての実数となるとき，定数 k の値の範囲を求めよ。

考え方　$x^2+kx+2k-3>0$ の解がすべての実数となるのは，
2 次関数 $y=x^2+kx+2k-3$ のグラフが x 軸より上側にあるときである。すなわち，
2 次方程式 $x^2+kx+2k-3=0$ は実数解をもたないから，判別式 $D<0$

解答　2 次方程式 $x^2+kx+2k-3=0$ の判別式を D とすると

$$D=k^2-4(2k-3)=k^2-8k+12$$

2 次不等式 $x^2+kx+2k-3>0$ の解がすべての実数となるのは，2 次方程式 $x^2+kx+2k-3=0$ が実数解をもたないときであるから，$D<0$ である。

よって　$k^2-8k+12<0$　より　$(k-2)(k-6)<0$

したがって　$\mathbf{2<k<6}$

106 次の 2 次不等式の解がすべての実数となるとき，定数 k の値の範囲を求めよ。

(1) $x^2-2kx+k+12>0$

(2) $-x^2+kx-2k<0$

35 三角比

▶教 p.126〜128

POINT 76
サイン・コサイン・タンジェント

∠C が直角の直角三角形 ABC において

$$\sin A = \frac{a}{c},\ \cos A = \frac{b}{c},\ \tan A = \frac{a}{b}$$

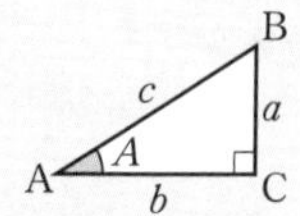

例 94　右の図の直角三角形 ABC において，$\sin A$，$\cos A$，$\tan A$ の値を求めよ。

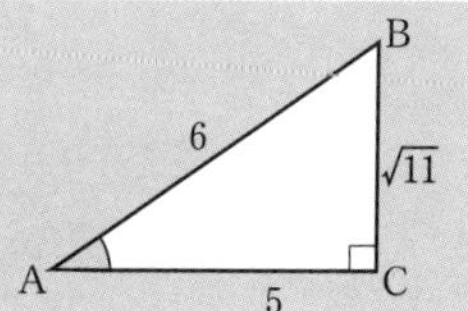

解答　$\sin A = \frac{\sqrt{11}}{6}$，　$\cos A = \frac{5}{6}$，　$\tan A = \frac{\sqrt{11}}{5}$

107A　次の直角三角形 ABC において，$\sin A$，$\cos A$，$\tan A$ の値を求めよ。

(1)

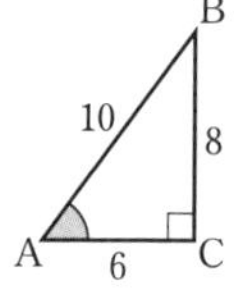

(2)

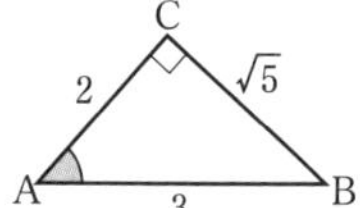

107B　次の直角三角形 ABC において，$\sin A$，$\cos A$，$\tan A$ の値を求めよ。

(1)

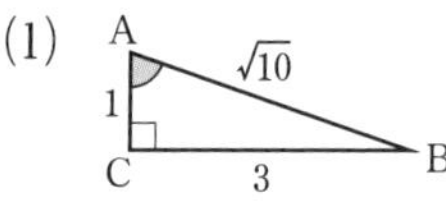

(2)

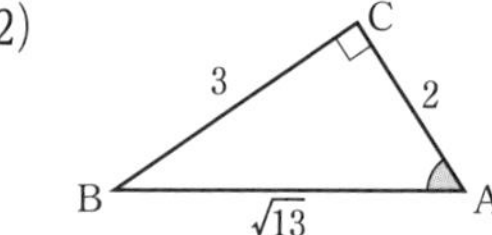

POINT 77 三平方の定理の利用

直角三角形の 2 辺の長さがわかっているときは，三平方の定理を利用して残りの辺の長さを求める。

例 95 右の図の直角三角形 ABC において，
$\sin A$，$\cos A$，$\tan A$ の値を求めよ。

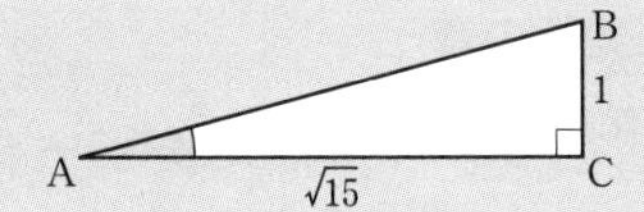

解答 三平方の定理より $1^2+(\sqrt{15})^2=AB^2$

よって $AB^2=16$

ここで，$AB>0$ であるから $AB=4$

したがって $\sin A=\frac{1}{4}$，$\cos A=\frac{\sqrt{15}}{4}$，$\tan A=\frac{1}{\sqrt{15}}$

108A 次の直角三角形 ABC において，
$\sin A$，$\cos A$，$\tan A$ の値を求めよ。

(1)

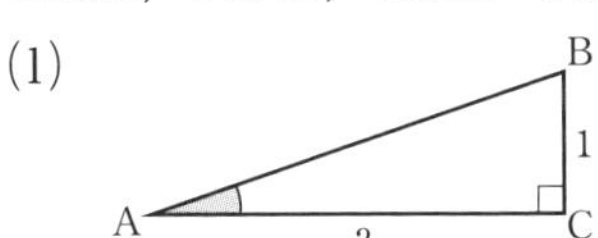

(2)

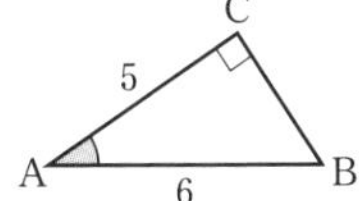

108B 次の直角三角形 ABC において，
$\sin A$，$\cos A$，$\tan A$ の値を求めよ。

(1)

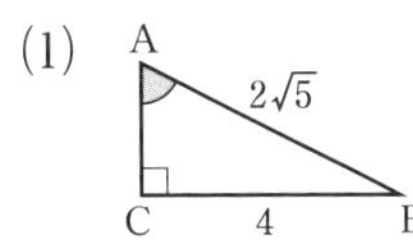

(2)

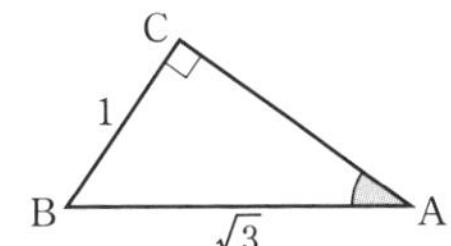

第4章 図形と計量

検印

36 三角比の利用

▶教 p.129〜131

POINT 78 三角比の表

0° から 90° までの 1° ごとの角について，三角比の値が示された表（巻末参照）

例 96 右の図の直角三角形 ABC において，A のおよその値を，三角比の表を用いて求めよ。

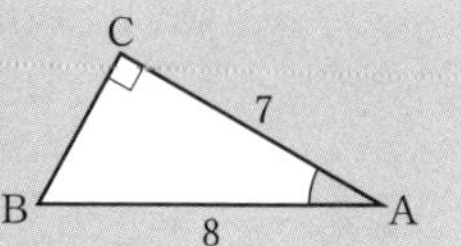

解答　$\cos A = \dfrac{7}{8} = 0.875$

よって，三角比の表より A の値を求めると　$A \fallingdotseq 29°$　⬅ $\cos 29° = 0.8746$，$\cos 28° = 0.8829$

109A 次の直角三角形 ABC において，A のおよその値を，三角比の表を用いて求めよ。

(1)

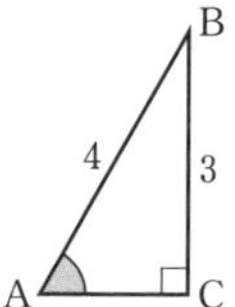

(2)

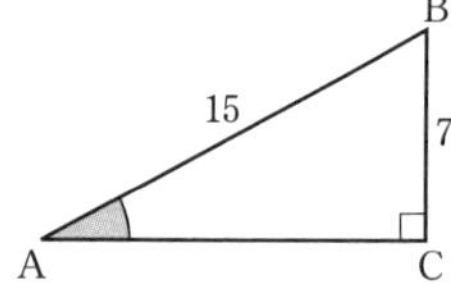

109B 次の直角三角形 ABC において，A のおよその値を，三角比の表を用いて求めよ。

(1)

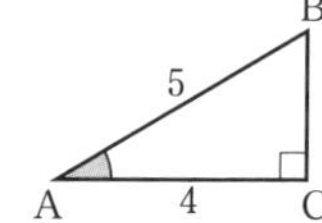

(2)

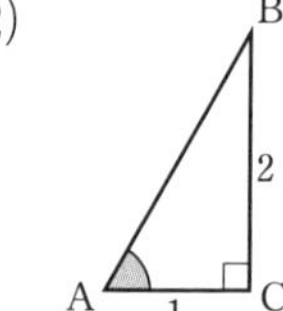

POINT 79 三角比の利用

$\angle$C が直角の直角三角形 ABC において，

$a = c\sin A,\quad b = c\cos A,$
$a = b\tan A$

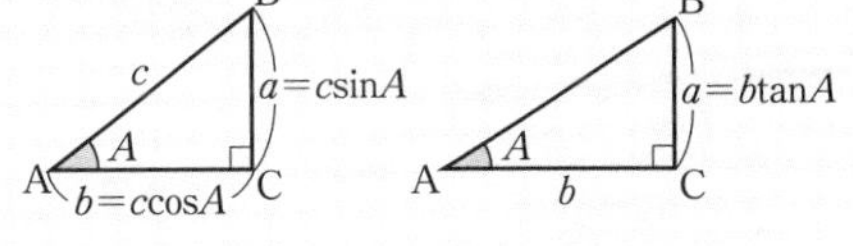

例 97 ある木の根元から水平に 5 m 離れた地点で木の先端を見上げたら，見上げる角が 7° であった。目の高さを 1.5 m とすると，木の高さは何 m か。小数第 2 位を四捨五入して求めよ。ただし，$\tan 7^\circ = 0.1228$ とする。

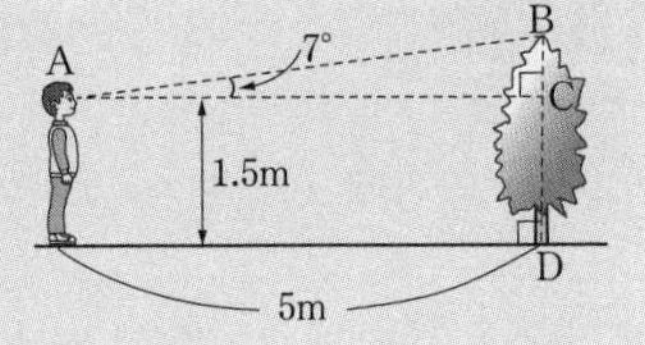

解答 上の図において　$\mathrm{BC} = \mathrm{AC}\tan 7^\circ = 5 \times 0.1228 = 0.614 \fallingdotseq 0.6$ ⬅

よって　$\mathrm{BD} = \mathrm{BC} + \mathrm{CD} = 0.6 + 1.5 = 2.1$

したがって，木の高さは　2.1 m

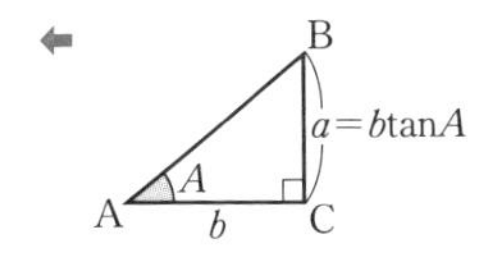

ROUND 2

110A 右の図のようなケーブルカーにおいて，2 地点 A，B 間の距離は 4000 m，傾斜角は 29° である。標高差 BC と水平距離 AC はそれぞれ何 m か。小数第 1 位を四捨五入して求めよ。ただし，$\sin 29^\circ = 0.4848$，$\cos 29^\circ = 0.8746$ とする。

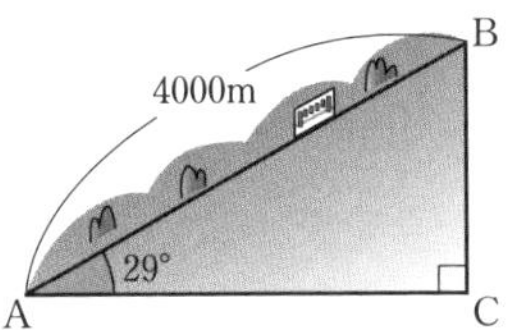

110B ある鉄塔の根元から 20 m 離れた地点で鉄塔の先端を見上げたら，見上げる角が 25° であった。目の高さを 1.6 m とすると，鉄塔の高さは何 m か。小数第 2 位を四捨五入して求めよ。ただし，$\tan 25^\circ = 0.4663$ とする。

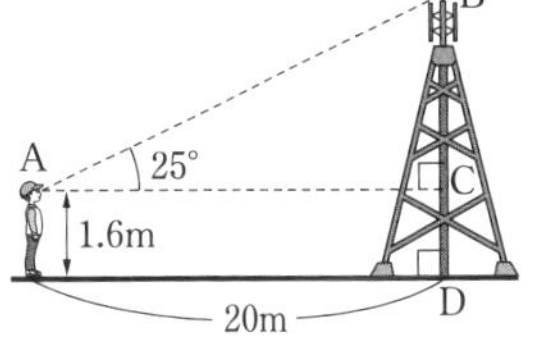

第4章 図形と計量

検印

37 三角比の相互関係 (1)

▶教 p.132〜135

POINT 80
三角比の相互関係

$$\tan A = \frac{\sin A}{\cos A},\quad \sin^2 A + \cos^2 A = 1,\quad 1 + \tan^2 A = \frac{1}{\cos^2 A}$$

例 98 $\sin A = \dfrac{1}{4}$ のとき，$\cos A$，$\tan A$ の値を求めよ。

ただし，$0^\circ < A < 90^\circ$ とする。　　⬅ A は鋭角

解答　$\sin^2 A + \cos^2 A = 1$ より　$\cos^2 A = 1 - \sin^2 A = 1 - \left(\dfrac{1}{4}\right)^2 = \dfrac{15}{16}$

$0^\circ < A < 90^\circ$ のとき，$\cos A > 0$ であるから

$$\cos A = \sqrt{\frac{15}{16}} = \frac{\sqrt{15}}{4}$$

⬅ A が鋭角のとき
$\sin A > 0$，$\cos A > 0$
$\tan A > 0$

また　$\tan A = \dfrac{\sin A}{\cos A} = \dfrac{1}{4} \div \dfrac{\sqrt{15}}{4} = \dfrac{1}{4} \times \dfrac{4}{\sqrt{15}} = \dfrac{1}{\sqrt{15}}$

111A $\sin A = \dfrac{12}{13}$ のとき，$\cos A$，$\tan A$ の値を求めよ。ただし，$0^\circ < A < 90^\circ$ とする。

111B $\cos A = \dfrac{3}{4}$ のとき，$\sin A$，$\tan A$ の値を求めよ。ただし，$0^\circ < A < 90^\circ$ とする。

例 99 $\tan A = 2\sqrt{2}$ のとき，$\cos A$，$\sin A$ の値を求めよ。ただし，$0° < A < 90°$ とする。

解答 $1 + \tan^2 A = \dfrac{1}{\cos^2 A}$ より　$\dfrac{1}{\cos^2 A} = 1 + \tan^2 A = 1 + (2\sqrt{2})^2 = 9$

よって　$\cos^2 A = \dfrac{1}{9}$

$0° < A < 90°$ のとき，$\cos A > 0$ であるから　$\cos A = \sqrt{\dfrac{1}{9}} = \dfrac{1}{3}$

また，$\tan A = \dfrac{\sin A}{\cos A}$ より　$\sin A = \tan A \times \cos A = 2\sqrt{2} \times \dfrac{1}{3} = \dfrac{2\sqrt{2}}{3}$

ROUND 2

112A $\tan A = \sqrt{5}$ のとき，$\cos A$，$\sin A$ の値を求めよ。ただし，$0° < A < 90°$ とする。

112B $\tan A = \dfrac{1}{2}$ のとき，$\cos A$，$\sin A$ の値を求めよ。ただし，$0° < A < 90°$ とする。

POINT 81
90° − A の三角比

$$\sin(90° - A) = \cos A,\quad \cos(90° - A) = \sin A,\quad \tan(90° - A) = \frac{1}{\tan A}$$

例 100 55° の三角比を 45° 以下の角の三角比で表せ。

解答 $\sin 55° = \sin(90° - 35°) = \cos 35°$　$\cos 55° = \cos(90° - 35°) = \sin 35°$

$\tan 55° = \tan(90° - 35°) = \dfrac{1}{\tan 35°}$

113A 次の三角比を，45° 以下の角の三角比で表せ。

(1) $\sin 87°$

(2) $\tan 65°$

113B 次の三角比を，45° 以下の角の三角比で表せ。

(1) $\cos 74°$

(2) $\dfrac{1}{\tan 85°}$

38 三角比の拡張

▶教 p.136〜139

POINT 82
三角比の拡張

$$\sin\theta=\frac{y}{r},\quad \cos\theta=\frac{x}{r},\quad \tan\theta=\frac{y}{x}$$

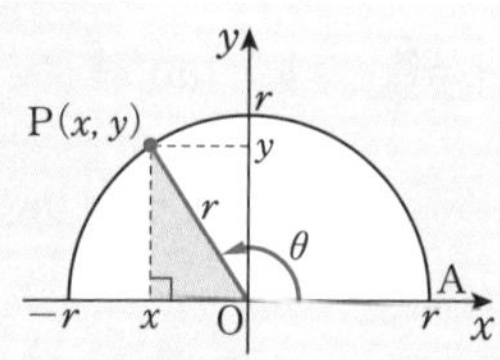

例 101 150° の三角比の値を求めよ。

解答 右の図の半径 2 の半円において，∠AOP = 150° となる点Pの座標は $(-\sqrt{3},\ 1)$ であるから

$$\sin 150^\circ=\frac{1}{2},\quad \cos 150^\circ=-\frac{\sqrt{3}}{2},\quad \tan 150^\circ=-\frac{1}{\sqrt{3}}$$

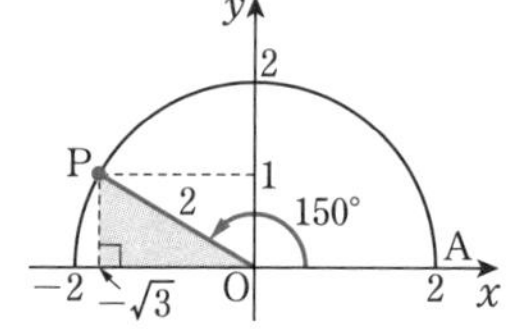

114A 次の角の三角比の値を求めよ。

(1) 120°

(2) 90°

114B 次の角の三角比の値を求めよ。

(1) 135°

(2) 180°

POINT 83 $\sin(180^\circ - \theta) = \sin\theta$,　$\cos(180^\circ - \theta) = -\cos\theta$,　$\tan(180^\circ - \theta) = -\tan\theta$

$180^\circ - \theta$ の三角比

例 102 $\sin 110^\circ$ を鋭角の三角比で表せ。また，三角比の表を用いてその値を求めよ。

解答　$\sin 110^\circ = \sin(180^\circ - 70^\circ) = \sin 70^\circ$

$\sin 70^\circ = 0.9397$ であるから　$\sin 110^\circ = 0.9397$

115A 次の三角比を，鋭角の三角比で表せ。また，三角比の表を用いてその値を求めよ。

(1) $\sin 130^\circ$

(2) $\cos 105^\circ$

(3) $\tan 168^\circ$

115B 次の三角比を，鋭角の三角比で表せ。また，三角比の表を用いてその値を求めよ。

(1) $\sin 157^\circ$

(2) $\cos 145^\circ$

(3) $\tan 98^\circ$

39 三角比の値と角

▶教 p.140〜141

POINT 84
サイン・コサインの値と角

$\sin\theta$，$\cos\theta$ の値から θ を求めるには，単位円の x 軸より上側の周上で，サインならば y 座標，コサインならば x 座標となる点を考える。

例 103 $0^\circ \leqq \theta \leqq 180^\circ$ のとき，$\sin\theta = \dfrac{\sqrt{3}}{2}$ を満たす θ を求めよ。

解答　単位円の x 軸より上側の周上の点で，y 座標が $\dfrac{\sqrt{3}}{2}$ となるのは

右の図の 2 点 P，P′ である。

$\angle AOP = 60^\circ$

$\angle AOP' = 180^\circ - 60^\circ = 120^\circ$

であるから，求める θ は　　$\theta = 60^\circ,\ 120^\circ$

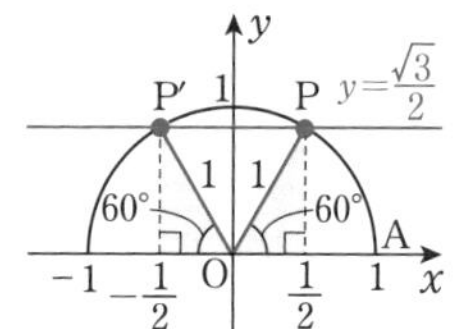

ROUND 2

116A $0^\circ \leqq \theta \leqq 180^\circ$ のとき，次の等式を満たす θ を求めよ。

(1) $\sin\theta = \dfrac{1}{\sqrt{2}}$

(2) $\sin\theta = 0$

116B $0^\circ \leqq \theta \leqq 180^\circ$ のとき，次の等式を満たす θ を求めよ。

(1) $\cos\theta = \dfrac{\sqrt{3}}{2}$

(2) $\cos\theta = -1$

POINT 85 タンジェントの値と角

$\tan\theta=\alpha$ を満たす θ を求めるには，直線 $x=1$ 上に点 $Q(1,\ \alpha)$ をとり，直線 OQ と単位円の x 軸より上側との交点を考える。

例 104 $0^\circ \leqq \theta \leqq 180^\circ$ のとき，$\tan\theta=-\dfrac{1}{\sqrt{3}}$ を満たす θ を求めよ。

解答　直線 $x=1$ 上に点 $Q\left(1,\ -\dfrac{1}{\sqrt{3}}\right)$ をとり，直線 OQ と単位円との交点 P を右の図のように定める。このとき，$\angle AOP$ の大きさが求める θ であるから

$$\theta=180^\circ-30^\circ=150^\circ$$

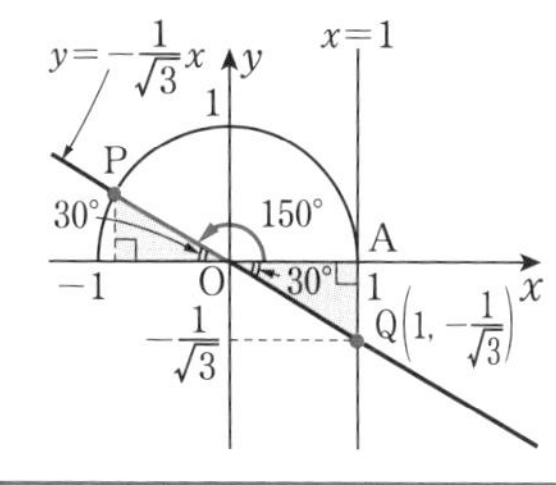

ROUND 2

117A $0^\circ \leqq \theta \leqq 180^\circ$ のとき，次の等式を満たす θ を求めよ。

(1) $\tan\theta=\dfrac{1}{\sqrt{3}}$

(2) $\tan\theta=-1$

117B $0^\circ \leqq \theta \leqq 180^\circ$ のとき，次の等式を満たす θ を求めよ。

(1) $\tan\theta=1$

(2) $\tan\theta=0$

第4章 図形と計量

検印

40 三角比の相互関係 (2)

▶教 p.142

POINT 86
三角比の相互関係

$$\tan\theta = \frac{\sin\theta}{\cos\theta},\quad \sin^2\theta + \cos^2\theta = 1,\quad 1 + \tan^2\theta = \frac{1}{\cos^2\theta}$$

例 105 $\sin\theta = \dfrac{2}{3}$ のとき，$\cos\theta$，$\tan\theta$ の値を求めよ。ただし，$90^\circ < \theta < 180^\circ$ とする。

解答　$\sin^2\theta + \cos^2\theta = 1$ より　　$\cos^2\theta = 1 - \sin^2\theta = 1 - \left(\dfrac{2}{3}\right)^2 = \dfrac{5}{9}$

$90^\circ < \theta < 180^\circ$ のとき，$\cos\theta < 0$ であるから　　$\cos\theta = -\sqrt{\dfrac{5}{9}} = -\dfrac{\sqrt{5}}{3}$

また，$\tan\theta = \dfrac{\sin\theta}{\cos\theta} = \dfrac{2}{3} \div \left(-\dfrac{\sqrt{5}}{3}\right) = \dfrac{2}{3} \times \left(-\dfrac{3}{\sqrt{5}}\right) = -\dfrac{2}{\sqrt{5}}$

ROUND 2

118A 次の各場合について，他の三角比の値を求めよ。ただし，$90^\circ < \theta < 180^\circ$ とする。

(1) $\sin\theta = \dfrac{1}{4}$

(2) $\cos\theta = -\dfrac{3}{5}$

118B 次の各場合について，他の三角比の値を求めよ。ただし，$90^\circ < \theta < 180^\circ$ とする。

(1) $\sin\theta = \dfrac{1}{\sqrt{5}}$

(2) $\cos\theta = -\dfrac{12}{13}$

例 106 $\tan\theta=-\sqrt{3}$ のとき，$\cos\theta$，$\sin\theta$ の値を求めよ。ただし，$90^\circ<\theta<180^\circ$ とする。

解答 $1+\tan^2\theta=\dfrac{1}{\cos^2\theta}$ より　$\dfrac{1}{\cos^2\theta}=1+(-\sqrt{3})^2=4$　よって　$\cos^2\theta=\dfrac{1}{4}$

$90^\circ<\theta<180^\circ$ のとき，$\cos\theta<0$ であるから　$\cos\theta=-\sqrt{\dfrac{1}{4}}=-\dfrac{1}{2}$

また，$\tan\theta=\dfrac{\sin\theta}{\cos\theta}$ より　$\sin\theta=\tan\theta\times\cos\theta=-\sqrt{3}\times\left(-\dfrac{1}{2}\right)=\dfrac{\sqrt{3}}{2}$

ROUND 2

119A $\tan\theta=-\dfrac{1}{2}$ のとき，$\cos\theta$，$\sin\theta$ の値を求めよ。ただし，$90^\circ<\theta<180^\circ$ とする。

119B $\tan\theta=-\sqrt{2}$ のとき，$\cos\theta$，$\sin\theta$ の値を求めよ。ただし，$90^\circ<\theta<180^\circ$ とする。

検印

41 正弦定理

▶教 p.144〜145

POINT 87
正弦定理

△ABC において，次の正弦定理が成り立つ。

$$\frac{a}{\sin A}=\frac{b}{\sin B}=\frac{c}{\sin C}=2R$$　ただし，R は △ABC の外接円の半径

例 107 △ABC において，$a=7$，$A=30°$ のとき，外接円の半径 R を求めよ。

解答　正弦定理より $\dfrac{7}{\sin 30°}=2R$　ゆえに $2R=\dfrac{7}{\sin 30°}$

よって　$R=\dfrac{7}{2\sin 30°}=\dfrac{7}{2}\div\sin 30°=\dfrac{7}{2}\div\dfrac{1}{2}=\dfrac{7}{2}\times 2=7$

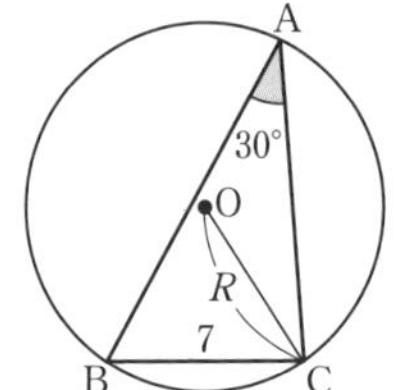

120A 次のような △ABC において，外接円の半径 R を求めよ。

(1) $b=5$，$B=45°$

(2) $c=10$，$C=60°$

(3) $a=3$，$A=120°$

120B 次のような △ABC において，外接円の半径 R を求めよ。

(1) $c=\sqrt{3}$，$C=150°$

(2) $a=\sqrt{6}$，$A=120°$

(3) $b=8$，$A=60°$，$C=75°$

例 108 △ABC において，$c=8$，$B=30^\circ$，$C=45^\circ$ のとき，b を求めよ。

解答　正弦定理より　$\dfrac{b}{\sin 30^\circ}=\dfrac{8}{\sin 45^\circ}$

両辺に $\sin 30^\circ$ を掛けて

$$b=\frac{8}{\sin 45^\circ}\times\sin 30^\circ=8\div\frac{1}{\sqrt{2}}\times\frac{1}{2}=8\times\sqrt{2}\times\frac{1}{2}=4\sqrt{2}$$

121A △ABC において，次の問いに答えよ。

(1)　$c=3$，$A=135^\circ$，$C=30^\circ$ のとき，a を求めよ。

(2)　$a=4$，$B=75^\circ$，$C=45^\circ$ のとき，c を求めよ。

121B △ABC において，次の問いに答えよ。

(1)　$a=12$，$A=30^\circ$，$B=45^\circ$ のとき，b を求めよ。

(2)　$b=3\sqrt{2}$，$A=45^\circ$，$C=15^\circ$ のとき，a を求めよ。

検印

42 余弦定理

▶教 p.146〜147

POINT 88
余弦定理

△ABC において，次の余弦定理が成り立つ。

$$\boldsymbol{a^2 = b^2 + c^2 - 2bc\cos A}$$
$$\boldsymbol{b^2 = c^2 + a^2 - 2ca\cos B}$$
$$\boldsymbol{c^2 = a^2 + b^2 - 2ab\cos C}$$

例 109 △ABC において，$b=4$，$c=6$，$A=60^\circ$ のとき，a を求めよ。

解答 余弦定理より

$$a^2 = 4^2 + 6^2 - 2\times 4\times 6\times\cos 60^\circ$$
$$= 16 + 36 - 48\times\frac{1}{2} = 16 + 36 - 24 = 28$$

$a > 0$ より　$a = \sqrt{28} = 2\sqrt{7}$

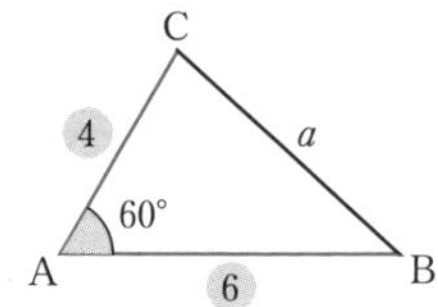

ROUND 2

122A △ABC において，次の問いに答えよ。

(1) $c=\sqrt{3}$，$a=4$，$B=30^\circ$ のとき，b を求めよ。

(2) $a=2$，$b=1+\sqrt{3}$，$C=60^\circ$ のとき，c を求めよ。

122B △ABC において，次の問いに答えよ。

(1) $b=3$，$c=4$，$A=120^\circ$ のとき，a を求めよ。

(2) $c=2\sqrt{3}$，$a=4$，$B=150^\circ$ のとき，b を求めよ。

POINT 89 余弦定理の利用

△ABC において，

$$\cos A=\frac{b^2+c^2-a^2}{2bc},\ \cos B=\frac{c^2+a^2-b^2}{2ca},\ \cos C=\frac{a^2+b^2-c^2}{2ab}$$

例 110 △ABC において，$a=7$，$b=5$，$c=3$ のとき，$\cos A$ の値と A を求めよ。

解答　余弦定理より

$$\cos A=\frac{b^2+c^2-a^2}{2bc}=\frac{5^2+3^2-7^2}{2\times5\times3}$$

$$=\frac{25+9-49}{2\times5\times3}=-\frac{15}{2\times5\times3}=-\frac{1}{2}$$

よって，$0^\circ<A<180^\circ$ より　$A=120^\circ$

ROUND 2

123A △ABC において，次の問いに答えよ。

(1) $a=7$，$b=8$，$c=3$ のとき，$\cos A$ の値と A を求めよ。

(2) $a=7$，$b=6\sqrt{2}$，$c=11$ のとき，$\cos C$ の値と C を求めよ。

123B △ABC において，次の問いに答えよ。

(1) $a=8$，$b=7$，$c=13$ のとき，$\cos C$ の値と C を求めよ。

(2) $a=4$，$b=\sqrt{10}$，$c=3\sqrt{2}$ のとき，$\cos B$ の値と B を求めよ。

43 正弦定理と余弦定理の応用

▶教 p.148

POINT 90 2辺とその間の角が与えられたとき

余弦定理で残りの辺の長さを求め，正弦定理で2つの角のうちのいずれかを求める。

例 111 △ABC において，$a=2$，$b=1+\sqrt{3}$，$C=60^\circ$ のとき，残りの辺の長さと角の大きさを求めよ。

解答 余弦定理より $c^2=2^2+(1+\sqrt{3})^2-2\times2\times(1+\sqrt{3})\times\cos60^\circ$

$$=4+(1+2\sqrt{3}+3)-4(1+\sqrt{3})\times\frac{1}{2}=6$$

ここで，$c>0$ であるから　$c=\sqrt{6}$

また，正弦定理より　$\dfrac{2}{\sin A}=\dfrac{\sqrt{6}}{\sin60^\circ}$

両辺に $\sin A\sin60^\circ$ を掛けて　$2\sin60^\circ=\sqrt{6}\sin A$

ゆえに　$\sin A=\dfrac{2}{\sqrt{6}}\sin60^\circ=\dfrac{2}{\sqrt{6}}\times\dfrac{\sqrt{3}}{2}=\dfrac{1}{\sqrt{2}}$

ここで，$C=60^\circ$ であるから，$0^\circ<A<120^\circ$ より　$A=45^\circ$

よって　$B=180^\circ-(60^\circ+45^\circ)=75^\circ$

したがって　$c=\sqrt{6}$，$A=45^\circ$，$B=75^\circ$

ROUND 2

124A △ABC において，$b=\sqrt{3}$，$c=2\sqrt{3}$，$A=60^\circ$ のとき，残りの辺の長さと角の大きさを求めよ。

124B △ABC において，$a=\sqrt{2}$，$c=\sqrt{3}-1$，$B=135^\circ$ のとき，残りの辺の長さと角の大きさを求めよ。

検印

44 三角形の面積

▶教 p.150〜152

POINT 91
三角形の面積

△ABC の面積 S　　$S=\dfrac{1}{2}bc\sin A=\dfrac{1}{2}ca\sin B=\dfrac{1}{2}ab\sin C$

例 112　$b=4$，$c=2\sqrt{3}$，$A=120^\circ$ のとき，△ABC の面積 S を求めよ。

解答　$S=\dfrac{1}{2}\times 4\times 2\sqrt{3}\times \sin 120^\circ$　　← $\sin 120^\circ=\dfrac{\sqrt{3}}{2}$

$=\dfrac{1}{2}\times 4\times 2\sqrt{3}\times\dfrac{\sqrt{3}}{2}=6$

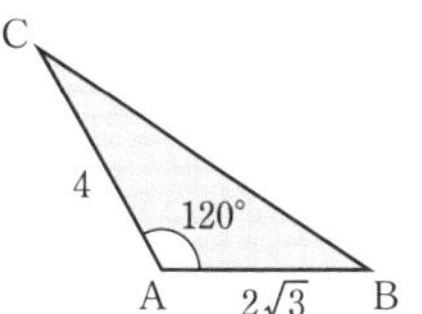

125A 次の △ABC の面積 S を求めよ。

(1)　$b=5$，$c=4$，$A=45^\circ$

(2)　$c=8$，$a=6$，$B=60^\circ$

(3)　$a=4$，$b=3\sqrt{3}$，$C=60^\circ$

125B 次の △ABC の面積 S を求めよ。

(1)　$a=6$，$b=4$，$C=120^\circ$

(2)　$c=7$，$a=8$，$B=150^\circ$

(3)　$b=8$，$c=7\sqrt{2}$，$A=135^\circ$

POINT 92

三角形の3辺の長さと面積

① 余弦定理より，$\cos A$ を求める。
② 相互関係から $\sin A$ を求める。
③ $S=\dfrac{1}{2}bc\sin A$ を用いて面積を求める。

例 113 $a=11$，$b=9$，$c=4$ である△ABC について，次の値を求めよ。

(1) $\cos A$　　(2) $\sin A$　　(3) △ABC の面積 S

解答 (1) 余弦定理より

$$\cos A=\frac{9^2+4^2-11^2}{2\times9\times4}=\frac{81+16-121}{72}=-\frac{24}{72}=-\frac{1}{3}$$

⬅ $\cos A=\dfrac{b^2+c^2-a^2}{2bc}$

(2) $\sin^2 A=1-\cos^2 A=1-\left(-\dfrac{1}{3}\right)^2=1-\dfrac{1}{9}=\dfrac{8}{9}$

⬅ $\sin^2 A+\cos^2 A=1$ より $\sin^2 A=1-\cos^2 A$

ここで，$\sin A>0$ であるから　$\sin A=\sqrt{\dfrac{8}{9}}=\dfrac{2\sqrt{2}}{3}$

(3) △ABC の面積 S は

$$S=\frac{1}{2}bc\sin A=\frac{1}{2}\times9\times4\times\frac{2\sqrt{2}}{3}=12\sqrt{2}$$

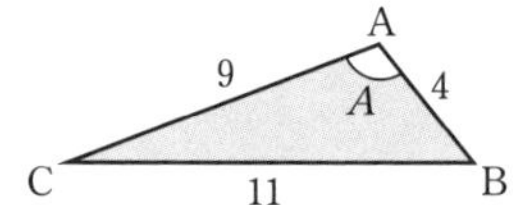

ROUND 2

126A $a=2$，$b=3$，$c=4$ である△ABC について，次の値を求めよ。

(1) $\cos A$

(2) $\sin A$

(3) △ABC の面積 S

126B $a=3$，$b=6$，$c=7$ である△ABC について，次の値を求めよ。

(1) $\cos A$

(2) $\sin A$

(3) △ABC の面積 S

POINT 93 内接円の半径と面積

△ABC において　$S=\frac{1}{2}r(a+b+c)$　ただし，r は内接円の半径

例 114　$A=45^\circ$，$b=4\sqrt{2}$，$c=7$ である △ABC の面積を S，内接円の半径を r として，次の問いに答えよ。

(1)　a を求めよ。　　(2)　S および r を求めよ。

解答　(1)　余弦定理より

$$a^2=(4\sqrt{2})^2+7^2-2\times4\sqrt{2}\times7\times\cos45^\circ=32+49-56\sqrt{2}\times\frac{1}{\sqrt{2}}=25$$

よって，$a>0$ より　$a=5$

(2)　$S=\frac{1}{2}\times4\sqrt{2}\times7\times\sin45^\circ=14\sqrt{2}\times\frac{1}{\sqrt{2}}=14$

ここで，$S=\frac{1}{2}r(a+b+c)$ であるから　$14=\frac{1}{2}r(5+4\sqrt{2}+7)$

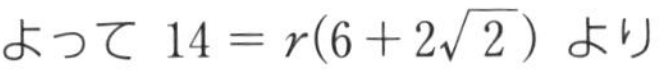

よって $14=r(6+2\sqrt{2})$ より

$$r=\frac{14}{6+2\sqrt{2}}=\frac{7}{3+\sqrt{2}}=\frac{7(3-\sqrt{2})}{(3+\sqrt{2})(3-\sqrt{2})}=3-\sqrt{2}$$

ROUND 2

127A　$A=120^\circ$，$b=5$，$c=3$ である △ABC の面積を S，内接円の半径を r として，次の問いに答えよ。

(1)　a を求めよ。

(2)　S および r を求めよ。

127B　$A=135^\circ$，$b=2\sqrt{2}$，$c=12$ である △ABC の面積を S，内接円の半径を r として，次の問いに答えよ。

(1)　a を求めよ。

(2)　S および r を求めよ。

45 空間図形の計量

▶教 p.154〜155

POINT 94
空間図形

空間図形においても，正弦定理や余弦定理を利用して，辺の長さや角の大きさ，面積を求めることができる。

例 115 右の図のように，60 m 離れた 2 地点 A，B と塔の先端 C について，$\angle\mathrm{CAH}=30^\circ$，$\angle\mathrm{BAC}=75^\circ$，$\angle\mathrm{ABC}=45^\circ$ であった。このとき，塔の高さ CH を求めよ。

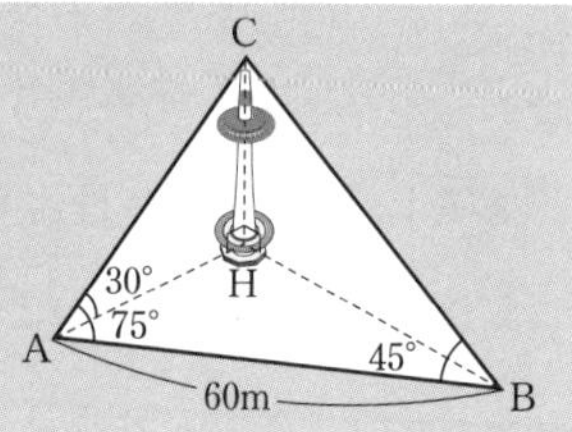

解答 △ABC において，$\angle\mathrm{ACB}=180^\circ-(75^\circ+45^\circ)=60^\circ$

であるから，正弦定理より　$\dfrac{\mathrm{AC}}{\sin 45^\circ}=\dfrac{60}{\sin 60^\circ}$

よって　$\mathrm{AC}=\dfrac{60}{\sin 60^\circ}\times\sin 45^\circ=60\div\dfrac{\sqrt{3}}{2}\times\dfrac{1}{\sqrt{2}}=60\times\dfrac{2}{\sqrt{3}}\times\dfrac{1}{\sqrt{2}}=20\sqrt{6}$

したがって，△ACH において

$$\mathrm{CH}=\mathrm{AC}\sin 30^\circ=20\sqrt{6}\times\frac{1}{2}=10\sqrt{6}\ (\mathrm{m})$$

128A 右の図のように，30 m 離れた 2 地点 A，B と塔の先端 C について，$\angle\mathrm{CAH}=45^\circ$，$\angle\mathrm{HBA}=60^\circ$，$\angle\mathrm{HAB}=75^\circ$ であった。このとき，塔の高さ CH を求めよ。

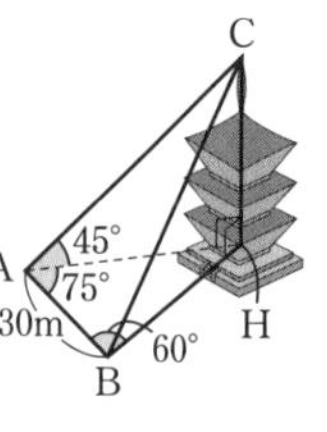

128B 右の図のように，100 m 離れた 2 地点 A，B と塔の先端 C について，$\angle\mathrm{AHB}=135^\circ$，$\angle\mathrm{HAB}=30^\circ$，$\angle\mathrm{CBH}=60^\circ$ であった。このとき，塔の高さ CH を求めよ。

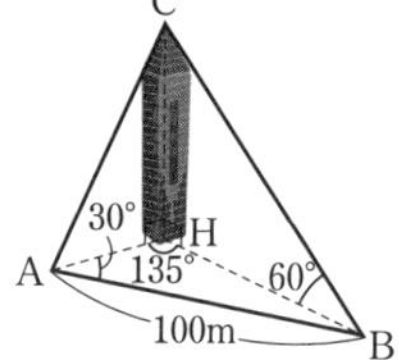

例 116 右の図のような直方体 ABCD-EFGH がある。$AB=3\sqrt{3}$，$AD=4$，$AE=3$ のとき，次の問いに答えよ。

(1) AC，AF，CF の長さを求めよ。

(2) $\angle AFC=\theta$ とするとき，$\cos\theta$ の値を求めよ。

(3) $\triangle ACF$ の面積 S を求めよ。

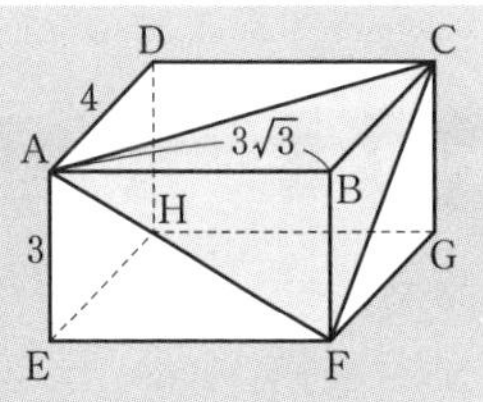

解答 (1) $AC=\sqrt{AB^2+BC^2}=\sqrt{AB^2+AD^2}=\sqrt{(3\sqrt{3})^2+4^2}=\sqrt{43}$

$AF=\sqrt{AB^2+BF^2}=\sqrt{AB^2+AE^2}=\sqrt{(3\sqrt{3})^2+3^2}=\sqrt{36}=6$

$CF=\sqrt{BC^2+BF^2}=\sqrt{AD^2+AE^2}=\sqrt{4^2+3^2}=\sqrt{25}=5$

(2) 余弦定理より　$\cos\theta=\dfrac{6^2+5^2-(\sqrt{43})^2}{2\times6\times5}=\dfrac{36+25-43}{60}=\dfrac{3}{10}$

(3) $\sin\theta>0$ より　$\sin\theta=\sqrt{1-\cos^2\theta}=\sqrt{1-\left(\dfrac{3}{10}\right)^2}=\dfrac{\sqrt{91}}{10}$

よって　$S=\dfrac{1}{2}\times AF\times CF\sin\theta=\dfrac{1}{2}\times6\times5\times\dfrac{\sqrt{91}}{10}=\dfrac{3\sqrt{91}}{2}$

ROUND 2

129 右の図のような直方体 ABCD-EFGH がある。$AD=1$，$AB=\sqrt{3}$，$AE=\sqrt{6}$ のとき，次の問いに答えよ。

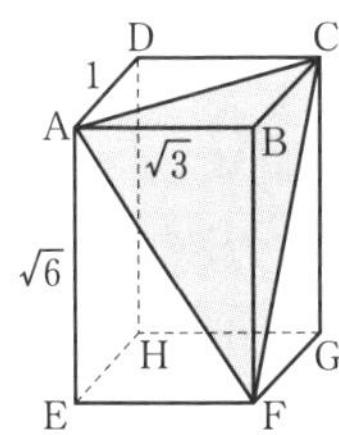

(1) AC，AF，FC の長さを求めよ。

(2) $\angle CAF=\theta$ とするとき，$\cos\theta$ の値を求めよ。

(3) $\triangle AFC$ の面積 S を求めよ。

第4章 図形と計量

検印

例題 8　角の二等分線の長さ

▶教p.159 章末 8

△ABC において，$b=4$，$c=5$，$\angle A=120^\circ$ とする。
$\angle A$ の二等分線が辺 BC と交わる点を D とし，$AD=x$ とおく。このとき，次の問いに答えよ。

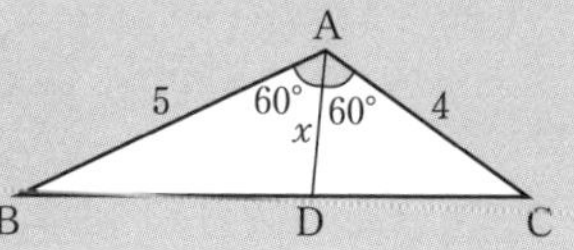

(1)　△ABD，△ACD の面積を x を用いて表せ。　　(2)　x の値を求めよ。

考え方　△ABC = △ABD + △ACD を利用する。

解答　(1)　$\angle BAD=\angle CAD=60^\circ$ であるから

$\triangle ABD=\frac{1}{2}\times5\times x\times\sin60^\circ=\boldsymbol{\frac{5\sqrt{3}}{4}x}$，$\triangle ACD=\frac{1}{2}\times x\times4\times\sin60^\circ=\boldsymbol{\sqrt{3}x}$

(2)　$\triangle ABC=\frac{1}{2}\times5\times4\times\sin120^\circ=5\sqrt{3}$

△ABD＋△ACD＝△ABC であるから　$\frac{5\sqrt{3}}{4}x+\sqrt{3}x=5\sqrt{3}$

よって　$\frac{9\sqrt{3}}{4}x=5\sqrt{3}$ より　$x=\boldsymbol{\frac{20}{9}}$

130　△ABC において，$b=2$，$c=3$，$\angle A=60^\circ$ とする。$\angle A$ の二等分線が辺 BC と交わる点を D とし，$AD=x$ とおく。このとき，次の問いに答えよ。

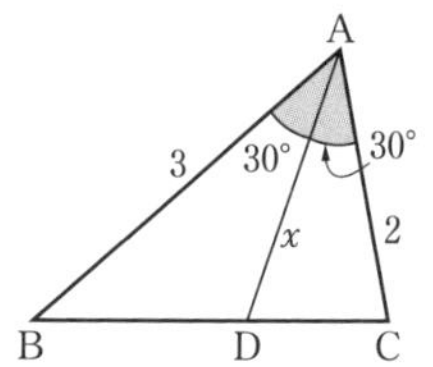

(1)　△ABD，△ACD の面積を x を用いて表せ。

(2)　x の値を求めよ。

例題 9　円に内接する四角形の面積

▶教 p.159 章末 7

右の図のような，円に内接する四角形 ABCD において，

$\mathrm{AB}=4$，$\mathrm{BC}=3$，$\mathrm{CD}=2$，$\mathrm{DA}=2$

であるとき，次の問いに答えよ。

(1) $\angle\mathrm{A}=\theta$ とするとき，$\cos\theta$ の値を求めよ。

(2) 対角線 BD の長さを求めよ。

(3) 四角形 ABCD の面積 S を求めよ。

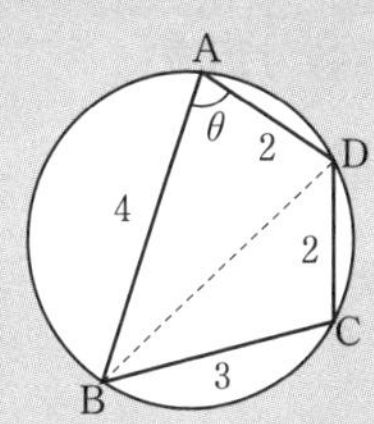

考え方　$\cos C=\cos(180°-A)=-\cos A$ が成り立つ。

解答　(1) △ABD において，余弦定理より　$\mathrm{BD}^2=4^2+2^2-2\times4\times2\times\cos\theta=20-16\cos\theta$

△BCD において，余弦定理より

$$\mathrm{BD}^2=3^2+2^2-2\times3\times2\times\cos(180°-\theta)=13+12\cos\theta$$

ゆえに　$20-16\cos\theta=13+12\cos\theta$　　よって　$\cos\theta=\mathbf{\frac{1}{4}}$

(2) (1)より　　$\mathrm{BD}^2=13+12\cos\theta=13+12\times\frac{1}{4}=16$

よって，$\mathrm{BD}>0$ より　　$\mathrm{BD}=\sqrt{16}=\mathbf{4}$

(3) $0°<\theta<180°$ より，$\sin\theta>0$ であるから

$$\sin\theta=\sqrt{1-\cos^2\theta}=\sqrt{1-\left(\frac{1}{4}\right)^2}=\sqrt{\frac{15}{16}}=\frac{\sqrt{15}}{4}$$

$\sin(180°-\theta)=\sin\theta$

よって　　$S=\triangle\mathrm{ABD}+\triangle\mathrm{BCD}=\frac{1}{2}\times4\times2\times\sin\theta+\frac{1}{2}\times3\times2\times\sin(180°-\theta)$

$$=4\times\frac{\sqrt{15}}{4}+3\times\frac{\sqrt{15}}{4}=\mathbf{\frac{7\sqrt{15}}{4}}$$

131　円に内接する四角形 ABCD において

$\mathrm{AB}=1$，$\mathrm{BC}=2$，$\mathrm{CD}=3$，$\mathrm{DA}=4$

であるとき，次の問いに答えよ。

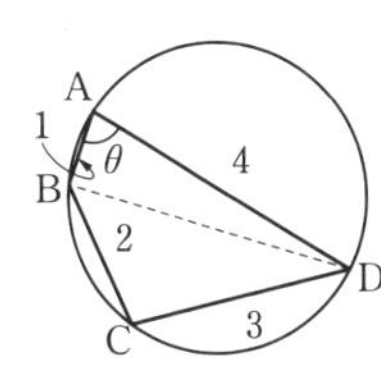

(1) $\angle\mathrm{A}=\theta$ とするとき，$\cos\theta$ の値を求めよ。

(2) 四角形 ABCD の面積 S を求めよ。

第4章　図形と計量

検印

46 度数分布表とヒストグラム

▶教 p.162〜163

POINT 95
度数分布表

階級値　各階級の中央の値
度数　各階級に含まれる値の個数
相対度数　$\dfrac{\text{度数}}{\text{度数の合計}}$

例 117 右の度数分布表は，ある高校の生徒 20 人の上体起こしの記録である。次の問いに答えよ。

(1) 度数が 3 である階級の階級値を求めよ。
(2) 回数が多い方から 12 番目の生徒がいる階級の階級値を求めよ。
(3) 20 回未満の生徒は何人いるか。
(4) 16 〜 20 (回) の階級の相対度数を求めよ。

階級 (回) 以上〜未満	度数 (人)
12〜16	1
16〜20	3
20〜24	5
24〜28	9
28〜32	2
計	20

解答 (1) 16〜20 (回) の階級の階級値であるから $\dfrac{16+20}{2}=18$ (回)

(2) 24 〜 28 (回) の階級に，回数が多い方から $2+9=11$ 番目 までの生徒がおり，20 〜 24 (回) の階級に，多い方から $2+9+5=16$ 番目 までの生徒がいる。
よって，回数が多い方から 12 番目の生徒は 20 〜 24 (回) の階級にいることがわかる。
その階級値は $\dfrac{20+24}{2}=22$ (回)

(3) 回数が 20 回未満の生徒は $1+3=4$ (人)

(4) 16 〜 20 (回) の階級の度数は 3 であるから $\dfrac{3}{20}=0.15$

132A 右の度数分布表は，ある高校の 1 年生 20 人について，50 m 走の記録を整理したものである。

階級 (秒) 以上〜未満	度数 (人)
8.0〜8.5	4
8.5〜9.0	6
9.0〜9.5	7
9.5〜10.0	1
10.0〜10.5	2
計	20

(1) 度数が 1 である階級の階級値を求めよ。

(2) 速い方から 5 番目の生徒がいる階級の階級値を求めよ。

(3) 9.5 秒未満の生徒は何人いるか。

(4) 9.0〜9.5 (秒) の階級の相対度数を求めよ。

132B 右の度数分布表は，ある地域の 30 地点で騒音を測定した結果をまとめたものである。

階級 (dB) 以上〜未満	度数 (地点)
65〜69	6
69〜73	6
73〜77	5
77〜81	2
81〜85	11
計	30

(1) 度数が 2 である階級の階級値を求めよ。

(2) 騒音が大きい方から 15 番目の地点が属する階級の階級値を求めよ。

(3) 騒音が 77 dB 未満の地点はいくつあるか。

(4) 69〜73 (dB) の階級の相対度数を求めよ。

POINT 96 ヒストグラム

度数分布表の階級の幅を底辺，度数を高さとする長方形で表したグラフ

例 118 右のデータは，30 人のクラスで行った英語のテストの結果である。

(1) このデータの度数分布表を完成せよ。

(2) 度数分布表からヒストグラムをかけ。

83	64	52	99	74	61	59	68	50	77
57	95	69	91	97	92	76	99	95	62
78	98	86	92	54	67	94	92	77	54

(点)

解答 (1)

階級（点）以上〜未満	階級値（点）	度数（人）
50〜60	55	6
60〜70	65	6
70〜80	75	5
80〜90	85	2
90〜100	95	11
計		30

(2)

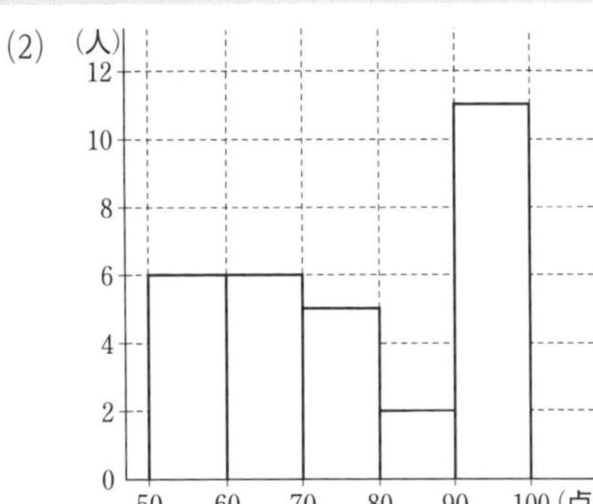

133 右のデータは，ある高校の 1 年生 20 人の上体起こしの記録である。

24	31	19	27	24	25	23	20	12	21
21	19	24	23	26	21	31	26	27	18

(回)

(1) このデータの度数分布表を完成せよ。

階級（回）以上〜未満	階級値（回）	度数（人）
12〜16		
16〜20		
20〜24		
24〜28		
28〜32		
計		20

(2) 度数分布表からヒストグラムをかけ。

47 代表値

▶教 p.164～165

POINT 97
平均値

値の総和をデータの大きさ n で割った値　$\bar{x}=\dfrac{1}{n}(x_1+x_2+\cdots\cdots+x_n)$

例 119　大きさが 10 のデータ 8, 13, 20, 18, 15, 6, 18, 12, 11, 7 の平均値を求めよ。

解答　$\bar{x}=\dfrac{1}{10}(8+13+20+18+15+6+18+12+11+7)$　← $\dfrac{(データの値の総和)}{(データの大きさ)}$

$=\dfrac{1}{10}\times128=12.8$

134A　大きさが 5 のデータ 18, 21, 30, 9, 17 の平均値を求めよ。

134B　大きさが 6 のデータ 19, 5, 15, 28, 8, 9 の平均値を求めよ。

POINT 98
最頻値 (モード)

データにおいて最も個数の多い値。度数分布表に整理されているときは，度数が最も大きい階級の階級値。

例 120　次の表は，ある駐輪場で調べた自転車の車輪サイズの結果である。最頻値を求めよ。

サイズ (インチ)	22	23	24	25	26	27	28
台数 (台)	12	15	21	84	61	48	26

解答　最も多い台数は 84 台であるから　25 インチ

135A　次の表は，A組，B組の生徒に対して行った 8 問のクイズの正答数とその人数をまとめたものである。それぞれの組の最頻値を求めよ。

正答数	0	1	2	3	4	5	6	7	8	計
A組	0	0	4	2	6	11	12	3	0	38
B組	2	1	5	2	7	6	6	8	2	39

(人)

135B　次の表は，1 組と 2 組の生徒に対し，1 週間あたりに飲む清涼飲料水の本数を調べた結果である。それぞれの組の最頻値を求めよ。

本数	0	1	2	3	4	5	6	7	8	9	10	計
1組	3	0	1	7	10	11	4	3	0	0	2	41
2組	9	1	2	8	6	7	4	1	2	0	0	40

(人)

POINT 99

中央値（メジアン）　データの値を小さい順に並べたとき，その中央に位置する値
データの大きさが偶数のときは，中央に並ぶ 2 つの値の平均値

例 121　次の大きさが 6 のデータの中央値を求めよ。

24，15，30，10，19，23

解答　このデータを小さい順に並べると

10，15，19，23，24，30

中央値は 3 番目と 4 番目の値の平均値であるから

$$\frac{19+23}{2}=21$$

第5章 データの分析

136A　次の小さい順に並べられたデータについて，中央値を求めよ。

(1)　21，30，30，32，39，53，57

(2)　1，13，14，20，28，41，58，62，89，95

136B　次の小さい順に並べられたデータについて，中央値を求めよ。

(1)　9，18，27，37，37，54，56，68，99

(2)　2，9，11，27，27，31，45，49

検印

48 四分位数と四分位範囲

▶教 p.166〜167

POINT 100
四分位数

第 2 四分位数 Q_2　データ全体の中央値
第 1 四分位数 Q_1　中央値で分けられた前半のデータの中央値
第 3 四分位数 Q_3　中央値で分けられた後半のデータの中央値
四分位範囲 $=$ (第 3 四分位数) $-$ (第 1 四分位数) $= Q_3 - Q_1$
範囲 $=$ (最大値) $-$ (最小値)

例 122　次の小さい順に並べられたデータについて，四分位数を求めよ。

2, 3, 3, 7, 8, 10, 10, 12, 14

解答　中央値が Q_2 であるから　　$Q_2 = 8$

Q_2 を除いて，データを前半と後半に分ける。

Q_1 は前半の中央値であるから　　$Q_1 = \dfrac{3+3}{2} = 3$

Q_3 は後半の中央値であるから　　$Q_3 = \dfrac{10+12}{2} = 11$

137A　次の小さい順に並べられたデータについて，四分位数を求めよ。

(1)　3, 3, 4, 6, 7, 8, 9

(2)　5, 7, 7, 8, 10, 12, 13, 15, 16

137B　次の小さい順に並べられたデータについて，四分位数を求めよ。

(1)　2, 3, 3, 5, 6, 6, 7, 9

(2)　12, 14, 14, 14, 15, 17, 17, 17, 18, 18

POINT 101
箱ひげ図

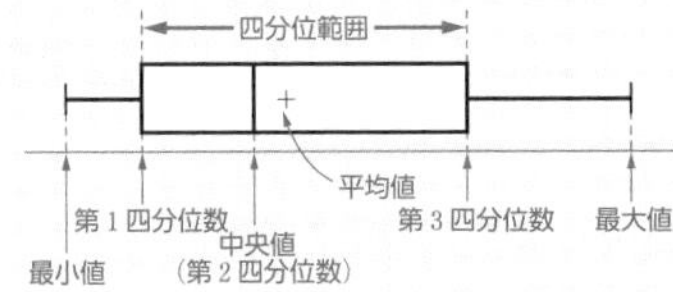

例 123 例 122 のデータについて，範囲と四分位範囲を求めよ。また，箱ひげ図をかけ。

解答 範囲は　$14-2=12$

四分位範囲は　$Q_3-Q_1=11-3=8$

よって，箱ひげ図は次のようになる。

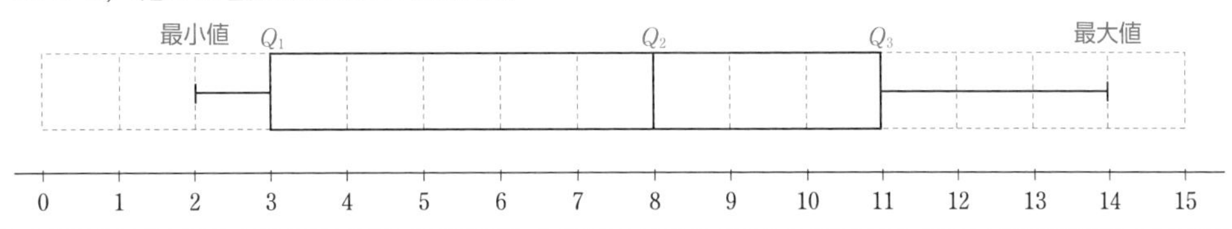

138A 次の小さい順に並べられたデータについて，範囲と四分位範囲を求めよ。また，箱ひげ図をかけ。

(1) 5, 6, 8, 9, 10, 10, 11

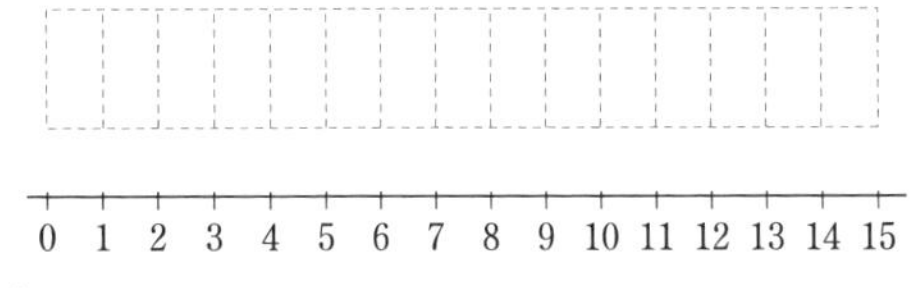

(2) 5, 5, 5, 5, 7, 8, 8, 9, 9, 10, 12

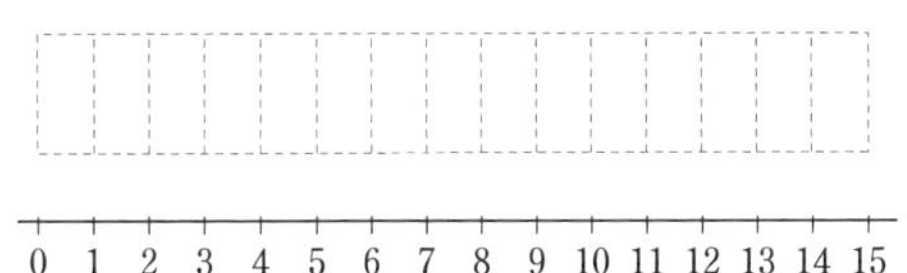

138B 次の小さい順に並べられたデータについて，範囲と四分位範囲を求めよ。また，箱ひげ図をかけ。

(1) 1, 2, 2, 2, 5, 5, 5, 5, 6, 7

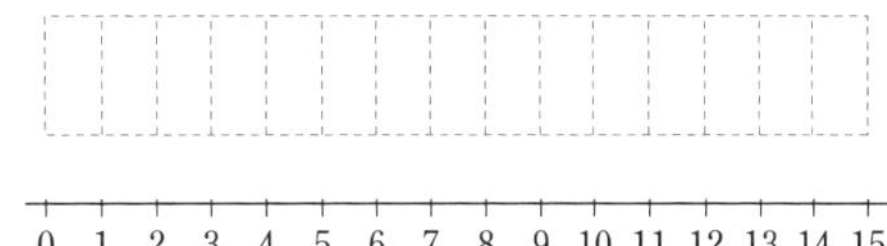

(2) 20, 24, 24, 33, 37, 42, 50, 56

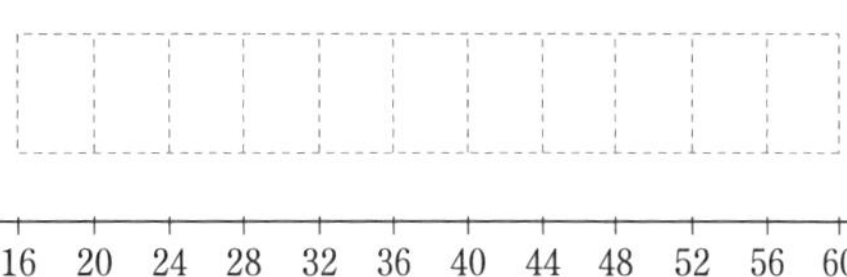

49 データと箱ひげ図

▶教 p.168〜169

POINT 102 箱ひげ図の比較

① データの範囲や四分位範囲を求めて比較する。
② 箱ひげ図のひげや箱に値がいくつ含まれるか考える。

例 124 右の図は，A 高校とB高校における 10 年間の野球部の部員数を箱ひげ図に表したものである。2 つの箱ひげ図から正しいと判断できるものを，次の①〜④からすべて選べ。

① B高校の部員数は，どの年も 30 人以上である。
② A高校において，部員数が 32 人以上であったのは，2 年間以下である。
③ A高校の方が，B高校より四分位範囲が大きい。
④ B高校において，部員数が 36 人以下であったのは，5 年間より長い。

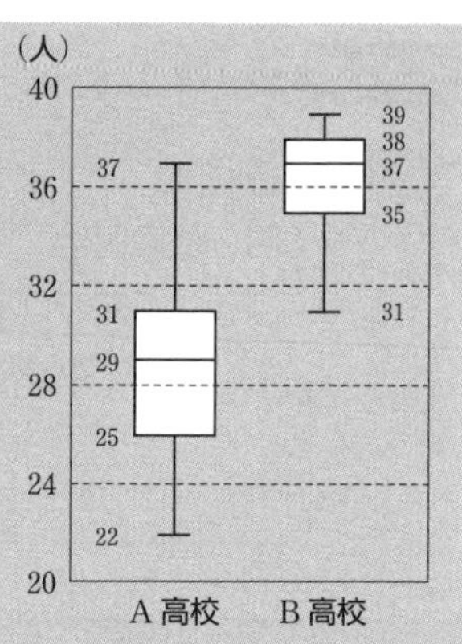

解答 ①：B高校の最小値が 31 であるから，正しい。
②：A高校の 31 は少ない方から 8 番目であるから，32 人以上の年は最大で 2 年間である。よって，正しい。
③：A高校 $31-25=6$，B 高校 $38-35=3$ であるから，正しい。
④：B高校の第 2 四分位数が 37 であるから，36 人以下の年は最大でも 5 年間である。よって，誤り。
したがって，正しいといえるのは　①，②，③

ROUND 2

139A 右の図は，ある年の 3 月 (31 日間) の，那覇と東京における 1 日の最高気温のデータを箱ひげ図に表したものである。2 つの箱ひげ図から，正しいと判断できるものを，次の①〜④からすべて選べ。

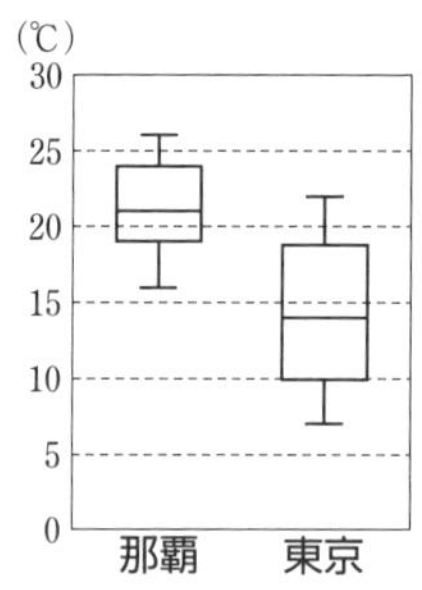

① 範囲は，東京の方が那覇より大きい。
② 四分位範囲は東京の方が小さい。
③ 那覇では，最高気温が 15℃ 以下の日はない。
④ 東京で最高気温が 10℃ 未満の日数は 7 日である。

139B 右の図は，中学生，高校生それぞれ 50 人ずつの睡眠時間のデータを箱ひげ図に表したものである。2 つの箱ひげ図から正しいと判断できるものを，次の①〜④からすべて選べ。

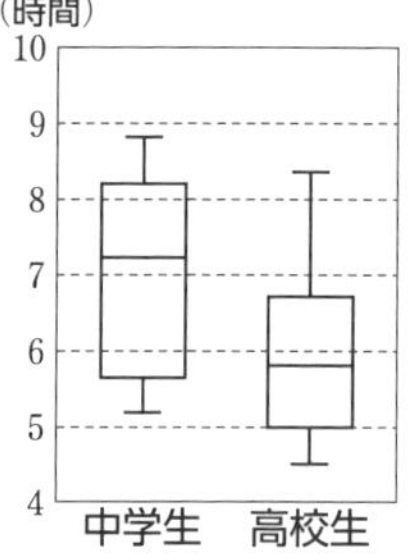

① 四分位範囲は中学生の方が大きい。
② 高校生では睡眠時間が 8 時間以上の生徒はいない。
③ 中学生では半数以上が 7 時間以上睡眠をとっている。
④ 睡眠時間が 5 時間未満の高校生は 12 人である。

POINT 103 ヒストグラムと箱ひげ図

① ヒストグラムが左右いずれかに片寄っているほど，箱ひげ図の箱も同じ方向に寄る傾向がある。

② ヒストグラムの山の傾きが急であるほど，箱ひげ図の箱は小さい傾向がある。

例 125 下のⓐ～ⓓのヒストグラムは，右の㋐～㋓の箱ひげ図のどれに対応しているか。

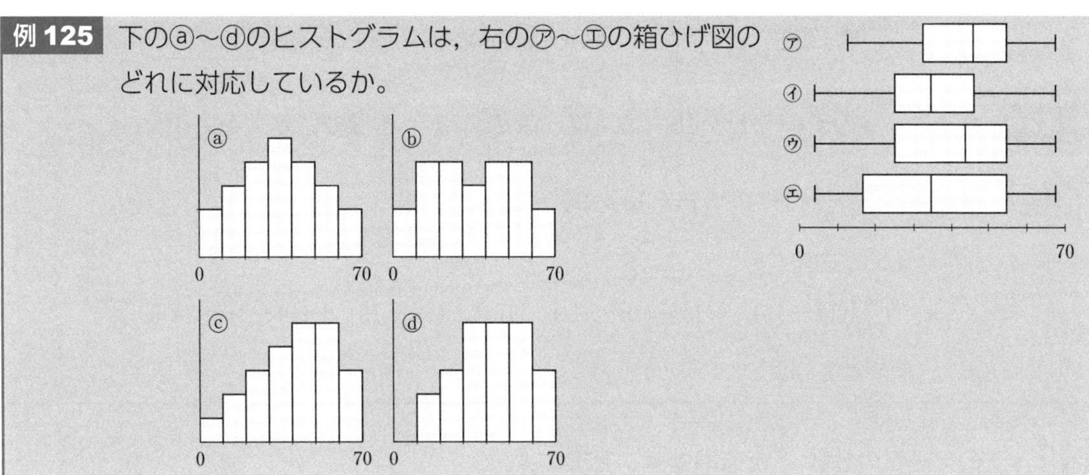

解答 ⓐは，左右対称で，山の傾きが急であるから ㋑

ⓑは，左右対称で，山の傾きがゆるやかであるから ㋓

ⓒは，右に片寄っていて，最小値が 0 ～ 10 の階級にあるから ㋒

ⓓは，右に片寄っていて，最小値が 10 ～ 20 の階級にあるから ㋐

ROUND 2

140A 下のⓐ～ⓓのヒストグラムは，下の㋐～㋓の箱ひげ図のどれに対応しているか。

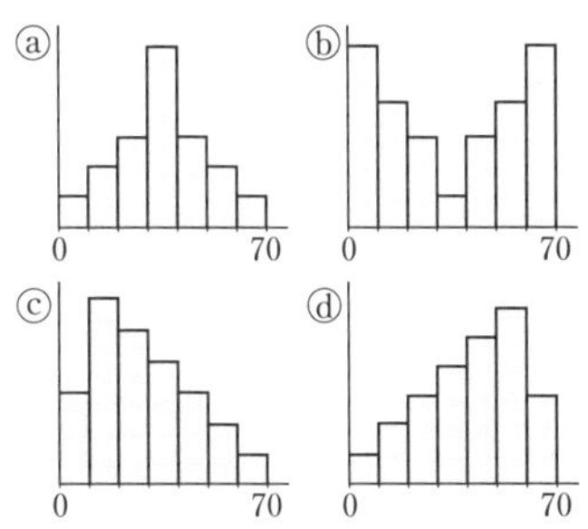

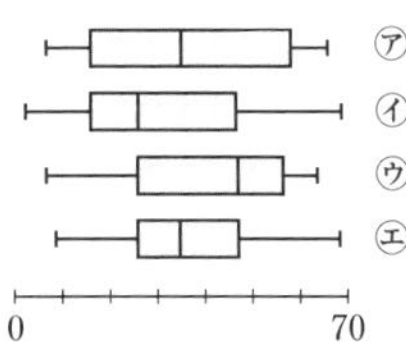

140B 下のⓐ～ⓓのヒストグラムは，下の㋐～㋓の箱ひげ図のどれに対応しているか。

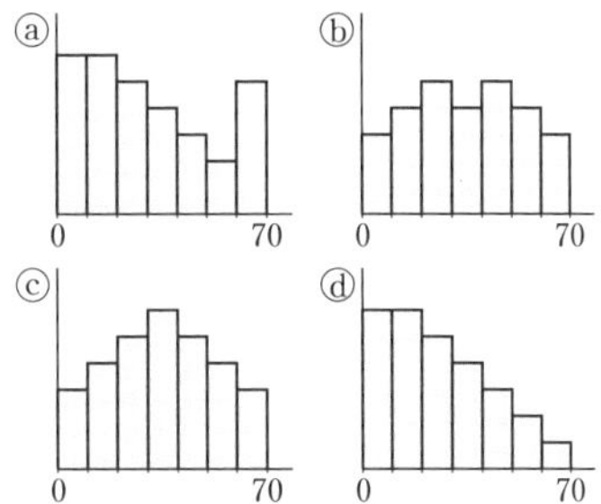

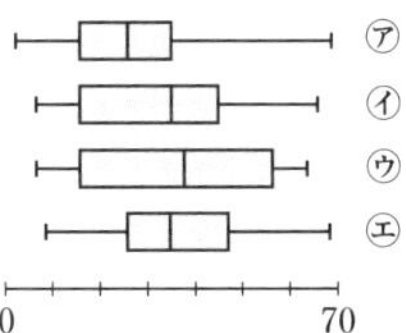

第5章 データの分析

検印

50　分散と標準偏差

▶教 p.170〜172

POINT 104
分散と標準偏差 [1]

分散　$s^2=\frac{1}{n}\{(x_1-\overline{x})^2+(x_2-\overline{x})^2+\cdots\cdots+(x_n-\overline{x})^2\}$

標準偏差　$s=\sqrt{\frac{1}{n}\{(x_1-\overline{x})^2+(x_2-\overline{x})^2+\cdots\cdots+(x_n-\overline{x})^2\}}$

例 126　大きさが 5 のデータ 12，15，16，18，19 の分散 s^2 と標準偏差 s を求めよ。

解答　平均値は　$\frac{1}{5}(12+15+16+18+19)=16$

したがって，分散 s^2 は

$$s^2=\frac{1}{5}\{(12-16)^2+(15-16)^2+(16-16)^2+(18-16)^2+(19-16)^2\}=6$$

また，標準偏差 s は　$s=\sqrt{6}$

141　次のデータの分散 s^2 と標準偏差 s を求めよ。

(1)　3，5，7，4，6

						計
x	3	5	7	4	6	
$x-\overline{x}$						
$(x-\overline{x})^2$						

(2)　1，2，5，5，7，10

							計
x	1	2	5	5	7	10	
$x-\overline{x}$							
$(x-\overline{x})^2$							

例 127 2つのデータ x, y について，それぞれの標準偏差を求めて散らばりの度合いを比較せよ。

x：11, 13, 15, 17, 19　　　y：13, 14, 15, 16, 17

解答　x, y の平均値をそれぞれ $\overline{x}$, $\overline{y}$, 分散を $s_x{}^2$, $s_y{}^2$ とすると，

$\overline{x}=15$, $\overline{y}=15$, $s_x{}^2=8$, $s_y{}^2=2$

ゆえに　$s_x=\sqrt{8}=2\sqrt{2}$, $s_y=\sqrt{2}$　　よって　$s_x>s_y$

したがって，x の方が散らばりの度合いが大きい。

142 2つのデータ x, y について，それぞれの標準偏差を求めて散らばりの度合いを比較せよ。

x：4, 6, 7, 8, 10　　y：4, 5, 7, 9, 10

POINT 105
分散と標準偏差 [2]

$$s^2=\frac{1}{n}(x_1{}^2+x_2{}^2+\cdots\cdots+x_n{}^2)-\left\{\frac{1}{n}(x_1+x_2+\cdots\cdots+x_n)\right\}^2$$

$$s=\sqrt{\frac{1}{n}(x_1{}^2+x_2{}^2+\cdots\cdots+x_n{}^2)-\left\{\frac{1}{n}(x_1+x_2+\cdots\cdots+x_n)\right\}^2}$$

例 128 大きさが5のデータ 2, 5, 6, 8, 9 の分散 s^2 と標準偏差 s を，POINT 105 の公式を用いて求めよ。

解答　$s^2=\frac{1}{5}(2^2+5^2+6^2+8^2+9^2)-\left\{\frac{1}{5}(2+5+6+8+9)\right\}^2=42-36=6$

したがって　　$s=\sqrt{6}$

143 大きさが5のデータ 8, 2, 4, 6, 5 の分散 s^2 と標準偏差 s を，POINT 105 の公式を用いて求めよ。

						計	平均値
x	8	2	4	6	5		
x^2							

51 変量の変換

▶教 p.173

POINT 106
変量の変換

変量 x のデータから $u=ax+b$ によって得られる変量 u のデータについて
u の平均値　$\overline{u}=a\overline{x}+b$
u の分散　　$s_u{}^2=a^2s_x{}^2$

例 129 変量 x のデータの平均値が $\overline{x}=7$，分散が $s_x{}^2=4$ であるとき，
$u=5x+3$
で定まる変量 u のデータの平均値 $\overline{u}$，分散 $s_u{}^2$ を求めよ。

解答　$\overline{u}=5\overline{x}+3=5\times7+3=38$
$s_u{}^2=5^2s_x{}^2=25\times4=100$

ROUND 2

144A 変量 x のデータの平均値が $\overline{x}=8$，分散が $s_x{}^2=7$ であるとき，$u=4x+1$ で定まる変量 u のデータの平均値 $\overline{u}$，分散 $s_u{}^2$ を求めよ。

144B 変量 x のデータの平均値が $\overline{x}=5$，分散が $s_x{}^2=10$ であるとき，$u=\dfrac{3x-10}{5}$ で定まる変量 u のデータの平均値 $\overline{u}$，分散 $s_u{}^2$ を求めよ。

検印

52 散布図

▶教 p.174〜175

POINT 107

相関と散布図

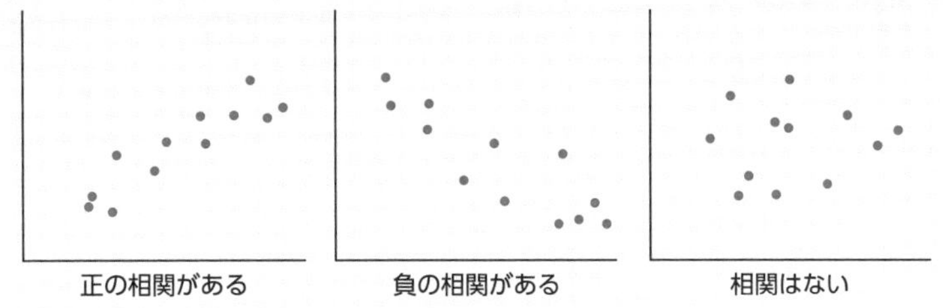

例 130 次の 2 つの変量 x, y の散布図は，右の図のようになる。相関があるかどうか調べよ。

x	8	3	4	7	5	6	1	8	4	5
y	7	5	6	6	3	8	2	9	1	4

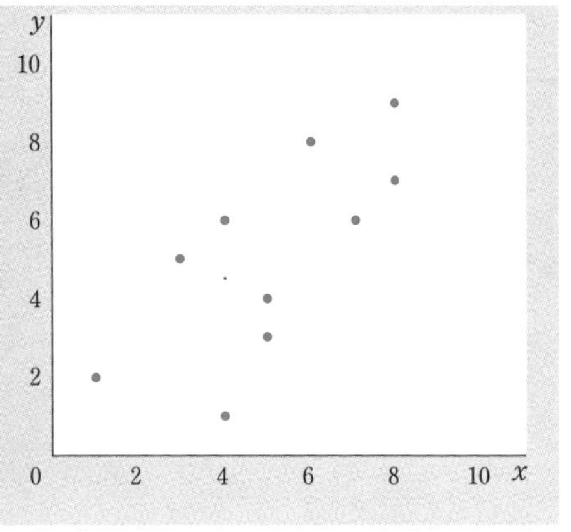

解答 正の相関がある。

145 次の表は，ある飲食店において，最高気温と 2 つのメニューの販売数を 10 日間調べた記録である。それぞれについて，表から散布図をつくり，相関があるかどうか調べよ。また，相関がある場合，どのような相関か調べよ。

(1) おでん

最高気温 (°C)	10	8	5	2	1	4	7	11	9	10
販売数 (個)	12	31	22	38	53	44	25	13	10	25

(2) アイスクリーム

最高気温 (°C)	21	26	27	28	18	15	24	27	29	27
販売数 (個)	25	30	25	41	10	8	40	34	52	45

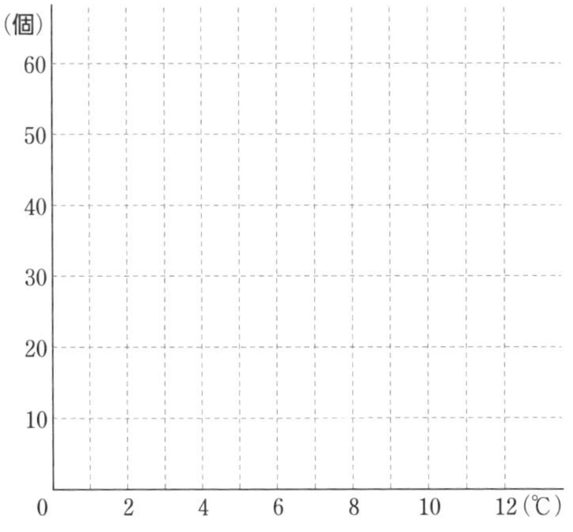

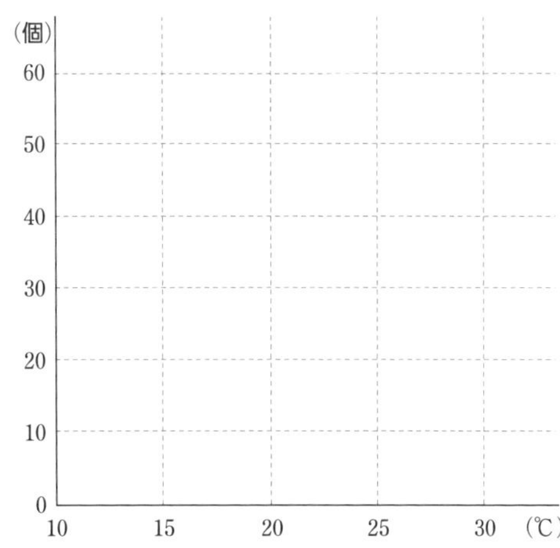

第5章 データの分析

検印

53 共分散と相関係数

▶教 p.176〜179

POINT 108
共分散

$$s_{xy}=\frac{1}{n}\{(x_1-\overline{x})(y_1-\overline{y})+(x_2-\overline{x})(y_2-\overline{y})+\cdots\cdots+(x_n-\overline{x})(y_n-\overline{y})\}$$

例 131 次のデータは，A～Eの5つの地域における人口 x とコンビニの店舗数 y である。x，y の共分散 s_{xy} を求めよ。

地域	A	B	C	D	E
人口 x（十万人）	10	25	90	55	20
店舗数 y（百店）	9	21	75	35	10

解答　x の平均値 $\overline{x}$ は　$\overline{x}=\frac{200}{5}=40$，$y$ の平均値 $\overline{y}$ は　$\overline{y}=\frac{150}{5}=30$

地域	人口 x（十万人）	店舗数 y（百店）	$x-\overline{x}$	$y-\overline{y}$	$(x-\overline{x})(y-\overline{y})$
A	10	9	-30	-21	630
B	25	21	-15	-9	135
C	90	75	50	45	2250
D	55	35	15	5	75
E	20	10	-20	-20	400
計	200	150	0	0	3490

上の表より　$s_{xy}=\frac{1}{5}\times3490=698$

146 右の表は，生徒4人が2種類のゲーム x，y を行って得た得点である。次の問いに答えよ。

生徒	①	②	③	④
ゲーム x（点）	4	7	3	6
ゲーム y（点）	4	8	6	10

(1)　$\overline{x}$，$\overline{y}$ をそれぞれ計算せよ。

(2)　共分散 s_{xy} を求めよ。

生徒	ゲーム x（点）	ゲーム y（点）	$x-\overline{x}$	$y-\overline{y}$	$(x-\overline{x})(y-\overline{y})$
①	4	4			
②	7	8			
③	3	6			
④	6	10			
計					

POINT 109 相関係数

$r=\dfrac{s_{xy}}{s_x s_y}$

例 132 右の表は，ある高校の生徒 6 人に行った科目 A と科目 B のテストの得点である。科目 A のテストの得点を x，科目 B のテストの得点を y として，x，y の相関係数 r を求めよ。ただし，小数第 3 位を四捨五入せよ。

生徒	科目 A	科目 B
①	10	9
②	10	3
③	8	8
④	5	5
⑤	10	6
⑥	5	5

(点)

解答　$\overline{x}=8$, $\overline{y}=6$ であることから，右の表が得られる。

生徒	x	y	$x-\overline{x}$	$y-\overline{y}$	$(x-\overline{x})^2$	$(y-\overline{y})^2$	$(x-\overline{x})(y-\overline{y})$
①	10	9	2	3	4	9	6
②	10	3	2	-3	4	9	-6
③	8	8	0	2	0	4	0
④	5	5	-3	-1	9	1	3
⑤	10	6	2	0	4	0	0
⑥	5	5	-3	-1	9	1	3
計	48	36	0	0	30	24	6

右の表より，x，y の分散 $s_x{}^2$，$s_y{}^2$ は

$$s_x{}^2=\frac{30}{6}=5$$

$$s_y{}^2=\frac{24}{6}=4$$

ゆえに，標準偏差 s_x，s_y は　$s_x=\sqrt{5}$，$s_y=2$

また，x と y の共分散 s_{xy} は　$s_{xy}=\dfrac{6}{6}=1$

したがって，x と y の相関係数 r は　$r=\dfrac{s_{xy}}{s_x s_y}=\dfrac{1}{\sqrt{5}\times 2}=\dfrac{\sqrt{5}}{10}=0.223\cdots\cdots \fallingdotseq 0.22$

ROUND 2

147 右の表は，ある高校の生徒 5 人に行った科目Aと科目Bのテストの得点である。科目Aのテストの得点を x，科目Bのテストの得点を y として，x と y の相関係数を求めよ。

生徒	科目 A	科目 B
①	4	7
②	7	9
③	5	8
④	8	10
⑤	6	6

(点)

生徒	x	y	$x-\overline{x}$	$y-\overline{y}$	$(x-\overline{x})^2$	$(y-\overline{y})^2$	$(x-\overline{x})(y-\overline{y})$
①	4	7					
②	7	9					
③	5	8					
④	8	10					
⑤	6	6					
計							
平均値							

検印

54 外れ値

▶教 p.180〜181

POINT 110
外れ値

データの第1四分位数を Q_1，第3四分位数を Q_3 とするとき，

$Q_1 - 1.5(Q_3 - Q_1)$ 以下

または　$Q_3 + 1.5(Q_3 - Q_1)$ 以上

の値を外れ値とする。

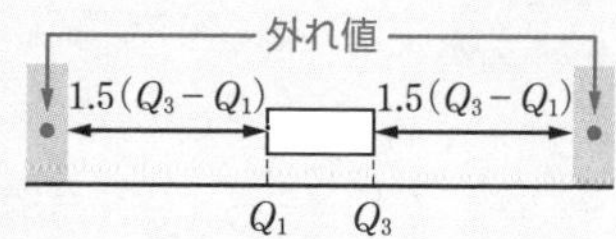

例 133 第1四分位数が25，第3四分位数が35のデータについて，次の①〜③のうち，外れ値である値をすべて選べ。

①　7　　②　12　　③　48　　④　55

解答 $Q_1 = 25$，$Q_3 = 35$ より　$Q_1 - 1.5(Q_3 - Q_1) = 25 - 1.5 \times (35 - 25) = 10$

$Q_3 + 1.5(Q_3 - Q_1) = 35 + 1.5 \times (35 - 25) = 50$

よって，外れ値は，10以下または50以上　の値である。

したがって，①，④が外れ値である。

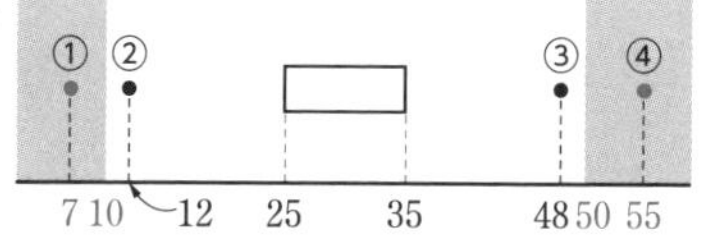

148A 第1四分位数が22，第3四分位数が30のデータについて，次の①〜④のうち，外れ値である値をすべて選べ。

①　8　　②　11

③　40　　④　42

148B 第1四分位数が36，第3四分位数が48のデータについて，次の①〜④のうち，外れ値である値をすべて選べ。

①　19　　②　21

③　65　　④　70

検印

55 仮説検定

▶教 p.182〜183

POINT 111
仮説検定

実際に起こったことがらについて，ある仮説のもとで起こる確率が
(i) **5％以下であれば，仮説が誤り** と判断する。
(ii) **5％より大きければ，仮説が誤りとはいえない** と判断する。

例 134 立方体の 6 つの面のうち，3 つが赤，残り 3 つが黄色に塗られている。この立方体を 5 回転がしたところ，5 回とも赤色の面が上になった。

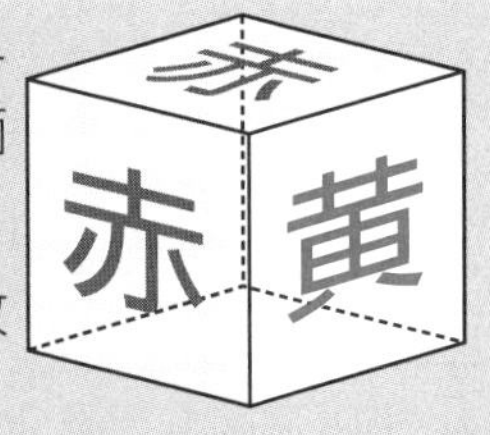

右の度数分布表は，表裏(おもて)の出方が同様に確からしいコイン 1 枚を 5 回投げる操作を，1000 セット行った結果である。
これを用いて，「立方体の赤，黄の面の出方が同じ」という仮説が誤りかどうか，基準となる確率を 5％として仮説検定を行え。

表の枚数	セット数
5	27
4	157
3	313
2	328
1	138
0	37
計	1000

解答　「立方体の赤，黄の面の出方が同じ」という仮説のもとで 5 回とも赤の面が上になる確率は，5 回ともコインの表が出る確率に等しい。
度数分布表より，5 回とも表が出た相対度数は 0.027 であるから，5 回とも赤の面が上になる確率は 2.7％と考えられ，基準となる確率の 5％以下である。したがって，仮説は誤りと判断する。すなわち「赤の面の方が上になりやすい」といえる。

149 実力が同じという評判の将棋棋士 A，B が 6 番勝負をしたところ，A が 6 勝した。右の度数分布表は，表裏の出方が同様に確からしいコイン 1 枚を 6 回投げる操作を，1000 セット行った結果である。これを用いて，「A，B の実力が同じ」という仮説が誤りかどうか，基準となる確率を 5％として仮説検定を行え。

表の枚数	セット数
6	13
5	91
4	238
3	314
2	231
1	96
0	17
計	1000

解答

1A (1) 次数 3，係数 2
(2) 次数 3，係数 $-\frac{1}{2}$
(3) 次数 6，係数 -4

1B (1) 次数 2，係数 1
(2) 次数 3，係数 $\frac{1}{3}$
(3) 次数 7，係数 -5

2A (1) 次数 1，係数 $3a^2$
(2) 次数 3，係数 $5ax^2$

2B (1) 次数 3，係数 $2x$
(2) 次数 3，係数 $-\frac{1}{2}x^2$

3A (1) $8x-11$ (2) $-6x^3+x^2-x-3$

3B (1) $2x^2+4x-5$ (2) x^3-x+3

4A (1) $x^2+(2y-3)x+(y-5)$
x^2 の項の係数は 1，x の項の係数は
$2y-3$，定数項は $y-5$
(2) $-x^3+(y-3)x^2+(y+2)x+(-y^2+5)$
x^3 の項の係数は -1，x^2 の項の係数は $y-3$，
x の項の係数は $y+2$，定数項は $-y^2+5$

4B (1) $5x^2+(5y^2-3)x+(-y-3)$
x^2 の項の係数は 5，x の項の係数は
$5y^2-3$，定数項は $-y-3$
(2) $3x^3+(2y-1)x^2+(-y+5)x+(-y^2+y-7)$
x^3 の項の係数は 3，x^2 の項の係数は $2y-1$，
x の項の係数は $-y+5$，
定数項は $-y^2+y-7$

5A (1) $A+B=4x^2-3x-2$
$A-B=2x^2+x+4$
(2) $A+B=-x^2+4$
$A-B=-3x^2+2x-2$

5B (1) $A+B=x^2+3x-4$
$A-B=-5x^2-x-2$
(2) $A+B=-x^2-6x-2$
$A-B=5x^2-4x-6$

6A (1) $A+3B=7x-5$
(2) $3A-2B=11x^2-12x+7$

6B (1) $2A+B=5x^2-x$
(2) $-2A+3B=-9x^2+13x-8$

7A (1) a^7 (2) a^{12}
(3) a^6b^8 (4) $6x^7$
(5) $-32x^6$ (6) $72x^7y^2$

7B (1) x^8 (2) x^8
(3) $8a^6$ (4) $-3x^5y^2$
(5) $-32x^5y^2$ (6) $-256x^5y^4$

8A (1) $3x^2-2x$
(2) $4x^3-6x^2-8x$
(3) $3x^3+15x^2-2x-10$
(4) $6x^3-17x^2+9x-10$

8B (1) $-3x^3-3x^2+15x$
(2) $6x^4-3x^3+15x^2$
(3) $-2x^3+10x^2+x-5$
(4) $6x^3-13x^2+4x+3$

9A (1) x^2+4x+4 (2) $x^2+10xy+25y^2$
(3) $4x^2-20xy+25y^2$

9B (1) $16x^2-24x+9$
(2) $9x^2-6xy+y^2$
(3) $16x^2+24xy+9y^2$

10A (1) $4x^2-9$ (2) $16x^2-9y^2$

10B (1) $9x^2-16$ (2) x^2-9y^2

11A (1) x^2+5x+6 (2) x^2-x-6
(3) $x^2+7xy+12y^2$ (4) $x^2+5xy-50y^2$

11B (1) $x^2-2x-15$ (2) x^2-6x+5
(3) $x^2-6xy+8y^2$ (4) $x^2-10xy+21y^2$

12A (1) $3x^2+7x+2$ (2) $15x^2+7x-2$
(3) $12x^2-19x-21$ (4) $12x^2-5xy-2y^2$
(5) $10x^2-9xy+2y^2$

12B (1) $10x^2-x-3$
(2) $12x^2-17x+6$
(3) $-6x^2+7x-2$
(4) $14x^2-27xy+9y^2$
(5) $-3x^2+11xy-10y^2$

13A (1) $a^2+4b^2+4ab+2a+4b+1$
(2) $a^2+b^2+c^2-2ab+2bc-2ca$
(3) $x^2+4xy+4y^2-9$
(4) $x^4-2x^3-x^2+2x-8$

13B (1) $9a^2+4b^2-12ab+6a-4b+1$
(2) $4x^2+y^2+9z^2-4xy-6yz+12zx$
(3) $9x^2+6xy+y^2-25$
(4) $x^4+4x^3+8x^2+8x+3$

14A (1) x^4-81
(2) x^4-16y^4
(3) $81x^4-72x^2y^2+16y^4$
(4) $16x^4-8x^2y^2+y^4$

14B (1) a^4-b^4
(2) $16x^4-81y^4$
(3) $a^4-8a^2b^2+16b^4$
(4) $625x^4-450x^2y^2+81y^4$

15A (1) $x(x+3)$ (2) $xy(4y-1)$
(3) $ab(x^2-x+2)$

15B (1) $x(2x-1)$ (2) $3ab(b-2a)$
(3) $xy(2x+y-3)$

16A (1) $(a+2)(x+y)$　(2) $(3a-2)(x-y)$

16B (1) $(3a-1)(2x-y)$　(2) $(a+b)(3x-2y)$

17A (1) $(x+1)^2$
(2) $(x+2y)^2$
(3) $(3x-5y)^2$
(4) $(x+9)(x-9)$
(5) $(6x+5y)(6x-5y)$
(6) $(8x+9y)(8x-9y)$

17B (1) $(x-3)^2$
(2) $(2x+y)^2$
(3) $(4x-3y)^2$
(4) $(3x+4)(3x-4)$
(5) $(7x+2y)(7x-2y)$
(6) $(10x+3y)(10x-3y)$

18A (1) $(x+1)(x+4)$　(2) $(x-2)(x-4)$
(3) $(x-2)(x+6)$　(4) $(x-9)(x+6)$
(5) $(x+2y)(x+4y)$　(6) $(x-6y)(x+4y)$

18B (1) $(x+3)(x+4)$　(2) $(x-5)(x+2)$
(3) $(x-3)(x-5)$　(4) $(x-2)(x+9)$
(5) $(x+y)(x+6y)$　(6) $(x-4y)(x+7y)$

19A (1) $(x+1)(3x+1)$　(2) $(x-2)(2x-1)$
(3) $(x+5)(3x+1)$　(4) $(2x+1)(3x-1)$
(5) $(x+y)(5x+y)$　(6) $(x-2y)(2x-3y)$

19B (1) $(x+3)(2x+1)$　(2) $(x-3)(3x+1)$
(3) $(x-1)(5x-3)$　(4) $(2x+3)(3x+4)$
(5) $(x-2y)(7x+y)$　(6) $(2x-3y)(3x+2y)$

20A (1) $(x-y+5)(x-y-3)$
(2) $(x+1)(x-1)(x+2)(x-2)$
(3) $(x+2)(x-1)(x^2+x-1)$

20B (1) $(x+2y)(x+2y+2)$
(2) $(x^2+4)(x+2)(x-2)$
(3) $(x+1)(x-3)(x^2-2x+2)$

21A (1) $(b+2)(a+b)$　(2) $(a+c)(a-b+c)$

21B (1) $(a-3)(a+b)$
(2) $(a+1)(a-1)(a-b)$

22A (1) $(x+y-3)(x+y+4)$
(2) $(x+y+2)(x+2y-1)$
(3) $(x-2y+1)(2x+y-1)$

22B (1) $(x+2y-5)(x-y+3)$
(2) $(x+2y+3)(2x+y-1)$
(3) $(2x-y-4)(3x-2y+3)$

23A (1) $x^3+9x^2+27x+27$
(2) $27x^3+27x^2+9x+1$
(3) $8x^3+36x^2y+54xy^2+27y^3$

23B (1) $a^3-6a^2+12a-8$
(2) $8x^3-12x^2+6x-1$
(3) $-a^3+6a^2b-12ab^2+8b^3$

24A (1) x^3+27　(2) $27x^3-8y^3$

24B (1) x^3-1　(2) x^3+64y^3

25A (1) $(x+2)(x^2-2x+4)$
(2) $(3x+2y)(9x^2-6xy+4y^2)$

25B (1) $(3x-1)(9x^2+3x+1)$
(2) $(4x-3y)(16x^2+12xy+9y^2)$

26A (1) $0.\dot{4}$　(2) $0.\dot{3}\dot{9}$

26B (1) $3.\dot{3}$　(2) $4.\dot{7}1428\dot{5}$

27A ①自然数は 5　②整数は $-3,\ 0,\ 5$
③有理数は $-3,\ 0,\ \dfrac{22}{3},\ -\dfrac{1}{4},\ 5,\ 0.\dot{5}$
④無理数は $\sqrt{3},\ \pi$

27B ①自然数は 10　②整数は $-2,\ 10$
③有理数は $-5.72,\ -2,\ -0.\dot{3},\ \dfrac{5}{2},\ 10$
④無理数は $-2\pi,\ \dfrac{\sqrt{2}}{3}$

28A (1) 3　(2) 3.1
(3) $\sqrt{7}-\sqrt{6}$　(4) $3-\sqrt{3}$

28B (1) 6　(2) $\dfrac{1}{2}$
(3) $\sqrt{5}-\sqrt{2}$　(4) $4-\sqrt{10}$

29A (1) $\pm\sqrt{7}$　(2) 6
(3) 7　(4) 3

29B (1) $\pm\dfrac{1}{3}$　(2) $\dfrac{1}{2}$
(3) $\dfrac{2}{3}$　(4) $\dfrac{5}{8}$

30A (1) $\sqrt{15}$　(2) $\sqrt{2}$

30B (1) $\sqrt{42}$　(2) $\sqrt{5}$

31A (1) $3\sqrt{5}$　(2) $6\sqrt{2}$

31B (1) $2\sqrt{3}$　(2) 10

32A (1) $2\sqrt{3}$　(2) $\sqrt{3}$
(3) $5\sqrt{6}$　(4) $7+4\sqrt{3}$
(5) 5

32B (1) $4\sqrt{2}$　(2) $2\sqrt{2}+\sqrt{5}$
(3) $2+\sqrt{10}$　(4) $10+2\sqrt{21}$
(5) 7

33A (1) $\dfrac{\sqrt{10}}{5}$　(2) $3\sqrt{3}$　(3) $\dfrac{\sqrt{15}}{9}$

33B (1) $4\sqrt{2}$　(2) $\dfrac{\sqrt{3}}{2}$　(3) $\dfrac{\sqrt{2}}{4}$

34A (1) $\dfrac{\sqrt{5}+\sqrt{3}}{2}$　(2) $\sqrt{3}-1$
(3) $10-5\sqrt{3}$　(4) $8-3\sqrt{7}$

34B (1) $\sqrt{7}-\sqrt{3}$　(2) $-2\sqrt{2}-\sqrt{10}$
(3) $10-3\sqrt{11}$　(4) $-\dfrac{7+2\sqrt{10}}{3}$

35A (1) $2+\sqrt{3}$　(2) $\sqrt{6}+\sqrt{2}$
(3) $3-\sqrt{6}$　(4) $\dfrac{\sqrt{10}-\sqrt{6}}{2}$

35B (1) $\sqrt{7}-\sqrt{2}$　(2) $\sqrt{3}-\sqrt{2}$
(3) $2\sqrt{2}+\sqrt{3}$　(4) $\dfrac{\sqrt{14}+\sqrt{6}}{2}$

36A (1) $2x-3>6$
(2) $220x+140\times3\leqq2400$

36B (1) $\dfrac{x}{3}+2 \leqq 5x$　(2) $60x+150\times 3<1800$

37A (1) $a+3<b+3$　(2) $-5a>-5b$
(3) $\dfrac{a}{5}<\dfrac{b}{5}$　(4) $2a-1<2b-1$

37B (1) $a-5<b-5$　(2) $4a<4b$
(3) $-\dfrac{a}{5}>-\dfrac{b}{5}$　(4) $1-3a>1-3b$

38A 5　x

38B -2　x

39A (1) $x>3$　(2) $x>-5$
(3) $x<2$　(4) $x \geqq -\dfrac{4}{3}$

39B (1) $x<7$　(2) $x \leqq 0$
(3) $x>2$　(4) $x \leqq \dfrac{3}{2}$

40A (1) $x>2$　(2) $x>-2$
(3) $x \geqq \dfrac{7}{2}$　(4) $x \leqq 4$

40B (1) $x \leqq -1$　(2) $x \leqq 3$
(3) $x<-\dfrac{11}{2}$　(4) $x>4$

41A (1) $x<\dfrac{6}{5}$　(2) $x>\dfrac{10}{7}$
(3) $x \leqq 5$

41B (1) $x \leqq \dfrac{1}{9}$　(2) $x>\dfrac{19}{7}$
(3) $x>\dfrac{14}{3}$

42A (1) $1<x<6$　(2) $\dfrac{1}{2} \leqq x \leqq 7$
(3) $x<-2$

42B (1) $-4<x<3$　(2) $-4<x<-2$
(3) $x \geqq -2$

43A (1) $-1 \leqq x \leqq 2$　(2) $x \geqq 1$

43B (1) $-1<x<2$　(2) $-1<x \leqq 6$

44A 130円のりんごを11個，90円のりんごを4個

44B 5冊まで

45A (1) $x=\pm 5$　(2) $-6<x<6$

45B (1) $x=\pm 7$　(2) $x<-2,\ 2<x$

46A (1) $x=7,\ -1$　(2) $-7 \leqq x \leqq 1$

46B (1) $x=-3,\ -9$　(2) $x<-4,\ 6<x$

演習問題

47A (1) $2\sqrt{5}$　(2) 3
(3) 14　(4) $22\sqrt{5}$

47B (1) 4　(2) 1
(3) 14　(4) 52

48 $a=5,\ b=\sqrt{7}-2$

49 $x=1$

50A (1) $3 \in A$　(2) $6 \notin A$
(3) $11 \notin A$　(4) $9 \in A$

50B (1) $2 \in A$　(2) $4 \notin A$
(3) $7 \in A$　(4) $13 \notin A$

51A $\{1,\ 2,\ 3,\ 4,\ 6,\ 12\}$

51B $\{1,\ 3,\ 5,\ 7\}$

52A $A \subset B$

52B $A \supset B$

53A $\varnothing$, $\{3\}$, $\{5\}$, $\{3,\ 5\}$

53B $\varnothing$, $\{2\}$, $\{4\}$, $\{6\}$, $\{2,\ 4\}$, $\{2,\ 6\}$, $\{4,\ 6\}$, $\{2,\ 4,\ 6\}$

54A (1) $\{6,\ 8\}$　(2) $\{2,\ 4,\ 6,\ 7,\ 8\}$

54B (1) $\{11\}$
(2) $\{5,\ 7,\ 9,\ 11,\ 13,\ 15\}$

55A (1) $A \cap B=\{x \mid -1<x<4,\ x$ は実数$\}$
(2) $A \cup B=\{x \mid -3<x<6,\ x$ は実数$\}$

55B (1) $A \cap B=\{x \mid 2 \leqq x \leqq 3,\ x$ は実数$\}$
(2) $A \cup B=\{x \mid 1 \leqq x \leqq 5,\ x$ は実数$\}$

56A (1) $\{2,\ 4,\ 6,\ 8,\ 10\}$
(2) $\{2,\ 4,\ 5,\ 6,\ 7,\ 8,\ 9,\ 10\}$
(3) $\{4,\ 8,\ 10\}$

56B (1) $\{4,\ 5,\ 7,\ 8,\ 9,\ 10\}$
(2) $\{2,\ 6\}$
(3) $\{1,\ 3,\ 4,\ 5,\ 7,\ 8,\ 9,\ 10\}$

57A (1) 真　(2) 偽

57B (1) 真　(2) 真

58A (1) 十分条件　(2) 必要条件
(3) 必要十分条件

58B (1) 必要十分条件　(2) 十分条件
(3) 必要条件

59A (1) $x \neq 5$　(2) $x<0$
(3) $x \geqq 4$ または $y>2$　(4) $2<x \leqq 5$
(5) x，y はともに 0 以下

59B (1) $x=-1$　(2) $x \geqq -2$
(3) $x \leqq -3$ または $2 \leqq x$
(4) $x \geqq -2$
(5) m，n のうち少なくとも一方は奇数

60A (1) 偽
逆：「$x=4 \Longrightarrow x^2=16$」…真
裏：「$x^2 \neq 16 \Longrightarrow x \neq 4$」…真
対偶：「$x \neq 4 \Longrightarrow x^2 \neq 16$」…偽
(2) 真
逆：「$xy=6 \Longrightarrow x=2$ かつ $y=3$」…偽
裏：「$x \neq 2$ または $y \neq 3 \Longrightarrow xy \neq 6$」…偽
対偶：「$xy \neq 6 \Longrightarrow x \neq 2$ または $y \neq 3$」…真

60B (1) 偽
逆：「$x<5 \Longrightarrow x>-1$」…偽
裏：「$x \leqq -1 \Longrightarrow x \geqq 5$」…偽
対偶：「$x \geqq 5 \Longrightarrow x \leqq -1$」…偽
(2) 真
逆：「$x>2$ または $y>1 \Longrightarrow x+y>3$」…偽
裏：「$x+y \leqq 3 \Longrightarrow x \leqq 2$ かつ $y \leqq 1$」…偽
対偶：「$x \leqq 2$ かつ $y \leqq 1 \Longrightarrow x+y \leqq 3$」…真

61A 与えられた命題の対偶「n が 3 の倍数ならば n^2+5 は 9 の倍数でない」を証明する。

n が 3 の倍数であるとき，ある整数 k を用いて
$n=3k$ と表される。
ゆえに

$$n^2+5=(3k)^2+5=9k^2+5$$

ここで，k^2 は整数であるから，$9k^2$ は 9 の倍数であり，$9k^2+5$ は 9 の倍数でない。
よって，対偶が真であるから，もとの命題も真である。

61B 与えられた命題の対偶「n が 3 の倍数でないならば n^2 は 3 の倍数でない」を証明する。
n が 3 の倍数でないとき，ある整数 k を用いて

$$n=3k+1 \quad \text{または} \quad n=3k+2$$

と表される。

(i) $n=3k+1$ のとき

$$n^2=(3k+1)^2=9k^2+6k+1$$
$$=3(3k^2+2k)+1$$

(ii) $n=3k+2$ のとき

$$n^2=(3k+2)^2=9k^2+12k+4$$
$$=3(3k^2+4k+1)+1$$

(i), (ii)において，$3k^2+2k$，$3k^2+4k+1$ は整数であるから，いずれの場合も n^2 は 3 の倍数でない。
よって，対偶が真であるから，もとの命題も真である。

62A $3+2\sqrt{2}$ が無理数でない，すなわち
　$3+2\sqrt{2}$ は有理数である
と仮定する。
そこで，r を有理数として

$$3+2\sqrt{2}=r$$

とおくと

$$\sqrt{2}=\frac{r-3}{2} \quad \cdots\cdots①$$

r は有理数であるから，$\dfrac{r-3}{2}$ は有理数であり，等式①は，$\sqrt{2}$ が無理数であることに矛盾する。
よって，$3+2\sqrt{2}$ は無理数である。

62B $2-3\sqrt{5}$ が無理数でない，すなわち
　$2-3\sqrt{5}$ は有理数である
と仮定する。
そこで，r を有理数として

$$2-3\sqrt{5}=r$$

とおくと

$$\sqrt{5}=\frac{-r+2}{3} \quad \cdots\cdots①$$

r は有理数であるから，$\dfrac{-r+2}{3}$ は有理数であり，等式①は，$\sqrt{5}$ が無理数であることに矛盾する。
よって，$2-3\sqrt{5}$ は無理数である。

63A $\boldsymbol{y=3x}$

63B $\boldsymbol{y=50x+500}$

64A (1) **6**　　(2) $\boldsymbol{2a^2-5a+3}$

64B (1) **-2**　　(2) $\boldsymbol{-4a^2-4a-2}$

65A (1)

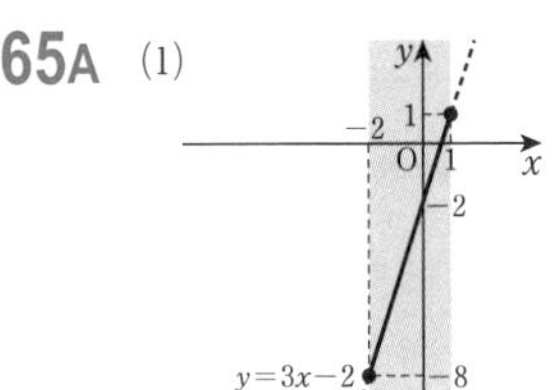

(2) $\boldsymbol{-8 \leqq y \leqq 1}$

(3) $x=1$ のとき **最大値 1**
　$x=-2$ のとき **最小値 -8**

65B (1)

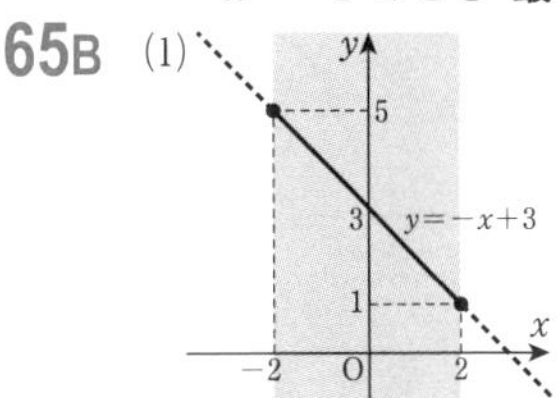

(2) $\boldsymbol{1 \leqq y \leqq 5}$

(3) $x=-2$ のとき **最大値 5**
　$x=2$ のとき **最小値 1**

66A (1)　(2)

66B (1)　(2)

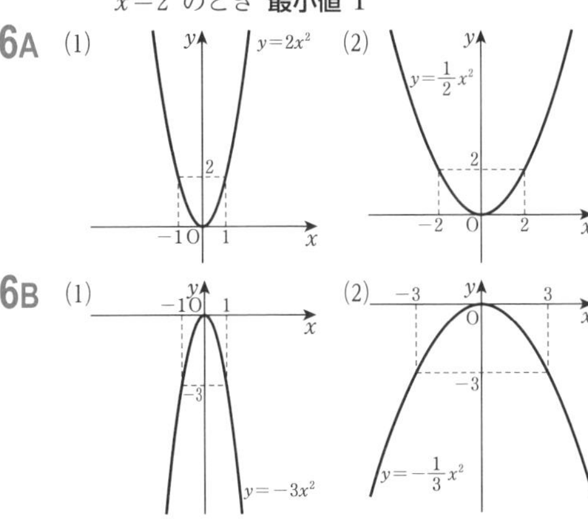

67A (1)　(2)

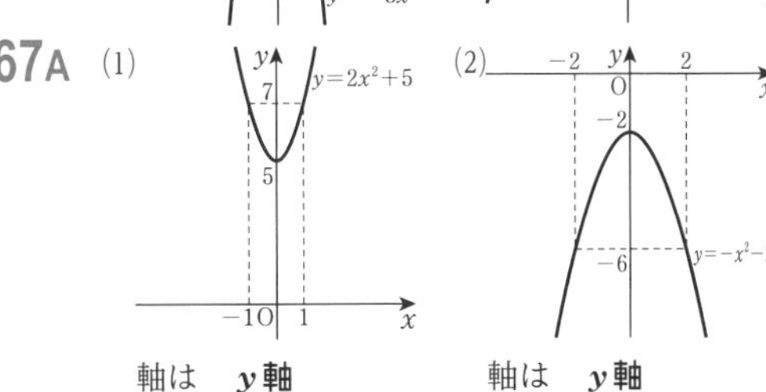

(1) 軸は　**y 軸**
頂点は　**点 (0, 5)**

(2) 軸は　**y 軸**
頂点は　**点 (0, −2)**

67B (1)　(2)

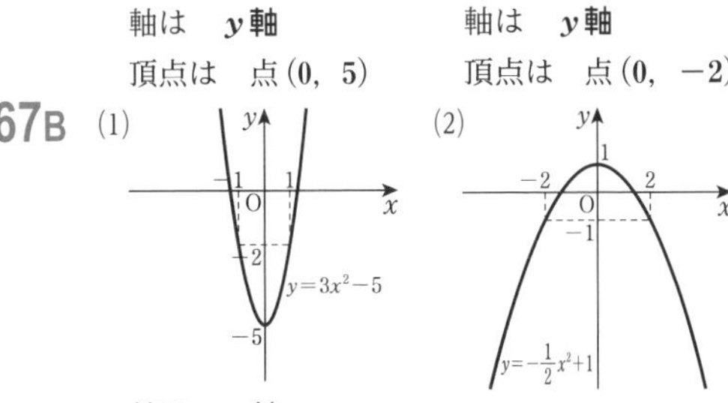

(1) 軸は　**y 軸**
頂点は　**点 (0, −5)**

(2) 軸は　**y 軸**
頂点は　**点 (0, 1)**

68A (1)

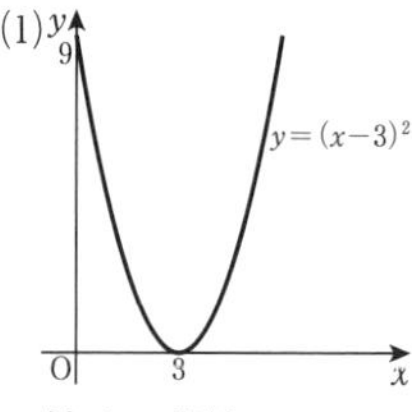

軸は　直線 $x=3$

頂点は　点 $(3,\ 0)$

(2)

軸は　直線 $x=1$

頂点は　点 $(1,\ 0)$

68B (1)

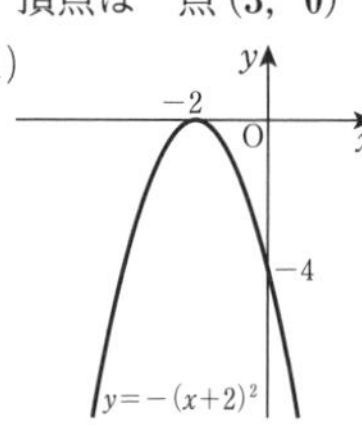

軸は　直線 $x=-2$

頂点は　点 $(-2,\ 0)$

(2)

軸は　直線 $x=-4$

頂点は　点 $(-4,\ 0)$

69A (1)

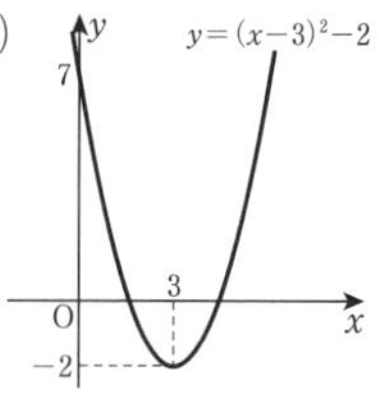

軸は　直線 $x=3$

頂点は　点 $(3,\ -2)$

(2)

軸は　直線 $x=-1$

頂点は　点 $(-1,\ -2)$

69B (1)

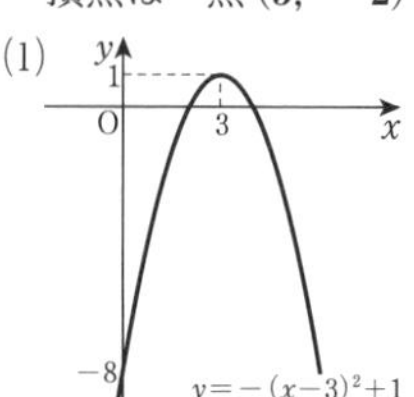

軸は　直線 $x=3$

頂点は　点 $(3,\ 1)$

(2)

軸は　直線 $x=-3$

頂点は　点 $(-3,\ -4)$

70A $y=3(x+2)^2+4$

70B $y=-(x-2)^2-1$

71A (1) $y=(x-1)^2-1$

(2) $y=(x-4)^2-7$

(3) $y=(x+5)^2-30$

(4) $y=\left(x-\dfrac{1}{2}\right)^2-\dfrac{1}{4}$

(5) $y=\left(x-\dfrac{3}{2}\right)^2-\dfrac{17}{4}$

71B (1) $y=(x+2)^2-4$

(2) $y=(x+3)^2-11$

(3) $y=(x-2)^2$

(4) $y=\left(x+\dfrac{5}{2}\right)^2-\dfrac{5}{4}$

(5) $y=\left(x+\dfrac{1}{2}\right)^2-1$

72A (1) $y=2(x+3)^2-18$

(2) $y=3(x-2)^2-16$

(3) $y=4(x-1)^2-3$

(4) $y=-3(x-2)^2+10$

(5) $y=-(x+2)^2$

72B (1) $y=3(x-1)^2-3$

(2) $y=2(x+1)^2+3$

(3) $y=-2(x-1)^2+5$

(4) $y=-4(x+1)^2+1$

(5) $y=2(x-2)^2$

73A (1) 軸は　直線 $x=-3$

頂点は　点 $(-3,\ -2)$

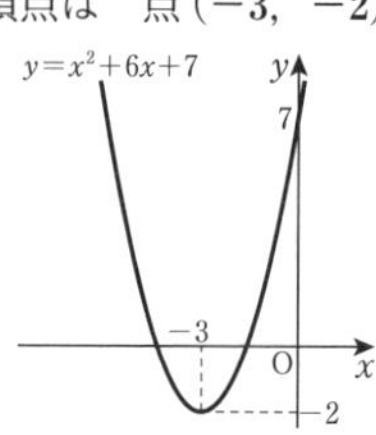

(2) 軸は　直線 $x=-2$

頂点は　点 $(-2,\ -5)$

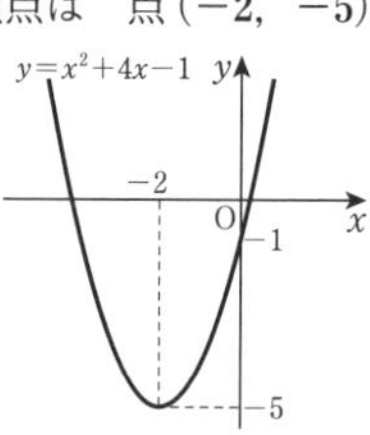

73B (1) 軸は　直線 $x=1$

頂点は　点 $(1,\ -4)$

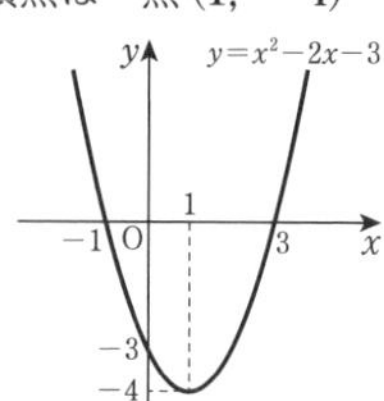

(2) 軸は　直線 $x=4$

頂点は　点 $(4,\ -3)$

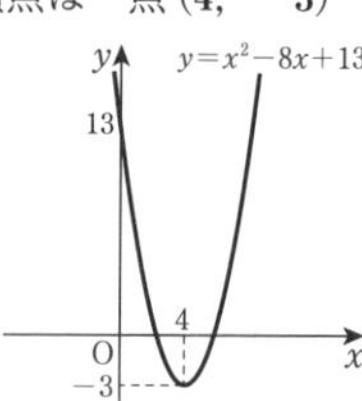

74A (1) 軸は　直線 $x=2$

頂点は　点 $(2,\ -5)$

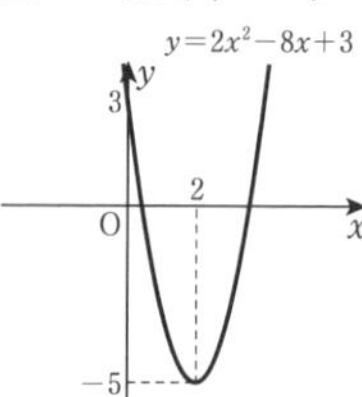

(2) 軸は 直線 $x=-1$
頂点は 点 $(-1,\ 7)$

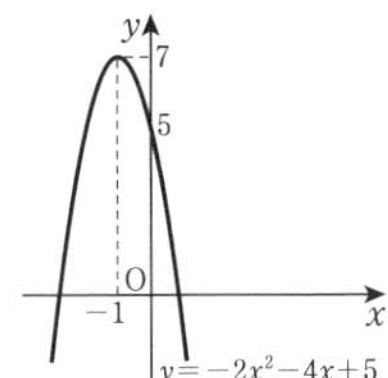

74B (1) 軸は 直線 $x=-1$
頂点は 点 $(-1,\ 2)$

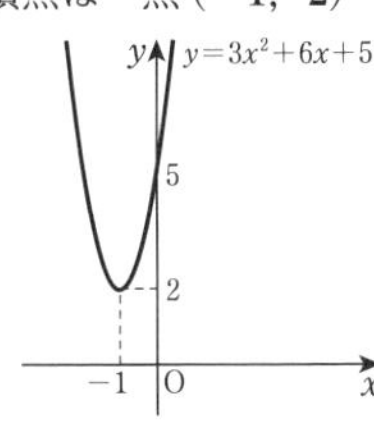

(2) 軸は 直線 $x=2$
頂点は 点 $(2,\ 4)$

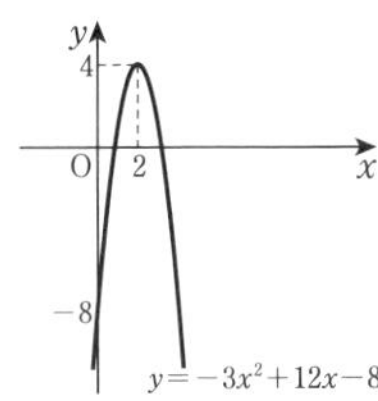

75A x 軸方向に -5, y 軸方向に -1
75B x 軸方向に 3
76A $y=x^2-x-3$
76B $y=2x^2+5x+2$
77A x 軸：$y=-x^2-2x+3$
y 軸：$y=x^2-2x-3$
原点：$y=-x^2+2x+3$
77B x 軸：$y=2x^2+x-5$
y 軸：$y=-2x^2+x+5$
原点：$y=2x^2-x-5$
78A (1) $x=-2$ のとき 最小値 -5 最大値はない。 (2) $x=3$ のとき 最大値 2 最小値はない。
(3) $x=2$ のとき 最小値 -3 最大値はない。 (4) $x=-4$ のとき 最大値 20 最小値はない。
78B (1) $x=-1$ のとき 最小値 -1 最大値はない。 (2) $x=3$ のとき 最大値 5 最小値はない。
(3) $x=-3$ のとき 最小値 -11 最大値はない。 (4) $x=1$ のとき 最大値 -2 最小値はない。
79A (1) $x=2$ のとき 最大値 8, $x=1$ のとき 最小値 2 (2) $x=-3$ のとき 最大値 27, $x=-1$ のとき 最小値 3
(3) $x=1$ のとき 最大値 -2
$x=4$ のとき 最小値 -32
79B (1) $x=-4$ のとき 最大値 16, $x=0$ のとき 最小値 0 (2) $x=-1$ のとき 最大値 -1, $x=-3$ のとき 最小値 -9
(3) $x=0$ のとき 最大値 0
$x=-2$ のとき 最小値 -12
80A (1) $x=3$ のとき 最大値 7, $x=1$ のとき 最小値 3 (2) $x=-1$ のとき 最大値 4, $x=2$ のとき 最小値 -5
(3) $x=-2$ のとき 最大値 1
$x=2$ のとき 最小値 -15
80B (1) $x=1$ のとき 最大値 4, $x=-2$ のとき 最小値 -11 (2) $x=0$ のとき 最大値 7, $x=2$ のとき 最小値 -1
(3) $x=1$ のとき 最大値 1
$x=-1,\ 3$ のとき 最小値 -7
81A 81
81B 5000
82A (1) $y=-2(x+3)^2+5$ (2) $y=(x-2)^2-4$
82B (1) $y=2(x-2)^2+3$
(2) $y=\frac{1}{2}(x+1)^2-3$
83A (1) $y=2(x-3)^2-10$ (2) $y=2(x+1)^2-1$
83B (1) $y=3(x+2)^2+1$
(2) $y=-2(x-3)^2$
84A $y=x^2+2x-1$
84B $y=-2x^2+4x+2$
85A $y=x^2-2x-1$
85B $y=x^2-2x+3$
86A (1) $x=-1,\ 2$ (2) $x=-3,\ 1$
(3) $x=-2,\ 3$ (4) $x=-5,\ 5$
(5) $x=0,\ -3$
86B (1) $x=-\frac{1}{2},\ \frac{2}{3}$ (2) $x=3,\ 5$
(3) $x=-8,\ 3$ (4) $x=-6,\ 6$
(5) $x=0,\ -4$
87A (1) $x=\frac{-3\pm\sqrt{5}}{2}$ (2) $x=\frac{5\pm\sqrt{37}}{6}$
(3) $x=-3\pm\sqrt{17}$ (4) $x=-1,\ \frac{3}{2}$
87B (1) $x=\frac{5\pm\sqrt{13}}{2}$ (2) $x=\frac{-5\pm\sqrt{17}}{4}$
(3) $x=\frac{-4\pm\sqrt{10}}{3}$ (4) $x=\frac{4}{3},\ -\frac{1}{2}$
88A (1) 2 個 (2) 2 個 (3) 0 個
88B (1) 0 個 (2) 1 個 (3) 2 個
89A $m>-\frac{4}{3}$

89B $m>-2$

90A $m=-\frac{1}{2},\ 3$

$m=-\frac{1}{2}$ のとき　$x=\frac{1}{2}$

$m=3$ のとき　$x=-3$

90B $m=-\frac{1}{3},\ 1$

$m=-\frac{1}{3}$ のとき　$x=-\frac{1}{3}$

$m=1$ のとき　$x=1$

91A (1) $-2,\ -3$　(2) 2

91B (1) $\frac{3-\sqrt{13}}{2},\ \frac{3+\sqrt{13}}{2}$　(2) $\frac{1}{2}$

92A (1) 2個　(2) 1個

92B (1) 2個　(2) 0個

93A (1) $m>-2$　(2) $m<-\frac{2}{3}$

93B (1) $m>\frac{1}{2}$　(2) $m=2\pm2\sqrt{5}$

94A (1) $3<x<5$　(2) $x<-3,\ 2<x$
(3) $-5<x<8$　(4) $x<-4,\ 4<x$

94B (1) $-2\leqq x\leqq 1$　(2) $x\leqq -4,\ 0\leqq x$
(3) $x\leqq 2,\ 5\leqq x$　(4) $-1<x<0$

95A (1) $x<-\frac{1}{2},\ 3<x$　(2) $-\frac{2}{3}<x<\frac{1}{2}$
(3) $\frac{-5-\sqrt{13}}{2}\leqq x\leqq\frac{-5+\sqrt{13}}{2}$
(4) $x<\frac{1-\sqrt{17}}{4},\ \frac{1+\sqrt{17}}{4}<x$

95B (1) $1\leqq x\leqq\frac{4}{3}$
(2) $x\leqq -\frac{3}{5},\ \frac{3}{2}\leqq x$
(3) $x\leqq 1-\sqrt{5},\ 1+\sqrt{5}\leqq x$
(4) $\frac{-1-\sqrt{7}}{3}<x<\frac{-1+\sqrt{7}}{3}$

96A (1) $x<-4,\ 2<x$
(2) $x\leqq 2-\sqrt{3},\ 2+\sqrt{3}\leqq x$
(3) $-1\leqq x\leqq\frac{3}{2}$

96B (1) $-5\leqq x\leqq -2$
(2) $\frac{-1-\sqrt{33}}{4}<x<\frac{-1+\sqrt{33}}{4}$
(3) $\frac{-5-\sqrt{13}}{6}\leqq x\leqq\frac{-5+\sqrt{13}}{6}$

97A (1) $x=2$ 以外のすべての実数
(2) ない
(3) $x=-\frac{1}{3}$
(4) すべての実数

97B (1) $x=-\frac{3}{2}$
(2) すべての実数
(3) $x=\frac{3}{2}$ 以外のすべての実数
(4) $x=\frac{2}{3}$ 以外のすべての実数

98A (1) すべての実数　(2) すべての実数
(3) ない

98B (1) ない　(2) すべての実数
(3) ない

99A (1) $-3<x<1$　(2) $x\leqq 1,\ 3\leqq x$
(3) すべての実数

99B (1) $-\frac{3}{2}<x<1$
(2) $\frac{-3-\sqrt{13}}{2}<x<\frac{-3+\sqrt{13}}{2}$
(3) すべての実数

100A (1) $x<-2$　(2) $-3\leqq x<-2$

100B (1) $x\geqq 4$
(2) $-2<x<0,\ 2<x<3$

101A $-2\leqq x<-1,\ 4<x\leqq 5$

101B $-1<x\leqq 1$

102 1 m 以下

演習問題

103 $0<a<2$ のとき
$x=a$ で　最大値 $-a^2+4a+2$
$a\geqq 2$ のとき
$x=2$ で　最大値 6

104 $a<0$ のとき
$x=0$ で　最小値 3
$0\leqq a\leqq\frac{1}{2}$ のとき
$x=2a$ で　最小値 $-4a^2+3$
$a>\frac{1}{2}$ のとき
$x=1$ で　最小値 $4-4a$

105 (1) $(-1+\sqrt{5},\ 1+2\sqrt{5}),\ (-1-\sqrt{5},\ 1-2\sqrt{5})$
(2) $(2,\ 3)$

106 (1) $-3<k<4$　(2) $0<k<8$

107A (1) $\sin A=\frac{4}{5},\ \cos A=\frac{3}{5},\ \tan A=\frac{4}{3}$
(2) $\sin A=\frac{\sqrt{5}}{3},\ \cos A=\frac{2}{3},\ \tan A=\frac{\sqrt{5}}{2}$

107B (1) $\sin A=\frac{3}{\sqrt{10}},\ \cos A=\frac{1}{\sqrt{10}},\ \tan A=3$
(2) $\sin A=\frac{3}{\sqrt{13}},\ \cos A=\frac{2}{\sqrt{13}},\ \tan A=\frac{3}{2}$

108A (1) $\sin A=\frac{1}{\sqrt{10}},\ \cos A=\frac{3}{\sqrt{10}},\ \tan A=\frac{1}{3}$
(2) $\sin A=\frac{\sqrt{11}}{6},\ \cos A=\frac{5}{6},\ \tan A=\frac{\sqrt{11}}{5}$

108B (1) $\sin A=\frac{2}{\sqrt{5}},\ \cos A=\frac{1}{\sqrt{5}},\ \tan A=2$
(2) $\sin A=\frac{1}{\sqrt{3}},\ \cos A=\frac{\sqrt{6}}{3},\ \tan A=\frac{1}{\sqrt{2}}$

109A (1) 49°　(2) 28°
109B (1) 37°　(2) 63°
110A 標高差は 1939 m，水平距離は 3498 m
110B 10.9 m
111A $\cos A=\frac{5}{13}$，$\tan A=\frac{12}{5}$
111B $\sin A=\frac{\sqrt{7}}{4}$，$\tan A=\frac{\sqrt{7}}{3}$
112A $\cos A=\frac{1}{\sqrt{6}}$，$\sin A=\frac{\sqrt{30}}{6}$
112B $\cos A=\frac{2}{\sqrt{5}}$，$\sin A=\frac{1}{\sqrt{5}}$
113A (1) $\cos 3^\circ$　(2) $\frac{1}{\tan 25^\circ}$
113B (1) $\sin 16^\circ$　(2) $\tan 5^\circ$
114A (1) $\sin 120^\circ=\frac{\sqrt{3}}{2}$，$\cos 120^\circ=-\frac{1}{2}$
$\tan 120^\circ=-\sqrt{3}$
(2) $\sin 90^\circ=1$，$\cos 90^\circ=0$
$\tan 90^\circ$ は定義しない
114B (1) $\sin 135^\circ=\frac{1}{\sqrt{2}}$，$\cos 135^\circ=-\frac{1}{\sqrt{2}}$
$\tan 135^\circ=-1$
(2) $\sin 180^\circ=0$，$\cos 180^\circ=-1$，$\tan 180^\circ=0$
115A (1) $\sin 50^\circ=0.7660$
(2) $-\cos 75^\circ=-0.2588$
(3) $-\tan 12^\circ=-0.2126$
115B (1) $\sin 23^\circ=0.3907$
(2) $-\cos 35^\circ=-0.8192$
(3) $-\tan 82^\circ=-7.1154$
116A (1) $\theta=45^\circ$，135°　(2) $\theta=0^\circ$，180°
116B (1) $\theta=30^\circ$　(2) $\theta=180^\circ$
117A (1) $\theta=30^\circ$　(2) $\theta=135^\circ$
117B (1) $\theta=45^\circ$　(2) $\theta=0^\circ$，180°
118A (1) $\cos\theta=-\frac{\sqrt{15}}{4}$，$\tan\theta=-\frac{1}{\sqrt{15}}$
(2) $\sin\theta=\frac{4}{5}$，$\tan\theta=-\frac{4}{3}$
118B (1) $\cos\theta=-\frac{2}{\sqrt{5}}$，$\tan\theta=-\frac{1}{2}$
(2) $\sin\theta=\frac{5}{13}$，$\tan\theta=-\frac{5}{12}$
119A $\cos\theta=-\frac{2}{\sqrt{5}}$，$\sin\theta=\frac{1}{\sqrt{5}}$
119B $\cos\theta=-\frac{1}{\sqrt{3}}$，$\sin\theta=\frac{\sqrt{6}}{3}$
120A (1) $\frac{5\sqrt{2}}{2}$　(2) $\frac{10\sqrt{3}}{3}$　(3) $\sqrt{3}$
120B (1) $\sqrt{3}$　(2) $\sqrt{2}$　(3) $4\sqrt{2}$
121A (1) $3\sqrt{2}$　(2) $\frac{4\sqrt{6}}{3}$
121B (1) $12\sqrt{2}$　(2) $2\sqrt{3}$
122A (1) $\sqrt{7}$　(2) $\sqrt{6}$
122B (1) $\sqrt{37}$　(2) $2\sqrt{13}$
123A (1) $\cos A=\frac{1}{2}$，$A=60^\circ$
(2) $\cos C=0$，$C=90^\circ$
123B (1) $\cos C=-\frac{1}{2}$，$C=120^\circ$
(2) $\cos B=\frac{1}{\sqrt{2}}$，$B=45^\circ$
124A $a=3$，$B=30^\circ$，$C=90^\circ$
124B $b=2$，$A=30^\circ$，$C=15^\circ$
125A (1) $5\sqrt{2}$　(2) $12\sqrt{3}$　(3) 9
125B (1) $6\sqrt{3}$　(2) 14　(3) 28
126A (1) $\frac{7}{8}$　(2) $\frac{\sqrt{15}}{8}$　(3) $\frac{3\sqrt{15}}{4}$
126B (1) $\frac{19}{21}$　(2) $\frac{4\sqrt{5}}{21}$　(3) $4\sqrt{5}$
127A (1) 7　(2) $S=\frac{15\sqrt{3}}{4}$，$r=\frac{\sqrt{3}}{2}$
127B (1) $10\sqrt{2}$　(2) $S=12$，$r=2\sqrt{2}-2$
128A $15\sqrt{6}$ m
128B $50\sqrt{6}$ m
129 (1) AC=2，AF=3，FC=$\sqrt{7}$　(2) $\frac{1}{2}$　(3) $\frac{3\sqrt{3}}{2}$

演習問題

130 (1) $\triangle \mathrm{ABD}=\frac{3}{4}x$，$\triangle \mathrm{ACD}=\frac{1}{2}x$
(2) $x=\frac{6\sqrt{3}}{5}$
131 (1) $\frac{1}{5}$　(2) $2\sqrt{6}$
132A (1) 9.75 秒　(2) 8.75 秒
(3) 17 人　(4) 0.35
132B (1) 79 dB　(2) 75 dB
(3) 17　(4) 0.2
133 (1)

階級(回) 以上～未満	階級値 (回)	度数 (人)
12～16	14	1
16～20	18	3
20～24	22	6
24～28	26	8
28～32	30	2
計		20

(2)
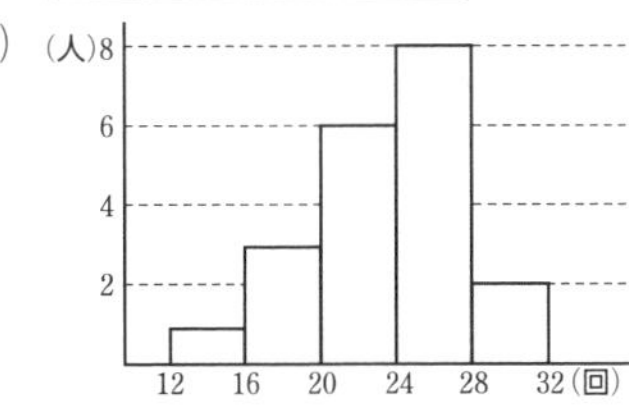

134A 19
134B 14
135A A組：6　B組：7
135B 1組：5本　2組：0本
136A (1) 32　(2) 34.5
136B (1) 37　(2) 27

第4章 解答

137A (1) $Q_1=3$, $Q_2=6$, $Q_3=8$

(2) $Q_1=7$, $Q_2=10$, $Q_3=14$

137B (1) $Q_1=3$, $Q_2=5.5$, $Q_3=6.5$

(2) $Q_1=14$, $Q_2=16$, $Q_3=17$

138A (1) 範囲　6　　四分位範囲　4

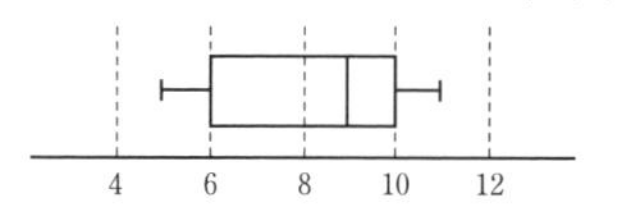

(2) 範囲　7　　四分位範囲　4

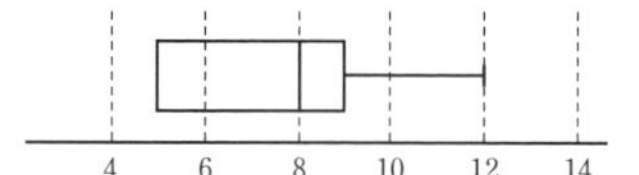

138B (1) 範囲　6　　四分位範囲　3

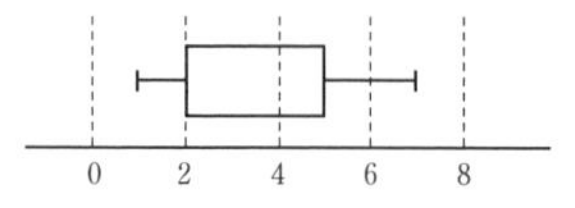

(2) 範囲　36　　四分位範囲　22

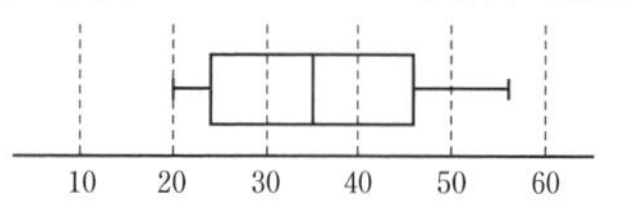

139A ①，③

139B ①，③

140A ⓐと㊁，ⓑと㋐，ⓒと㋑，ⓓと㋒

140B ⓐと㋑，ⓑと㋒，ⓒと㊁，ⓓと㋐

141 (1) $s^2=2$　　$s=\sqrt{2}$

(2) $s^2=9$　　$s=3$

142 $s_x=2$, $s_y=\sqrt{5.2}$

y の方が散らばりの度合いが大きい。

143 $s^2=4$, $s=2$

144A $\overline{u}=33$, $s_u{}^2=112$

144B $\overline{u}=1$, $s_u{}^2=\dfrac{18}{5}$

145 (1)

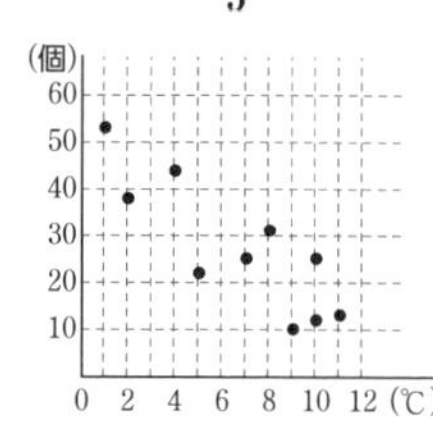

負の相関

(2)

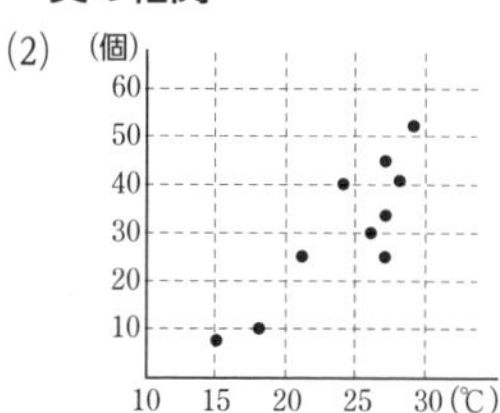

正の相関

146 (1) $\overline{x}=5$, $\overline{y}=7$

(2) 2.5

147 0.7

148A ①，④

148B ④

149 「A，B の実力が同じ」という仮説が誤り

ラウンドノート数学Ⅰ

●編　者　実教出版編修部

●発行者　小田　良次

●印刷所　大日本印刷株式会社

●発行所　実教出版株式会社

〒102-8377
東京都千代田区五番町5
電話<営業>(03)3238-7777
<編修>(03)3238-7785
<総務>(03)3238-7700
https://www.jikkyo.co.jp/

002402022　　ISBN 978-4-407-36024-0

三角比の表

A	$\sin A$	$\cos A$	$\tan A$	A	$\sin A$	$\cos A$	$\tan A$
0°	0.0000	1.0000	0.0000	45°	0.7071	0.7071	1.0000
1°	0.0175	0.9998	0.0175	46°	0.7193	0.6947	1.0355
2°	0.0349	0.9994	0.0349	47°	0.7314	0.6820	1.0724
3°	0.0523	0.9986	0.0524	48°	0.7431	0.6691	1.1106
4°	0.0698	0.9976	0.0699	49°	0.7547	0.6561	1.1504
5°	0.0872	0.9962	0.0875	50°	0.7660	0.6428	1.1918
6°	0.1045	0.9945	0.1051	51°	0.7771	0.6293	1.2349
7°	0.1219	0.9925	0.1228	52°	0.7880	0.6157	1.2799
8°	0.1392	0.9903	0.1405	53°	0.7986	0.6018	1.3270
9°	0.1564	0.9877	0.1584	54°	0.8090	0.5878	1.3764
10°	0.1736	0.9848	0.1763	55°	0.8192	0.5736	1.4281
11°	0.1908	0.9816	0.1944	56°	0.8290	0.5592	1.4826
12°	0.2079	0.9781	0.2126	57°	0.8387	0.5446	1.5399
13°	0.2250	0.9744	0.2309	58°	0.8480	0.5299	1.6003
14°	0.2419	0.9703	0.2493	59°	0.8572	0.5150	1.6643
15°	0.2588	0.9659	0.2679	60°	0.8660	0.5000	1.7321
16°	0.2756	0.9613	0.2867	61°	0.8746	0.4848	1.8040
17°	0.2924	0.9563	0.3057	62°	0.8829	0.4695	1.8807
18°	0.3090	0.9511	0.3249	63°	0.8910	0.4540	1.9626
19°	0.3256	0.9455	0.3443	64°	0.8988	0.4384	2.0503
20°	0.3420	0.9397	0.3640	65°	0.9063	0.4226	2.1445
21°	0.3584	0.9336	0.3839	66°	0.9135	0.4067	2.2460
22°	0.3746	0.9272	0.4040	67°	0.9205	0.3907	2.3559
23°	0.3907	0.9205	0.4245	68°	0.9272	0.3746	2.4751
24°	0.4067	0.9135	0.4452	69°	0.9336	0.3584	2.6051
25°	0.4226	0.9063	0.4663	70°	0.9397	0.3420	2.7475
26°	0.4384	0.8988	0.4877	71°	0.9455	0.3256	2.9042
27°	0.4540	0.8910	0.5095	72°	0.9511	0.3090	3.0777
28°	0.4695	0.8829	0.5317	73°	0.9563	0.2924	3.2709
29°	0.4848	0.8746	0.5543	74°	0.9613	0.2756	3.4874
30°	0.5000	0.8660	0.5774	75°	0.9659	0.2588	3.7321
31°	0.5150	0.8572	0.6009	76°	0.9703	0.2419	4.0108
32°	0.5299	0.8480	0.6249	77°	0.9744	0.2250	4.3315
33°	0.5446	0.8387	0.6494	78°	0.9781	0.2079	4.7046
34°	0.5592	0.8290	0.6745	79°	0.9816	0.1908	5.1446
35°	0.5736	0.8192	0.7002	80°	0.9848	0.1736	5.6713
36°	0.5878	0.8090	0.7265	81°	0.9877	0.1564	6.3138
37°	0.6018	0.7986	0.7536	82°	0.9903	0.1392	7.1154
38°	0.6157	0.7880	0.7813	83°	0.9925	0.1219	8.1443
39°	0.6293	0.7771	0.8098	84°	0.9945	0.1045	9.5144
40°	0.6428	0.7660	0.8391	85°	0.9962	0.0872	11.4301
41°	0.6561	0.7547	0.8693	86°	0.9976	0.0698	14.3007
42°	0.6691	0.7431	0.9004	87°	0.9986	0.0523	19.0811
43°	0.6820	0.7314	0.9325	88°	0.9994	0.0349	28.6363
44°	0.6947	0.7193	0.9657	89°	0.9998	0.0175	57.2900
45°	0.7071	0.7071	1.0000	90°	1.0000	0.0000	——

ラウンドノート数学Ⅰ 解答編

実教出版

1章 数と式

1節 式の計算

1 整式

p.2

1A (1) 次数 3，係数 2

(2) 次数 3，係数 $-\frac{1}{2}$

(3) 次数 6，係数 -4

1B (1) 次数 2，係数 1

(2) 次数 3，係数 $\frac{1}{3}$

(3) 次数 7，係数 -5

2A (1) 次数 1，係数 $\boldsymbol{3a^2}$

(2) 次数 3，係数 $\boldsymbol{5ax^2}$

2B (1) 次数 3，係数 $\boldsymbol{2x}$

(2) 次数 3，係数 $\boldsymbol{-\frac{1}{2}x^2}$

3A (1) $3x-5+5x-10+4$
$=3x+5x-5-10+4$
$=(3+5)x+(-5-10+4)$
$=\boldsymbol{8x-11}$

(2) $-5x^3+x-3-x^3-2x+x^2$
$=-5x^3-x^3+x^2+x-2x-3$
$=(-5-1)x^3+x^2+(1-2)x-3$
$=\boldsymbol{-6x^3+x^2-x-3}$

3B (1) $3x^2+x-3-x^2+3x-2$
$=3x^2-x^2+x+3x-3-2$
$=(3-1)x^2+(1+3)x+(-3-2)$
$=\boldsymbol{2x^2+4x-5}$

(2) $2x^3-3x^2+2-x^3+3x^2-x+1$
$=2x^3-x^3-3x^2+3x^2-x+2+1$
$=(2-1)x^3+(-3+3)x^2-x+(2+1)$
$=\boldsymbol{x^3-x+3}$

4A (1) $x^2+2xy-3x+y-5$
$=\boldsymbol{x^2+(2y-3)x+(y-5)}$
x^2 の項の係数は **1**，x の項の係数は **$2y-3$**，定数項は **$y-5$**

(2) $2x-x^3+xy-3x^2-y^2+x^2y+5$
$=-x^3-3x^2+x^2y+xy+2x-y^2+5$
$=\boldsymbol{-x^3+(y-3)x^2+(y+2)x+(-y^2+5)}$
x^3 の項の係数は **-1**，x^2 の項の係数は **$y-3$**，x の項の係数は **$y+2$**，定数項は **$-y^2+5$**

4B (1) $4x^2-y+5xy^2-4+x^2-3x+1$
$=4x^2+x^2+5xy^2-3x-y-4+1$
$=\boldsymbol{5x^2+(5y^2-3)x+(-y-3)}$
x^2 の項の係数は **5**，x の項の係数は **$5y^2-3$**，定数項は **$-y-3$**

(2) $3x^3-x^2-xy+2x^2y+y-y^2+5x-7$
$=3x^3+2x^2y-x^2-xy+5x-y^2+y-7$
$=\boldsymbol{3x^3+(2y-1)x^2+(-y+5)x+(-y^2+y-7)}$
x^3 の項の係数は **3**，x^2 の項の係数は **$2y-1$**，x の項の係数は **$-y+5$**，定数項は **$-y^2+y-7$**

2 整式の加法・減法

p.4

5A (1) $A+B$
$=(3x^2-x+1)+(x^2-2x-3)$
$=3x^2-x+1+x^2-2x-3$
$=(3+1)x^2+(-1-2)x+(1-3)$ ← 同類項をまとめる
$=\boldsymbol{4x^2-3x-2}$

$A-B$
$=(3x^2-x+1)-(x^2-2x-3)$
$=3x^2-x+1-x^2+2x+3$
$=(3-1)x^2+(-1+2)x+(1+3)$
$=\boldsymbol{2x^2+x+4}$

(2) $A+B$
$=(x-2x^2+1)+(3-x+x^2)$
$=x-2x^2+1+3-x+x^2$
$=(-2+1)x^2+(1-1)x+(1+3)$
$=\boldsymbol{-x^2+4}$

$A-B$
$=(x-2x^2+1)-(3-x+x^2)$
$=x-2x^2+1-3+x-x^2$
$=(-2-1)x^2+(1+1)x+(1-3)$
$=\boldsymbol{-3x^2+2x-2}$

別解 (1)
$$\begin{array}{rrr} & 3x^2 - x + 1 \\ +) & x^2 - 2x - 3 \\ \hline & \boldsymbol{4x^2 - 3x - 2} \end{array} \qquad \begin{array}{rrr} & 3x^2 - x + 1 \\ -) & x^2 - 2x - 3 \\ \hline & \boldsymbol{2x^2 + x + 4} \end{array}$$

(2)
$$\begin{array}{rr} & -2x^2 + x + 1 \\ +) & x^2 - x + 3 \\ \hline & \boldsymbol{-x^2 \quad + 4} \end{array} \qquad \begin{array}{rr} & -2x^2 + x + 1 \\ -) & x^2 - x + 3 \\ \hline & \boldsymbol{-3x^2 + 2x - 2} \end{array}$$

5B (1) $A+B$
$=(-2x^2+x-3)+(3x^2+2x-1)$
$=-2x^2+x-3+3x^2+2x-1$
$=(-2+3)x^2+(1+2)x+(-3-1)$
$=\boldsymbol{x^2+3x-4}$

$A-B$
$=(-2x^2+x-3)-(3x^2+2x-1)$
$=-2x^2+x-3-3x^2-2x+1$
$=(-2-3)x^2+(1-2)x+(-3+1)$
$=\boldsymbol{-5x^2-x-2}$

(2) $A+B$
$=(-5x-4+2x^2)+(2-3x^2-x)$

$=-5x-4+2x^2+2-3x^2-x$

$=(2-3)x^2+(-5-1)x+(-4+2)$

$=\boldsymbol{-x^2-6x-2}$

$A-B$

$=(-5x-4+2x^2)-(2-3x^2-x)$

$=-5x-4+2x^2-2+3x^2+x$

$=(2+3)x^2+(-5+1)x+(-4-2)$

$=\boldsymbol{5x^2-4x-6}$

別解 (1)

$$\begin{array}{rrrr} & -2x^2 & +\ x & -3 \\ +) & 3x^2 & +2x & -1 \\ \hline & \boldsymbol{x^2} & \boldsymbol{+3x} & \boldsymbol{-4} \end{array}$$

$$\begin{array}{rrrr} & -2x^2 & +\ x & -3 \\ -) & 3x^2 & +2x & -1 \\ \hline & \boldsymbol{-5x^2} & \boldsymbol{-\ x} & \boldsymbol{-2} \end{array}$$

(2)

$$\begin{array}{rrrr} & 2x^2 & -5x & -4 \\ +) & -3x^2 & -\ x & +2 \\ \hline & \boldsymbol{-\ x^2} & \boldsymbol{-6x} & \boldsymbol{-2} \end{array} \qquad \begin{array}{rrrr} & 2x^2 & -5x & -4 \\ -) & -3x^2 & -\ x & +2 \\ \hline & \boldsymbol{5x^2} & \boldsymbol{-4x} & \boldsymbol{-6} \end{array}$$

6A (1) $A+3B$

$=(3x^2-2x+1)+3(-x^2+3x-2)$

$=3x^2-2x+1-3x^2+9x-6$

$=(3-3)x^2+(-2+9)x+(1-6)$

$=\boldsymbol{7x-5}$

(2) $3A-2B$

$=3(3x^2-2x+1)-2(-x^2+3x-2)$

$=9x^2-6x+3+2x^2-6x+4$

$=(9+2)x^2+(-6-6)x+(3+4)$

$=\boldsymbol{11x^2-12x+7}$

6B (1) $2A+B$

$=2(3x^2-2x+1)+(-x^2+3x-2)$

$=6x^2-4x+2-x^2+3x-2$

$=(6-1)x^2+(-4+3)x+(2-2)$

$=\boldsymbol{5x^2-x}$

(2) $-2A+3B$

$=-2(3x^2-2x+1)+3(-x^2+3x-2)$

$=-6x^2+4x-2-3x^2+9x-6$

$=(-6-3)x^2+(4+9)x+(-2-6)$

$=\boldsymbol{-9x^2+13x-8}$

3 整式の乗法

p.6

7A (1) $a^2\times a^5=a^{2+5}=\boldsymbol{a^7}$

(2) $(a^3)^4=a^{3\times4}=\boldsymbol{a^{12}}$

(3) $(a^3b^4)^2=(a^3)^2\times(b^4)^2=a^{3\times2}\times b^{4\times2}=\boldsymbol{a^6b^8}$

(4) $2x^3\times3x^4=2\times3\times x^{3+4}=\boldsymbol{6x^7}$

(5) $(-2x)^3\times4x^3=(-2)^3\times x^3\times4\times x^3$

$=-8\times4\times x^{3+3}=-32\times x^6=\boldsymbol{-32x^6}$

(6) $(2x)^3\times(-3x^2y)^2$

$=2^3\times x^3\times(-3)^2\times(x^2)^2\times y^2$

$=8\times9\times x^{3+4}\times y^2$

$=\boldsymbol{72x^7y^2}$

7B (1) $x^7\times x=x^{7+1}=\boldsymbol{x^8}$

(2) $(x^4)^2=x^{4\times2}=\boldsymbol{x^8}$

(3) $(2a^2)^3=2^3\times(a^2)^3=8\times a^{2\times3}=\boldsymbol{8a^6}$

(4) $xy^2\times(-3x^4)=-3\times x^{1+4}\times y^2=\boldsymbol{-3x^5y^2}$

(5) $(2xy)^2\times(-2x)^3$

$=2^2\times x^2\times y^2\times(-2)^3\times x^3$

$=4\times(-8)\times x^{2+3}\times y^2$

$=\boldsymbol{-32x^5y^2}$

(6) $(-4x)^3\times(2xy^2)^2$

$=(-4)^3\times x^3\times2^2\times x^2\times(y^2)^2$

$=-64\times4\times x^{3+2}\times y^4$

$=\boldsymbol{-256x^5y^4}$

8A (1) $x(3x-2)=x\times3x+x\times(-2)$

$=\boldsymbol{3x^2-2x}$

(2) $(2x^2-3x-4)\times2x$

$=2x^2\times2x-3x\times2x-4\times2x$

$=\boldsymbol{4x^3-6x^2-8x}$

(3) $(3x^2-2)(x+5)$

$=3x^2(x+5)-2(x+5)$

$=\boldsymbol{3x^3+15x^2-2x-10}$

(4) $(2x-5)(3x^2-x+2)$

$=2x(3x^2-x+2)-5(3x^2-x+2)$

$=6x^3-2x^2+4x-15x^2+5x-10$

$=\boldsymbol{6x^3-17x^2+9x-10}$

8B (1) $-3x(x^2+x-5)$

$=-3x\times x^2+(-3x)\times x+(-3x)\times(-5)$

$=\boldsymbol{-3x^3-3x^2+15x}$

(2) $(-2x^2+x-5)\times(-3x^2)$

$=-2x^2\times(-3x^2)+x\times(-3x^2)-5\times(-3x^2)$

$=\boldsymbol{6x^4-3x^3+15x^2}$

(3) $(-2x^2+1)(x-5)$

$=-2x^2(x-5)+1\times(x-5)$

$=\boldsymbol{-2x^3+10x^2+x-5}$

(4) $(3x+1)(2x^2-5x+3)$

$=3x(2x^2-5x+3)+1\times(2x^2-5x+3)$

$=6x^3-15x^2+9x+2x^2-5x+3$

$=\boldsymbol{6x^3-13x^2+4x+3}$

4 乗法公式

p.8

9A (1) $(x+2)^2=x^2+2\times x\times2+2^2$

$=\boldsymbol{x^2+4x+4}$

(2) $(x+5y)^2=x^2+2\times x\times5y+(5y)^2$

$=\boldsymbol{x^2+10xy+25y^2}$

(3) $(2x-5y)^2=(2x)^2-2\times2x\times5y+(5y)^2$

$=\boldsymbol{4x^2-20xy+25y^2}$

9B (1) $(4x-3)^2=(4x)^2-2\times4x\times3+3^2$

$=\boldsymbol{16x^2-24x+9}$

(2) $(3x-y)^2=(3x)^2-2\times3x\times y+y^2$

$=\boldsymbol{9x^2-6xy+y^2}$

(3) $(4x+3y)^2=(4x)^2+2\times4x\times3y+(3y)^2$

$=\boldsymbol{16x^2+24xy+9y^2}$

10A (1) $(2x+3)(2x-3)=(2x)^2-3^2$

$=\mathbf{4x^2-9}$

(2) $(4x+3y)(4x-3y)=(4x)^2-(3y)^2$

$=\mathbf{16x^2-9y^2}$

10B (1) $(3x+4)(3x-4)=(3x)^2-4^2$

$=\mathbf{9x^2-16}$

(2) $(x+3y)(x-3y)=x^2-(3y)^2$

$=\mathbf{x^2-9y^2}$

11A (1) $(x+3)(x+2)$

$=x^2+(3+2)x+3\times2$

$=\mathbf{x^2+5x+6}$

(2) $(x+2)(x-3)$

$=x^2+\{2+(-3)\}x+2\times(-3)$

$=\mathbf{x^2-x-6}$

(3) $(x+3y)(x+4y)$

$=x^2+(3y+4y)x+3y\times4y$

$=x^2+7y\times x+12y^2$

$=\mathbf{x^2+7xy+12y^2}$

(4) $(x+10y)(x-5y)$

$=x^2+\{10y+(-5y)\}x+10y\times(-5y)$

$=x^2+5y\times x-50y^2$

$=\mathbf{x^2+5xy-50y^2}$

11B (1) $(x-5)(x+3)$

$=x^2+\{(-5)+3\}x+(-5)\times3$

$=\mathbf{x^2-2x-15}$

(2) $(x-5)(x-1)$

$=x^2+\{(-5)+(-1)\}x+(-5)\times(-1)$

$=\mathbf{x^2-6x+5}$

(3) $(x-2y)(x-4y)$

$=x^2+\{(-2y)+(-4y)\}x+(-2y)\times(-4y)$

$=x^2-6y\times x+8y^2$

$=\mathbf{x^2-6xy+8y^2}$

(4) $(x-3y)(x-7y)$

$=x^2+\{(-3y)+(-7y)\}x+(-3y)\times(-7y)$

$=x^2-10y\times x+21y^2$

$=\mathbf{x^2-10xy+21y^2}$

12A (1) $(3x+1)(x+2)$

$=(3\times1)x^2+(3\times2+1\times1)x+1\times2$

$=\mathbf{3x^2+7x+2}$

(2) $(5x-1)(3x+2)$

$=(5\times3)x^2+\{5\times2+(-1)\times3\}x+(-1)\times2$

$=\mathbf{15x^2+7x-2}$

(3) $(3x-7)(4x+3)$

$=(3\times4)x^2+\{3\times3+(-7)\times4\}x+(-7)\times3$

$=\mathbf{12x^2-19x-21}$

(4) $(4x+y)(3x-2y)$

$=(4\times3)x^2+\{4\times(-2y)+y\times3\}x+y\times(-2y)$

$=\mathbf{12x^2-5xy-2y^2}$

(5) $(5x-2y)(2x-y)$

$=(5\times2)x^2+\{5\times(-y)+(-2y)\times2\}x$

$+(-2y)\times(-y)$

$=\mathbf{10x^2-9xy+2y^2}$

12B (1) $(2x+1)(5x-3)$

$=(2\times5)x^2+\{2\times(-3)+1\times5\}x+1\times(-3)$

$=\mathbf{10x^2-x-3}$

(2) $(4x-3)(3x-2)$

$=(4\times3)x^2+\{4\times(-2)+(-3)\times3\}x+(-3)\times(-2)$

$=\mathbf{12x^2-17x+6}$

(3) $(-2x+1)(3x-2)$

$=(-2\times3)x^2+\{(-2)\times(-2)+1\times3\}x+1\times(-2)$

$=\mathbf{-6x^2+7x-2}$

(4) $(7x-3y)(2x-3y)$

$=(7\times2)x^2+\{7\times(-3y)+(-3y)\times2\}x$

$+(-3y)\times(-3y)$

$=\mathbf{14x^2-27xy+9y^2}$

(5) $(-x+2y)(3x-5y)$

$=(-1\times3)x^2+\{(-1)\times(-5y)+2y\times3\}x$

$+(2y)\times(-5y)$

$=\mathbf{-3x^2+11xy-10y^2}$

5 展開の工夫

p.11

13A (1) $(a+2b+1)^2$

$=a^2+(2b)^2+1^2+2\times a\times2b$

$+2\times2b\times1+2\times1\times a$

$=\mathbf{a^2+4b^2+4ab+2a+4b+1}$

(2) $(a-b-c)^2$

$=a^2+(-b)^2+(-c)^2+2\times a\times(-b)$

$+2\times(-b)\times(-c)+2\times(-c)\times a$

$=\mathbf{a^2+b^2+c^2-2ab+2bc-2ca}$

(3) $x+2y=A$ とおくと

$(x+2y+3)(x+2y-3)$

$=(A+3)(A-3)$

$=A^2-9$

$=(x+2y)^2-9$ ← A を $x+2y$ にもどす

$=\mathbf{x^2+4xy+4y^2-9}$

(4) $x^2-x=A$ とおくと

$(x^2-x+2)(x^2-x-4)$

$=(A+2)(A-4)$

$=A^2-2A-8$

$=(x^2-x)^2-2(x^2-x)-8$ ← A を x^2-x にもどす

$=x^4-2x^3+x^2-2x^2+2x-8$

$=\mathbf{x^4-2x^3-x^2+2x-8}$

13B (1) $(3a-2b+1)^2$

$=(3a)^2+(-2b)^2+1^2$

$+2\times3a\times(-2b)+2\times(-2b)\times1+2\times1\times3a$

$=\mathbf{9a^2+4b^2-12ab+6a-4b+1}$

(2) $(2x-y+3z)^2$

$=(2x)^2+(-y)^2+(3z)^2$

$+2\times2x\times(-y)+2\times(-y)\times3z+2\times3z\times2x$

$=\mathbf{4x^2+y^2+9z^2-4xy-6yz+12zx}$

(3) $3x+y=A$ とおくと

$(3x+y-5)(3x+y+5)$

$=(A-5)(A+5)$
$=A^2-25$
$=(3x+y)^2-25$ 〉 A を $3x+y$ にもどす
$=\mathbf{9x^2+6xy+y^2-25}$

(4) $x^2+2x=A$ とおくと
$(x^2+2x+1)(x^2+2x+3)$
$=(A+1)(A+3)$
$=A^2+4A+3$
$=(x^2+2x)^2+4(x^2+2x)+3$ 〉 A を x^2+2x にもどす
$=x^4+4x^3+4x^2+4x^2+8x+3$
$=\mathbf{x^4+4x^3+8x^2+8x+3}$

14A (1) $(x^2+9)(x+3)(x-3)$
$=(x^2+9)(x^2-9)$
$=\mathbf{x^4-81}$

(2) $(x^2+4y^2)(x+2y)(x-2y)$
$=(x^2+4y^2)(x^2-4y^2)$
$=\mathbf{x^4-16y^4}$

(3) $(3x+2y)^2(3x-2y)^2$
$=\{(3x+2y)(3x-2y)\}^2$
$=(9x^2-4y^2)^2$
$=\mathbf{81x^4-72x^2y^2+16y^4}$

(4) $(-2x+y)^2(-2x-y)^2$
$=\{(-2x+y)(-2x-y)\}^2$
$=\{(-2x)^2-y^2\}^2$
$=(4x^2-y^2)^2$
$=\mathbf{16x^4-8x^2y^2+y^4}$

14B (1) $(a^2+b^2)(a+b)(a-b)$
$=(a^2+b^2)(a^2-b^2)$
$=\mathbf{a^4-b^4}$

(2) $(4x^2+9y^2)(2x-3y)(2x+3y)$
$=(4x^2+9y^2)(4x^2-9y^2)$
$=\mathbf{16x^4-81y^4}$

(3) $(a+2b)^2(a-2b)^2$
$=\{(a+2b)(a-2b)\}^2$
$=(a^2-4b^2)^2$
$=\mathbf{a^4-8a^2b^2+16b^4}$

(4) $(5x-3y)^2(-3y-5x)^2$
$=(5x-3y)^2\{-(5x+3y)\}^2$
$=(5x-3y)^2(5x+3y)^2$
$=\{(5x-3y)(5x+3y)\}^2$
$=(25x^2-9y^2)^2$
$=\mathbf{625x^4-450x^2y^2+81y^4}$

6 因数分解 (1)

p.13

15A (1) $x^2+3x=x\times x+x\times 3=\mathbf{x(x+3)}$

(2) $4xy^2-xy=xy\times 4y-xy\times 1$
$=\mathbf{xy(4y-1)}$

(3) $abx^2-abx+2ab$
$=ab\times x^2-ab\times x+ab\times 2$
$=\mathbf{ab(x^2-x+2)}$

15B (1) $2x^2-x=x\times 2x-x\times 1=\mathbf{x(2x-1)}$

(2) $3ab^2-6a^2b=3ab\times b-3ab\times 2a$
$=\mathbf{3ab(b-2a)}$

(3) $2x^2y+xy^2-3xy$
$=xy\times 2x+xy\times y-xy\times 3$
$=\mathbf{xy(2x+y-3)}$

16A (1) $(a+2)x+(a+2)y$
$=\mathbf{(a+2)(x+y)}$

(2) $(3a-2)x+(2-3a)y$
$=(3a-2)x-(3a-2)y$
$=\mathbf{(3a-2)(x-y)}$

16B (1) $3a(2x-y)-(2x-y)$
$=3a(2x-y)-1\times(2x-y)$
$=\mathbf{(3a-1)(2x-y)}$

(2) $a(3x-2y)-b(2y-3x)$
$=a(3x-2y)+b(3x-2y)$
$=\mathbf{(a+b)(3x-2y)}$

7 因数分解 (2)

p.14

17A (1) x^2+2x+1
$=x^2+2\times x\times 1+1^2$
$=\mathbf{(x+1)^2}$

(2) $x^2+4xy+4y^2$
$=x^2+2\times x\times 2y+(2y)^2$
$=\mathbf{(x+2y)^2}$

(3) $9x^2-30xy+25y^2$
$=(3x)^2-2\times 3x\times 5y+(5y)^2$
$=\mathbf{(3x-5y)^2}$

(4) $x^2-81=x^2-9^2=\mathbf{(x+9)(x-9)}$

(5) $36x^2-25y^2$
$=(6x)^2-(5y)^2$
$=\mathbf{(6x+5y)(6x-5y)}$

(6) $64x^2-81y^2$
$=(8x)^2-(9y)^2$
$=\mathbf{(8x+9y)(8x-9y)}$

17B (1) x^2-6x+9
$=x^2-2\times x\times 3+3^2$
$=\mathbf{(x-3)^2}$

(2) $4x^2+4xy+y^2$
$=(2x)^2+2\times 2x\times y+y^2$
$=\mathbf{(2x+y)^2}$

(3) $16x^2-24xy+9y^2$
$=(4x)^2-2\times 4x\times 3y+(3y)^2$
$=\mathbf{(4x-3y)^2}$

(4) $9x^2-16$
$=(3x)^2-4^2=\mathbf{(3x+4)(3x-4)}$

(5) $49x^2-4y^2$
$=(7x)^2-(2y)^2$
$=\mathbf{(7x+2y)(7x-2y)}$

(6) $100x^2-9y^2$

$=(10x)^2-(3y)^2$
$=\boldsymbol{(10x+3y)(10x-3y)}$

18A (1) x^2+5x+4
$=x^2+(1+4)x+1\times4$
$=\boldsymbol{(x+1)(x+4)}$

(2) x^2-6x+8
$=x^2+(-2-4)x+(-2)\times(-4)$
$=\boldsymbol{(x-2)(x-4)}$

(3) $x^2+4x-12$
$=x^2+(-2+6)x+(-2)\times6$
$=\boldsymbol{(x-2)(x+6)}$

(4) $x^2-3x-54$
$=x^2+(-9+6)x+(-9)\times6$
$=\boldsymbol{(x-9)(x+6)}$

(5) $x^2+6xy+8y^2$
$=x^2+(2y+4y)x+2y\times4y$
$=\boldsymbol{(x+2y)(x+4y)}$

(6) $x^2-2xy-24y^2$
$=x^2+\{(-6y)+4y\}x+(-6y)\times4y$
$=\boldsymbol{(x-6y)(x+4y)}$

18B (1) $x^2+7x+12$
$=x^2+(3+4)x+3\times4$
$=\boldsymbol{(x+3)(x+4)}$

(2) $x^2-3x-10$
$=x^2+(-5+2)x+(-5)\times2$
$=\boldsymbol{(x-5)(x+2)}$

(3) $x^2-8x+15$
$=x^2+(-3-5)x+(-3)\times(-5)$
$=\boldsymbol{(x-3)(x-5)}$

(4) $x^2+7x-18$
$=x^2+(-2+9)x+(-2)\times9$
$=\boldsymbol{(x-2)(x+9)}$

(5) $x^2+7xy+6y^2$
$=x^2+(y+6y)x+y\times6y$
$=\boldsymbol{(x+y)(x+6y)}$

(6) $x^2+3xy-28y^2$
$=x^2+\{(-4y)+7y\}x+(-4y)\times7y$
$=\boldsymbol{(x-4y)(x+7y)}$

19A (1) $3x^2+4x+1$
$=\boldsymbol{(x+1)(3x+1)}$

$$\begin{array}{cccc} 1 & 1 & \to & 3 \\ 3 & 1 & \to & 1 \\ \hline 3 & 1 & & 4 \end{array}$$

(2) $2x^2-5x+2$
$=\boldsymbol{(x-2)(2x-1)}$

$$\begin{array}{cccc} 1 & -2 & \to & -4 \\ 2 & -1 & \to & -1 \\ \hline 2 & 2 & & -5 \end{array}$$

(3) $3x^2+16x+5$
$=\boldsymbol{(x+5)(3x+1)}$

$$\begin{array}{cccc} 1 & 5 & \to & 15 \\ 3 & 1 & \to & 1 \\ \hline 3 & 5 & & 16 \end{array}$$

(4) $6x^2+x-1$
$=\boldsymbol{(2x+1)(3x-1)}$

$$\begin{array}{cccc} 2 & 1 & \to & 3 \\ 3 & -1 & \to & -2 \\ \hline 6 & -1 & & 1 \end{array}$$

(5) $5x^2+6xy+y^2$
$=\boldsymbol{(x+y)(5x+y)}$

$$\begin{array}{cccc} 1 & y & \to & 5y \\ 5 & y & \to & y \\ \hline 5 & y^2 & & 6y \end{array}$$

(6) $2x^2-7xy+6y^2$
$=\boldsymbol{(x-2y)(2x-3y)}$

$$\begin{array}{cccc} 1 & -2y & \to & -4y \\ 2 & -3y & \to & -3y \\ \hline 2 & 6y^2 & & -7y \end{array}$$

19B (1) $2x^2+7x+3$
$=\boldsymbol{(x+3)(2x+1)}$

$$\begin{array}{cccc} 1 & 3 & \to & 6 \\ 2 & 1 & \to & 1 \\ \hline 2 & 3 & & 7 \end{array}$$

(2) $3x^2-8x-3$
$=\boldsymbol{(x-3)(3x+1)}$

$$\begin{array}{cccc} 1 & -3 & \to & -9 \\ 3 & 1 & \to & 1 \\ \hline 3 & -3 & & -8 \end{array}$$

(3) $5x^2-8x+3$
$=\boldsymbol{(x-1)(5x-3)}$

$$\begin{array}{cccc} 1 & -1 & \to & -5 \\ 5 & -3 & \to & -3 \\ \hline 5 & 3 & & -8 \end{array}$$

(4) $6x^2+17x+12$
$=\boldsymbol{(2x+3)(3x+4)}$

$$\begin{array}{cccc} 2 & 3 & \to & 9 \\ 3 & 4 & \to & 8 \\ \hline 6 & 12 & & 17 \end{array}$$

(5) $7x^2-13xy-2y^2$
$=\boldsymbol{(x-2y)(7x+y)}$

$$\begin{array}{cccc} 1 & -2y & \to & -14y \\ 7 & y & \to & y \\ \hline 7 & -2y^2 & & -13y \end{array}$$

(6) $6x^2-5xy-6y^2$
$=\boldsymbol{(2x-3y)(3x+2y)}$

$$\begin{array}{cccc} 2 & -3y & \to & -9y \\ 3 & 2y & \to & 4y \\ \hline 6 & -6y^2 & & -5y \end{array}$$

8 因数分解の工夫

p.17

20A (1) $x-y=A$ とおくと
$(x-y)^2+2(x-y)-15$
$=A^2+2A-15=(A+5)(A-3)$
$=\{(x-y)+5\}\{(x-y)-3\}$
$=\boldsymbol{(x-y+5)(x-y-3)}$

(2) $x^2=A$ とおくと
x^4-5x^2+4
$=A^2-5A+4=(A-1)(A-4)$
$=(x^2-1)(x^2-4)$
$=\boldsymbol{(x+1)(x-1)(x+2)(x-2)}$

(3) $x^2+x=A$ とおくと
$(x^2+x)^2-3(x^2+x)+2$
$=A^2-3A+2=(A-2)(A-1)$
$=\{(x^2+x)-2\}\{(x^2+x)-1\}$
$=(x^2+x-2)(x^2+x-1)$
$=\boldsymbol{(x+2)(x-1)(x^2+x-1)}$

20B (1) $x+2y=A$ とおくと
$(x+2y)^2+2(x+2y)$
$=A^2+2A$
$=A(A+2)$
$=(x+2y)\{(x+2y)+2\}$
$=\boldsymbol{(x+2y)(x+2y+2)}$

(2) $x^2=A$ とおくと
x^4-16
$=A^2-16=(A+4)(A-4)$

$=(x^2+4)(x^2-4)$

$=\boldsymbol{(x^2+4)(x+2)(x-2)}$

(3) $x^2-2x=A$ とおくと

$(x^2-2x)^2-(x^2-2x)-6$

$=A^2-A-6=(A-3)(A+2)$

$=\{(x^2-2x)-3\}\{(x^2-2x)+2\}$

$=(x^2-2x-3)(x^2-2x+2)$

$=\boldsymbol{(x+1)(x-3)(x^2-2x+2)}$

21A (1) 最も次数の低い文字 a について整理すると

$2a+2b+ab+b^2$

$=(2+b)a+(2b+b^2)$

$=(b+2)a+b(b+2)=\boldsymbol{(b+2)(a+b)}$

(2) 最も次数の低い文字 b について整理すると

$a^2+c^2-ab-bc+2ac$

$=(-a-c)b+(a^2+2ac+c^2)$

$=-(a+c)b+(a+c)^2$

$=(a+c)\{-b+(a+c)\}$

$=\boldsymbol{(a+c)(a-b+c)}$

21B (1) 最も次数の低い文字 b について整理すると

$a^2-3b+ab-3a$

$=(a-3)b+(a^2-3a)$

$=(a-3)b+a(a-3)$

$=(a-3)(b+a)=\boldsymbol{(a-3)(a+b)}$

(2) 最も次数の低い文字 b について整理すると

a^3+b-a^2b-a

$=(1-a^2)b+(a^3-a)$

$=-(a^2-1)b+a(a^2-1)$

$=(a^2-1)(-b+a)$

$=\boldsymbol{(a+1)(a-1)(a-b)}$

22A (1) $x^2+(2y+1)x+(y-3)(y+4)$

$=\{x+(y-3)\}\{x+(y+4)\}$

$=\boldsymbol{(x+y-3)(x+y+4)}$

$$\begin{array}{lrr} 1 & y-3 & \to\ y-3 \\ 1 & y+4 & \to\ y+4 \\ \hline 1 & (y-3)(y+4) & 2y+1 \end{array}$$

(2) $x^2+3xy+2y^2+x+3y-2$

$=x^2+(3y+1)x+(2y^2+3y-2)$

$=x^2+(3y+1)x+(y+2)(2y-1)$

$=\{x+(y+2)\}\{x+(2y-1)\}$

$=\boldsymbol{(x+y+2)(x+2y-1)}$

$$\begin{array}{lrr} 1 & y+2 & \to\ y+2 \\ 1 & 2y-1 & \to\ 2y-1 \\ \hline 1 & (y+2)(2y-1) & 3y+1 \end{array}$$

(3) $2x^2-3xy-2y^2+x+3y-1$

$=2x^2+(-3y+1)x-(2y^2-3y+1)$

$=2x^2+(-3y+1)x-(y-1)(2y-1)$

$=\{x-(2y-1)\}\{2x+(y-1)\}$

$=\boldsymbol{(x-2y+1)(2x+y-1)}$

$$\begin{array}{lrr} 1 & -(2y-1) & \to\ -4y+2 \\ 2 & y-1 & \to\ y-1 \\ \hline 2 & -(2y-1)(y-1) & -3y+1 \end{array}$$

22B (1) $x^2+(y-2)x-(2y-5)(y-3)$

$=\{x+(2y-5)\}\{x-(y-3)\}$

$=\boldsymbol{(x+2y-5)(x-y+3)}$

$$\begin{array}{lrr} 1 & 2y-5 & \to\ 2y-5 \\ 1 & -(y-3) & \to\ -y+3 \\ \hline 1 & -(2y-5)(y-3) & y-2 \end{array}$$

(2) $2x^2+5xy+2y^2+5x+y-3$

$=2x^2+(5y+5)x+(2y^2+y-3)$

$=2x^2+(5y+5)x+(2y+3)(y-1)$

$=\{x+(2y+3)\}\{2x+(y-1)\}$

$=\boldsymbol{(x+2y+3)(2x+y-1)}$

$$\begin{array}{lrr} 1 & 2y+3 & \to\ 4y+6 \\ 2 & y-1 & \to\ y-1 \\ \hline 2 & (2y+3)(y-1) & 5y+5 \end{array}$$

(3) $6x^2-7xy+2y^2-6x+5y-12$

$=6x^2+(-7y-6)x+(2y^2+5y-12)$

$=6x^2+(-7y-6)x+(y+4)(2y-3)$

$=\{2x-(y+4)\}\{3x-(2y-3)\}$

$=\boldsymbol{(2x-y-4)(3x-2y+3)}$

$$\begin{array}{lrr} 2 & -(y+4) & \to\ -3y-12 \\ 3 & -(2y-3) & \to\ -4y+6 \\ \hline 6 & (y+4)(2y-3) & -7y-6 \end{array}$$

9 3次式の展開と因数分解 p.20

23A (1) $(x+3)^3$

$=x^3+3\times x^2\times 3+3\times x\times 3^2+3^3$

$=\boldsymbol{x^3+9x^2+27x+27}$

(2) $(3x+1)^3$

$=(3x)^3+3\times(3x)^2\times 1+3\times 3x\times 1^2+1^3$

$=\boldsymbol{27x^3+27x^2+9x+1}$

(3) $(2x+3y)^3$

$=(2x)^3+3\times(2x)^2\times 3y+3\times 2x\times(3y)^2+(3y)^3$

$=\boldsymbol{8x^3+36x^2y+54xy^2+27y^3}$

23B (1) $(a-2)^3$

$=a^3-3\times a^2\times 2+3\times a\times 2^2-2^3$

$=\boldsymbol{a^3-6a^2+12a-8}$

(2) $(2x-1)^3$

$=(2x)^3-3\times(2x)^2\times 1+3\times 2x\times 1^2-1^3$

$=\boldsymbol{8x^3-12x^2+6x-1}$

(3) $(-a+2b)^3$

$=(-a)^3+3\times(-a)^2\times 2b$

$+3\times(-a)\times(2b)^2+(2b)^3$

$=\boldsymbol{-a^3+6a^2b-12ab^2+8b^3}$

参考 $(-a+2b)^3=(2b-a)^3$ と変形してから展開してもよい。

24A (1) $(x+3)(x^2-3x+9)$

$=(x+3)(x^2-x\times 3+3^2)$

$=x^3+3^3$

$=\boldsymbol{x^3+27}$

(2) $(3x-2y)(9x^2+6xy+4y^2)$

$=(3x-2y)\{(3x)^2+3x\times 2y+(2y)^2\}$

$=(3x)^3-(2y)^3$

$=\boldsymbol{27x^3-8y^3}$

24B (1) $(x-1)(x^2+x+1)$

$=(x-1)(x^2+x\times1+1^2)$
$=x^3-1^3$
$=\boldsymbol{x^3-1}$

(2) $(x+4y)(x^2-4xy+16y^2)$
$=(x+4y)\{x^2-x\times4y+(4y)^2\}$
$=x^3+(4y)^3$
$=\boldsymbol{x^3+64y^3}$

25A (1) x^3+8
$=x^3+2^3=(x+2)(x^2-x\times2+2^2)$
$=\boldsymbol{(x+2)(x^2-2x+4)}$

(2) $27x^3+8y^3$
$=(3x)^3+(2y)^3$
$=(3x+2y)\{(3x)^2-3x\times2y+(2y)^2\}$
$=\boldsymbol{(3x+2y)(9x^2-6xy+4y^2)}$

25B (1) $27x^3-1$
$=(3x)^3-1^3$
$=(3x-1)\{(3x)^2+3x\times1+1^2\}$
$=\boldsymbol{(3x-1)(9x^2+3x+1)}$

(2) $64x^3-27y^3$
$=(4x)^3-(3y)^3$
$=(4x-3y)\{(4x)^2+4x\times3y+(3y)^2\}$
$=\boldsymbol{(4x-3y)(16x^2+12xy+9y^2)}$

2節　実数

10 実数

p.22

26A (1) $\frac{4}{9}=0.444444\cdots\cdots=\boldsymbol{0.\dot{4}}$

(2) $\frac{13}{33}=0.393939\cdots\cdots=\boldsymbol{0.\dot{3}\dot{9}}$

26B (1) $\frac{10}{3}=3.333333\cdots\cdots=\boldsymbol{3.\dot{3}}$

(2) $\frac{33}{7}=4.714285714285\cdots\cdots$
$=\boldsymbol{4.\dot{7}1428\dot{5}}$

27A ①自然数は **5**　　②整数は **−3, 0, 5**
③有理数は $\boldsymbol{-3,\ 0,\ \frac{22}{3},\ -\frac{1}{4},\ 5,\ 0.\dot{5}}$
④無理数は $\boldsymbol{\sqrt{3},\ \pi}$

27B ①自然数は **10**　　②整数は **−2, 10**
③有理数は $\boldsymbol{-5.72,\ -2,\ -0.\dot{3},\ \frac{5}{2},\ 10}$
④無理数は $\boldsymbol{-2\pi,\ \frac{\sqrt{2}}{3}}$

28A (1) $|3|=\boldsymbol{3}$
(2) $|-3.1|=-(-3.1)=\boldsymbol{3.1}$
(3) $\sqrt{7}>\sqrt{6}$ であるから　$\sqrt{7}-\sqrt{6}>0$
よって　$|\sqrt{7}-\sqrt{6}|=\boldsymbol{\sqrt{7}-\sqrt{6}}$
(4) $3=\sqrt{9}$ より　$3-\sqrt{3}>0$ であるから
$|3-\sqrt{3}|=\boldsymbol{3-\sqrt{3}}$

28B (1) $|-6|=-(-6)=\boldsymbol{6}$
(2) $\left|\frac{1}{2}\right|=\boldsymbol{\frac{1}{2}}$
(3) $\sqrt{2}<\sqrt{5}$ であるから　$\sqrt{2}-\sqrt{5}<0$
よって　$|\sqrt{2}-\sqrt{5}|=-(\sqrt{2}-\sqrt{5})$
$=\boldsymbol{\sqrt{5}-\sqrt{2}}$
(4) $4=\sqrt{16}$ より　$\sqrt{10}-4<0$ であるから
$|\sqrt{10}-4|=-(\sqrt{10}-4)$
$=\boldsymbol{4-\sqrt{10}}$

11 根号を含む式の計算

p.24

29A (1) 7 の平方根は　$\sqrt{7}$ と $-\sqrt{7}$
すなわち　$\boldsymbol{\pm\sqrt{7}}$
(2) $\sqrt{36}=\boldsymbol{6}$
(3) $\sqrt{7^2}=\boldsymbol{7}$
(4) $\sqrt{(-3)^2}=-(-3)=\boldsymbol{3}$

29B (1) $\frac{1}{9}$ の平方根は $\frac{1}{3}$ と $-\frac{1}{3}$，すなわち　$\boldsymbol{\pm\frac{1}{3}}$
(2) $\sqrt{\frac{1}{4}}=\boldsymbol{\frac{1}{2}}$
(3) $\sqrt{\left(\frac{2}{3}\right)^2}=\boldsymbol{\frac{2}{3}}$
(4) $\sqrt{\left(-\frac{5}{8}\right)^2}=-\left(-\frac{5}{8}\right)=\boldsymbol{\frac{5}{8}}$

30A (1) $\sqrt{3}\times\sqrt{5}=\sqrt{3\times5}=\boldsymbol{\sqrt{15}}$
(2) $\frac{\sqrt{10}}{\sqrt{5}}=\sqrt{\frac{10}{5}}=\boldsymbol{\sqrt{2}}$

30B (1) $\sqrt{6}\times\sqrt{7}=\sqrt{6\times7}=\boldsymbol{\sqrt{42}}$
(2) $\frac{\sqrt{30}}{\sqrt{6}}=\sqrt{\frac{30}{6}}=\boldsymbol{\sqrt{5}}$

31A (1) $\sqrt{3}\times\sqrt{15}$
$=\sqrt{3\times15}=\sqrt{3\times3\times5}$
$=\sqrt{3^2\times5}=\boldsymbol{3\sqrt{5}}$
(2) $\sqrt{6}\times\sqrt{12}$
$=\sqrt{6\times12}=\sqrt{6\times2\times6}$
$=\sqrt{6^2\times2}=\boldsymbol{6\sqrt{2}}$

31B (1) $\sqrt{6}\times\sqrt{2}$
$=\sqrt{6\times2}=\sqrt{2\times3\times2}$
$=\sqrt{2^2\times3}=\boldsymbol{2\sqrt{3}}$
(2) $\sqrt{5}\times\sqrt{20}$
$=\sqrt{5\times20}=\sqrt{5\times4\times5}$
$=\sqrt{5^2\times2^2}=5\times2=\boldsymbol{10}$

32A (1) $3\sqrt{3}-\sqrt{3}=(3-1)\sqrt{3}=\boldsymbol{2\sqrt{3}}$
(2) $\sqrt{12}+\sqrt{48}-5\sqrt{3}=2\sqrt{3}+4\sqrt{3}-5\sqrt{3}$
$=(2+4-5)\sqrt{3}$
$=\boldsymbol{\sqrt{3}}$
(3) $(3\sqrt{2}-\sqrt{3})(\sqrt{2}+2\sqrt{3})$
$=3\times(\sqrt{2})^2+3\sqrt{2}\times2\sqrt{3}-\sqrt{3}\times\sqrt{2}-2\times(\sqrt{3})^2$
$=3\times2+6\sqrt{6}-\sqrt{6}-2\times3$
$=6+(6-1)\sqrt{6}-6$
$=\boldsymbol{5\sqrt{6}}$
(4) $(\sqrt{3}+2)^2=(\sqrt{3})^2+2\times\sqrt{3}\times2+2^2$

$=3+4\sqrt{3}+4$

$=\mathbf{7+4\sqrt{3}}$

(5) $(\sqrt{7}+\sqrt{2})(\sqrt{7}-\sqrt{2})$

$=(\sqrt{7})^2-(\sqrt{2})^2=7-2=\mathbf{5}$

32B (1) $\sqrt{2}-2\sqrt{2}+5\sqrt{2}=(1-2+5)\sqrt{2}=\mathbf{4\sqrt{2}}$

(2) $(\sqrt{20}-\sqrt{8})-(\sqrt{5}-\sqrt{32})$

$=(2\sqrt{5}-2\sqrt{2})-(\sqrt{5}-4\sqrt{2})$

$=2\sqrt{5}-2\sqrt{2}-\sqrt{5}+4\sqrt{2}$

$=(-2+4)\sqrt{2}+(2-1)\sqrt{5}$

$=\mathbf{2\sqrt{2}+\sqrt{5}}$

(3) $(2\sqrt{2}-\sqrt{5})(3\sqrt{2}+2\sqrt{5})$

$=2\times3\times(\sqrt{2})^2+2\sqrt{2}\times2\sqrt{5}-\sqrt{5}\times3\sqrt{2}$
$-2\times(\sqrt{5})^2$

$=6\times2+4\sqrt{10}-3\sqrt{10}-2\times5$

$=12+(4-3)\sqrt{10}-10$

$=\mathbf{2+\sqrt{10}}$

(4) $(\sqrt{3}+\sqrt{7})^2$

$=(\sqrt{3})^2+2\times\sqrt{3}\times\sqrt{7}+(\sqrt{7})^2$

$=3+2\sqrt{21}+7$

$=\mathbf{10+2\sqrt{21}}$

(5) $(2\sqrt{3}-\sqrt{5})(2\sqrt{3}+\sqrt{5})$

$=(2\sqrt{3})^2-(\sqrt{5})^2=4\times3-5$

$=\mathbf{7}$

12 分母の有理化

p.27

33A (1) $\dfrac{\sqrt{2}}{\sqrt{5}}=\dfrac{\sqrt{2}\times\sqrt{5}}{\sqrt{5}\times\sqrt{5}}=\mathbf{\dfrac{\sqrt{10}}{5}}$

(2) $\dfrac{9}{\sqrt{3}}=\dfrac{9\times\sqrt{3}}{\sqrt{3}\times\sqrt{3}}=\dfrac{9\sqrt{3}}{3}=\mathbf{3\sqrt{3}}$

(3) $\dfrac{\sqrt{5}}{\sqrt{27}}=\dfrac{\sqrt{5}}{3\sqrt{3}}=\dfrac{\sqrt{5}\times\sqrt{3}}{3\sqrt{3}\times\sqrt{3}}=\dfrac{\sqrt{15}}{3\times3}=\mathbf{\dfrac{\sqrt{15}}{9}}$

33B (1) $\dfrac{8}{\sqrt{2}}=\dfrac{8\times\sqrt{2}}{\sqrt{2}\times\sqrt{2}}=\dfrac{8\sqrt{2}}{2}=\mathbf{4\sqrt{2}}$

(2) $\dfrac{3}{2\sqrt{3}}=\dfrac{3\times\sqrt{3}}{2\sqrt{3}\times\sqrt{3}}=\dfrac{3\sqrt{3}}{2\times3}=\mathbf{\dfrac{\sqrt{3}}{2}}$

(3) $\dfrac{\sqrt{3}}{\sqrt{24}}=\sqrt{\dfrac{3}{24}}=\sqrt{\dfrac{1}{8}}=\dfrac{1}{2\sqrt{2}}=\dfrac{1\times\sqrt{2}}{2\sqrt{2}\times\sqrt{2}}$

$=\mathbf{\dfrac{\sqrt{2}}{4}}$

34A (1) $\dfrac{1}{\sqrt{5}-\sqrt{3}}$

$=\dfrac{\sqrt{5}+\sqrt{3}}{(\sqrt{5}-\sqrt{3})(\sqrt{5}+\sqrt{3})}$

$=\dfrac{\sqrt{5}+\sqrt{3}}{(\sqrt{5})^2-(\sqrt{3})^2}$

$=\dfrac{\sqrt{5}+\sqrt{3}}{5-3}$

$=\mathbf{\dfrac{\sqrt{5}+\sqrt{3}}{2}}$

(2) $\dfrac{2}{\sqrt{3}+1}=\dfrac{2(\sqrt{3}-1)}{(\sqrt{3}+1)(\sqrt{3}-1)}$

$=\dfrac{2(\sqrt{3}-1)}{(\sqrt{3})^2-1^2}$

$=\dfrac{2(\sqrt{3}-1)}{3-1}$

$=\dfrac{2(\sqrt{3}-1)}{2}$

$=\mathbf{\sqrt{3}-1}$

(3) $\dfrac{5}{2+\sqrt{3}}=\dfrac{5(2-\sqrt{3})}{(2+\sqrt{3})(2-\sqrt{3})}$

$=\dfrac{5(2-\sqrt{3})}{2^2-(\sqrt{3})^2}$

$=\dfrac{5(2-\sqrt{3})}{4-3}$

$=\dfrac{5(2-\sqrt{3})}{1}$

$=\mathbf{10-5\sqrt{3}}$

(4) $\dfrac{3-\sqrt{7}}{3+\sqrt{7}}=\dfrac{(3-\sqrt{7})^2}{(3+\sqrt{7})(3-\sqrt{7})}$

$=\dfrac{9-6\sqrt{7}+7}{3^2-(\sqrt{7})^2}$

$=\dfrac{16-6\sqrt{7}}{9-7}$

$=\dfrac{2(8-3\sqrt{7})}{2}$

$=\mathbf{8-3\sqrt{7}}$

34B (1) $\dfrac{4}{\sqrt{7}+\sqrt{3}}$

$=\dfrac{4(\sqrt{7}-\sqrt{3})}{(\sqrt{7}+\sqrt{3})(\sqrt{7}-\sqrt{3})}$

$=\dfrac{4(\sqrt{7}-\sqrt{3})}{(\sqrt{7})^2-(\sqrt{3})^2}$

$=\dfrac{4(\sqrt{7}-\sqrt{3})}{7-3}$

$=\dfrac{4(\sqrt{7}-\sqrt{3})}{4}$

$=\mathbf{\sqrt{7}-\sqrt{3}}$

(2) $\dfrac{\sqrt{2}}{2-\sqrt{5}}=\dfrac{\sqrt{2}(2+\sqrt{5})}{(2-\sqrt{5})(2+\sqrt{5})}$

$=\dfrac{\sqrt{2}(2+\sqrt{5})}{2^2-(\sqrt{5})^2}$

$=\dfrac{\sqrt{2}(2+\sqrt{5})}{4-5}$

$=\dfrac{\sqrt{2}(2+\sqrt{5})}{-1}$

$=\mathbf{-2\sqrt{2}-\sqrt{10}}$

(3) $\dfrac{\sqrt{11}-3}{\sqrt{11}+3}=\dfrac{(\sqrt{11}-3)^2}{(\sqrt{11}+3)(\sqrt{11}-3)}$

$=\dfrac{11-6\sqrt{11}+9}{(\sqrt{11})^2-3^2}$

$=\dfrac{20-6\sqrt{11}}{11-9}$

$=\dfrac{2(10-3\sqrt{11})}{2}$

$=\mathbf{10-3\sqrt{11}}$

(4) $\dfrac{\sqrt{2}+\sqrt{5}}{\sqrt{2}-\sqrt{5}}$

$=\dfrac{(\sqrt{2}+\sqrt{5})^2}{(\sqrt{2}-\sqrt{5})(\sqrt{2}+\sqrt{5})}$

$=\dfrac{2+2\sqrt{10}+5}{(\sqrt{2})^2-(\sqrt{5})^2}$

$=\dfrac{7+2\sqrt{10}}{2-5}$

$=\dfrac{7+2\sqrt{10}}{-3}$

$=-\dfrac{\mathbf{7+2\sqrt{10}}}{\mathbf{3}}$

13 二重根号 p.29

35A (1) $\sqrt{7+2\sqrt{12}}=\sqrt{(4+3)+2\sqrt{4\times3}}$

$=\sqrt{(\sqrt{4}+\sqrt{3})^2}$

$=\sqrt{(2+\sqrt{3})^2}=\mathbf{2+\sqrt{3}}$

(2) $\sqrt{8+\sqrt{48}}=\sqrt{8+2\sqrt{12}}$

$=\sqrt{(6+2)+2\sqrt{6\times2}}$

$=\sqrt{(\sqrt{6}+\sqrt{2})^2}$

$=\mathbf{\sqrt{6}+\sqrt{2}}$

(3) $\sqrt{15-6\sqrt{6}}=\sqrt{15-2\sqrt{54}}$

$=\sqrt{(9+6)-2\sqrt{9\times6}}$

$=\sqrt{(\sqrt{9}-\sqrt{6})^2}$

$=\sqrt{(3-\sqrt{6})^2}$

$=\mathbf{3-\sqrt{6}}$

(4) $\sqrt{4-\sqrt{15}}=\sqrt{\dfrac{8-2\sqrt{15}}{2}}$

$=\dfrac{\sqrt{(5+3)-2\sqrt{5\times3}}}{\sqrt{2}}$

$=\dfrac{\sqrt{(\sqrt{5}-\sqrt{3})^2}}{\sqrt{2}}$

$=\dfrac{\sqrt{5}-\sqrt{3}}{\sqrt{2}}$

$=\dfrac{(\sqrt{5}-\sqrt{3})\times\sqrt{2}}{\sqrt{2}\times\sqrt{2}}$

$=\dfrac{\mathbf{\sqrt{10}-\sqrt{6}}}{\mathbf{2}}$

35B (1) $\sqrt{9-2\sqrt{14}}=\sqrt{(7+2)-2\sqrt{7\times2}}$

$=\sqrt{(\sqrt{7}-\sqrt{2})^2}$

$=\mathbf{\sqrt{7}-\sqrt{2}}$

(2) $\sqrt{5-\sqrt{24}}=\sqrt{5-2\sqrt{6}}$

$=\sqrt{(3+2)-2\sqrt{3\times2}}$

$=\sqrt{(\sqrt{3}-\sqrt{2})^2}$

$=\mathbf{\sqrt{3}-\sqrt{2}}$

(3) $\sqrt{11+4\sqrt{6}}=\sqrt{11+2\sqrt{24}}$

$=\sqrt{(8+3)+2\sqrt{8\times3}}$

$=\sqrt{(\sqrt{8}+\sqrt{3})^2}$

$=\sqrt{(2\sqrt{2}+\sqrt{3})^2}$

$=\mathbf{2\sqrt{2}+\sqrt{3}}$

(4) $\sqrt{5+\sqrt{21}}=\sqrt{\dfrac{10+2\sqrt{21}}{2}}$

$=\dfrac{\sqrt{(7+3)+2\sqrt{7\times3}}}{\sqrt{2}}$

$=\dfrac{\sqrt{(\sqrt{7}+\sqrt{3})^2}}{\sqrt{2}}$

$=\dfrac{\sqrt{7}+\sqrt{3}}{\sqrt{2}}$

$=\dfrac{(\sqrt{7}+\sqrt{3})\times\sqrt{2}}{\sqrt{2}\times\sqrt{2}}$

$=\dfrac{\mathbf{\sqrt{14}+\sqrt{6}}}{\mathbf{2}}$

3節 1次不等式

14 不等号と不等式，不等式の性質 p.30

36A (1) $\mathbf{2x-3>6}$

(2) $\mathbf{220x+140\times3\leqq2400}$

36B (1) $\mathbf{\dfrac{x}{3}+2\leqq5x}$

(2) $\mathbf{60x+150\times3<1800}$

37A (1) $\mathbf{a+3<b+3}$

(2) $\mathbf{-5a>-5b}$

(3) $\mathbf{\dfrac{a}{5}<\dfrac{b}{5}}$

(4) $2a<2b$ より　$\mathbf{2a-1<2b-1}$

37B (1) $\mathbf{a-5<b-5}$

(2) $\mathbf{4a<4b}$

(3) $\mathbf{-\dfrac{a}{5}>-\dfrac{b}{5}}$

(4) $-3a>-3b$ より　$\mathbf{1-3a>1-3b}$

15 1次不等式 p.31

38A (数直線: 5 以下の範囲, 5 を含む)　5　x

38B (数直線: −2 より大きい範囲, −2 を含まない)　-2　x

39A (1) $x-1>2$

$x>2+1$

$\mathbf{x>3}$

(2) $x+3>-2$

移項すると　$x>-2-3$

$\mathbf{x>-5}$

(3) $4x-1<7$

移項すると　$4x<7+1$

整理すると　$4x<8$

両辺を 4 で割って

$\mathbf{x<2}$

(4) $-3x+2\leqq6$

移項すると　$-3x\leqq6-2$

整理すると　$-3x\leqq4$

両辺を -3 で割って

$$x \geqq -\frac{4}{3}$$

39B (1) $x+5<12$

$x<12-5$

$\boldsymbol{x<7}$

(2) $x-2 \leqq -2$

移項すると　$x \leqq -2+2$

$\boldsymbol{x \leqq 0}$

(3) $2x-1>3$

移項すると　$2x>3+1$

整理すると　$2x>4$

両辺を 2 で割って

$\boldsymbol{x>2}$

(4) $-2x+6 \geqq 3$

移項すると　$-2x \geqq 3-6$

整理すると　$-2x \geqq -3$

両辺を -2 で割って

$$\boldsymbol{x \leqq \frac{3}{2}}$$

40A (1) $5x+2>3x+6$

移項すると　$5x-3x>6-2$

整理すると　$2x>4$

$\boldsymbol{x>2}$

(2) $2x+3<4x+7$

移項すると　$2x-4x<7-3$

整理すると　$-2x<4$

両辺を -2 で割って

$\boldsymbol{x>-2}$

(3) $12-x \leqq 3x-2$

移項すると　$-x-3x \leqq -2-12$

整理すると　$-4x \leqq -14$

両辺を -4 で割って

$$\boldsymbol{x \geqq \frac{7}{2}}$$

(4) $3(x+2) \leqq 2(x+5)$

$3x+6 \leqq 2x+10$

移項すると　$3x-2x \leqq 10-6$

整理すると　$\boldsymbol{x \leqq 4}$

40B (1) $7x+1 \leqq 2x-4$

移項すると　$7x-2x \leqq -4-1$

整理すると　$5x \leqq -5$

両辺を 5 で割って

$\boldsymbol{x \leqq -1}$

(2) $3x+5 \geqq 6x-4$

移項すると　$3x-6x \geqq -4-5$

整理すると　$-3x \geqq -9$

両辺を -3 で割って

$\boldsymbol{x \leqq 3}$

(3) $-6+2x>5+4x$

移項すると　$2x-4x>5+6$

整理すると　$-2x>11$

両辺を -2 で割って

$$\boldsymbol{x<-\frac{11}{2}}$$

(4) $2(x+1)<5(x-2)$

$2x+2<5x-10$

移項すると　$2x-5x<-10-2$

整理すると　$-3x<-12$

両辺を -3 で割って

$\boldsymbol{x>4}$

41A (1) $x-1<-\frac{3}{2}x+2$

両辺に 2 を掛けると

$2x-2<-3x+4$

移項して整理すると　$5x<6$

両辺を 5 で割って　$\boldsymbol{x<\frac{6}{5}}$

(2) $\frac{4}{3}x-\frac{1}{3}>\frac{3}{4}x+\frac{1}{2}$

両辺に 12 を掛けると

$16x-4>9x+6$

移項して整理すると　$7x>10$

両辺を 7 で割って　$\boldsymbol{x>\frac{10}{7}}$

(3) $\frac{1}{3}x+\frac{7}{6} \geqq \frac{1}{2}x+\frac{1}{3}$

両辺に 6 を掛けると

$2x+7 \geqq 3x+2$

移項して整理すると　$-x \geqq -5$

両辺を -1 で割って　$\boldsymbol{x \leqq 5}$

41B (1) $x+\frac{2}{3} \leqq -2x+1$

両辺に 3 を掛けると

$3x+2 \leqq -6x+3$

移項して整理すると　$9x \leqq 1$

両辺を 9 で割って　$\boldsymbol{x \leqq \frac{1}{9}}$

(2) $\frac{3}{2}-\frac{1}{2}x<\frac{2}{3}x-\frac{5}{3}$

両辺に 6 を掛けると

$9-3x<4x-10$

移項して整理すると　$-7x<-19$

両辺を -7 で割って　$\boldsymbol{x>\frac{19}{7}}$

(3) $\frac{1}{2}x+\frac{1}{3}<\frac{3}{4}x-\frac{5}{6}$

両辺に 12 を掛けると

$6x+4<9x-10$

移項して整理すると　$-3x<-14$

両辺を -3 で割って　$\boldsymbol{x>\frac{14}{3}}$

16 連立不等式 p.34

42A (1) $\begin{cases} 4x-3<2x+9 & \cdots\cdots① \\ 3x>x+2 & \cdots\cdots② \end{cases}$

①の不等式を解くと　$2x<12$ より

$x<6$ ……③

②の不等式を解くと　$2x>2$ より

$x>1$ ……④

③，④より，

連立不等式の解は

$\boldsymbol{1<x<6}$

(2) $\begin{cases} 27\geqq 2x+13 & \cdots\cdots① \\ 9\leqq 7+4x & \cdots\cdots② \end{cases}$

①の不等式を解くと　$-2x\geqq -14$ より

$x\leqq 7$ ……③

②の不等式を解くと　$-4x\leqq -2$

$x\geqq \dfrac{1}{2}$ ……④

③，④より，

連立不等式の解は

$\boldsymbol{\dfrac{1}{2}\leqq x\leqq 7}$

(3) $\begin{cases} 3x+1>5(x-1) & \cdots\cdots① \\ 2(x-1)>5x+4 & \cdots\cdots② \end{cases}$

①の不等式を解くと　$3x+1>5x-5$　より

$-2x>-6$

$x<3$ ……③

②の不等式を解くと　$2x-2>5x+4$　より

$-3x>6$

$x<-2$ ……④

③，④より，

連立不等式の解は

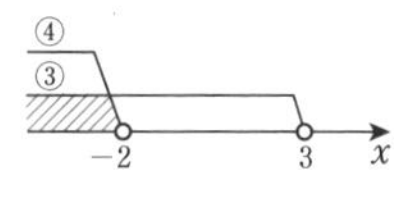

$\boldsymbol{x<-2}$

42B (1) $\begin{cases} 2x-3<3 & \cdots\cdots① \\ 3x+6>x-2 & \cdots\cdots② \end{cases}$

①の不等式を解くと　$2x<6$ より

$x<3$ ……③

②の不等式を解くと　$2x>-8$ より

$x>-4$ ……④

③，④より，

連立不等式の解は

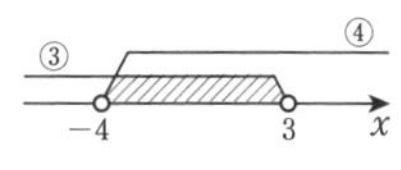

$\boldsymbol{-4<x<3}$

(2) $\begin{cases} x-1<3x+7 & \cdots\cdots① \\ 5x+2<2x-4 & \cdots\cdots② \end{cases}$

①の不等式を解くと　$-2x<8$ より

$x>-4$ ……③

②の不等式を解くと　$3x<-6$ より

$x<-2$ ……④

③，④より，

連立不等式の解は

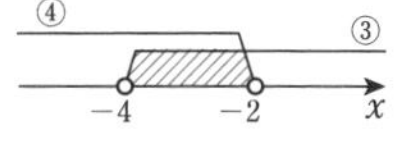

$\boldsymbol{-4<x<-2}$

(3) $\begin{cases} 2x-5(x+1)\leqq 1 & \cdots\cdots① \\ x-5\leqq 3x+7 & \cdots\cdots② \end{cases}$

①の不等式を解くと　$2x-5x-5\leqq 1$　より

$-3x\leqq 6$

$x\geqq -2$ ……③

②の不等式を解くと　$x-3x\leqq 7+5$　より

$-2x\leqq 12$

$x\geqq -6$ ……④

③，④より，

連立不等式の解は

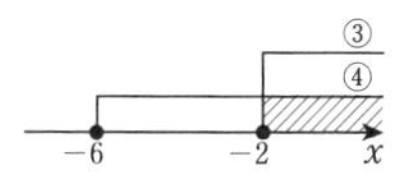

$\boldsymbol{x\geqq -2}$

43A (1) 与えられた不等式は

$\begin{cases} -2\leqq 4x+2 & \cdots\cdots① \\ 4x+2\leqq 10 & \cdots\cdots② \end{cases}$

と表される。

①の不等式を解くと　$-4x\leqq 4$ より

$x\geqq -1$ ……③

②の不等式を解くと　$4x\leqq 8$ より

$x\leqq 2$ ……④

③，④より，

連立不等式の解は

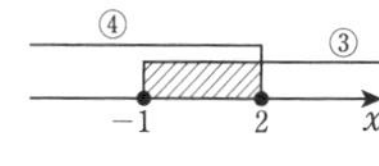

$\boldsymbol{-1\leqq x\leqq 2}$

(2) 与えられた不等式は

$\begin{cases} 3x+2\leqq 5x & \cdots\cdots① \\ 5x\leqq 8x+6 & \cdots\cdots② \end{cases}$

と表される。

①の不等式を解くと　$-2x\leqq -2$ より

$x\geqq 1$ ……③

②の不等式を解くと　$-3x\leqq 6$ より

$x\geqq -2$ ……④

③，④より，

連立不等式の解は

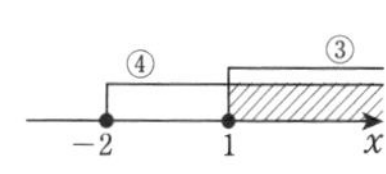

$\boldsymbol{x\geqq 1}$

43B (1) 与えられた不等式は

$\begin{cases} x-7<3x-5 & \cdots\cdots① \\ 3x-5<5-2x & \cdots\cdots② \end{cases}$

と表される。

①の不等式を解くと　$-2x<2$ より

$x>-1$ ……③

②の不等式を解くと　$5x<10$ より

$x<2$ ……④

③，④より，

連立不等式の解は

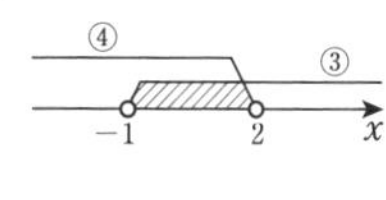

$\boldsymbol{-1<x<2}$

(2) 与えられた不等式は

$\begin{cases} 3x+4\geqq 2(2x-1) & \cdots\cdots① \\ 2(2x-1)>3(x-1) & \cdots\cdots② \end{cases}$

と表される。

①の不等式を解くと　$3x+4\geqq 4x-2$ より

$-x\geqq -6$

$x\leqq 6$ ……③

②の不等式を解くと　$4x-2>3x-3$ より

$x>-1$ ……④

③，④より，
連立不等式の解は
$-1<x\leqq 6$

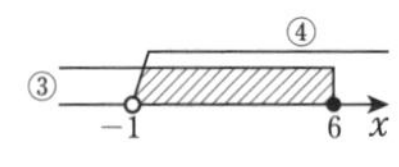

17 不等式の応用 p.36

44A 130円のりんごをx個買うとすると，90円のりんごは$(15-x)$個であるから
$0\leqq x\leqq 15$ ……①
このとき，合計金額について次の不等式が成り立つ。
$130x+90(15-x)\leqq 1800$
$40x\leqq 450$
$x\leqq 11.25$ ……②
よって，①，②より
$0\leqq x\leqq 11.25$

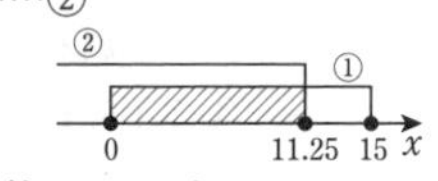

この範囲における最大の整数は11であるから
130円のりんごを11個，90円のりんごを4個買えばよい。

44B 1冊200円のノートをx冊買うとすると，1冊160円のノートは$(10-x)$冊であるから
$0\leqq x\leqq 10$ ……①
このとき，合計金額について次の不等式が成り立つ。
$200x+160(10-x)+90\times 2\leqq 2000$
$40x\leqq 220$
$x\leqq 5.5$ ……②
よって，①，②より
$0\leqq x\leqq 5.5$

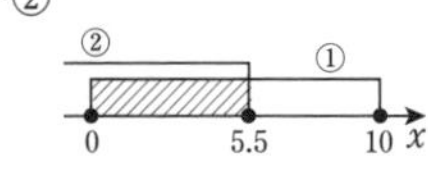

この範囲における最大の整数は5であるから
200円のノートは最大で **5冊まで** 買える。

18 絶対値を含む方程式・不等式 p.37

45A (1) **$x=\pm 5$**
(2) **$-6<x<6$**

45B (1) **$x=\pm 7$**
(2) **$x<-2,\ 2<x$**

46A (1) $x-3=\pm 4$
すなわち　$x-3=4,\ x-3=-4$
よって　**$x=7,\ -1$**
(2) $-4\leqq x+3\leqq 4$ であるから
各辺に -3 を加えて
$-7\leqq x\leqq 1$

46B (1) $x+6=\pm 3$
すなわち　$x+6=3,\ x+6=-3$
よって　**$x=-3,\ -9$**
(2) $x-1<-5,\ 5<x-1$ より
$x<-4,\ 6<x$

演習問題

47A (1) $x+y$
$=(\sqrt{5}-\sqrt{2})+(\sqrt{5}+\sqrt{2})$
$=2\sqrt{5}$

(2) xy
$=(\sqrt{5}-\sqrt{2})(\sqrt{5}+\sqrt{2})$
$=(\sqrt{5})^2-(\sqrt{2})^2$
$=5-2=$**3**

(3) x^2+y^2
$=(x+y)^2-2xy$
$=(2\sqrt{5})^2-2\times 3$
$=14$

(4) x^3+y^3
$=(x+y)^3-3xy(x+y)$
$=(2\sqrt{5})^3-3\times 3\times 2\sqrt{5}$
$=40\sqrt{5}-18\sqrt{5}$
$=22\sqrt{5}$

47B (1) $x+y$
$=\dfrac{\sqrt{3}-1}{\sqrt{3}+1}+\dfrac{\sqrt{3}+1}{\sqrt{3}-1}$
$=\dfrac{(\sqrt{3}-1)^2}{(\sqrt{3}+1)(\sqrt{3}-1)}+\dfrac{(\sqrt{3}+1)^2}{(\sqrt{3}-1)(\sqrt{3}+1)}$
$=\dfrac{4-2\sqrt{3}}{2}+\dfrac{4+2\sqrt{3}}{2}$
$=2-\sqrt{3}+2+\sqrt{3}=$**4**

(2) xy
$=\dfrac{\sqrt{3}-1}{\sqrt{3}+1}\times\dfrac{\sqrt{3}+1}{\sqrt{3}-1}$
$=1$

(3) x^2+y^2
$=(x+y)^2-2xy$
$=4^2-2\times 1$
$=14$

(4) x^3+y^3
$=(x+y)^3-3xy(x+y)$
$=4^3-3\times 1\times 4$
$=52$

48 $\dfrac{2}{3-\sqrt{7}}=\dfrac{2(3+\sqrt{7})}{(3-\sqrt{7})(3+\sqrt{7})}=\dfrac{2(3+\sqrt{7})}{2}$
$=3+\sqrt{7}$
ここで，$2<\sqrt{7}<3$ であるから　$5<3+\sqrt{7}<6$
ゆえに　**$a=5$**
よって　**b**$=3+\sqrt{7}-5$
$=\sqrt{7}-2$

49 $|x-4|=3x$ ……①
(i) $x-4\geqq 0$ すなわち $x\geqq 4$ のとき
$|x-4|=x-4$
よって，①は　$x-4=3x$
これを解くと　$x=-2$
この値は，$x\geqq 4$ を満たさない。
(ii) $x-4<0$ すなわち $x<4$ のとき
$|x-4|=-(x-4)$
よって，①は　$-(x-4)=3x$
これを解くと　$x=1$
この値は，$x<4$ を満たす。

(i), (ii)より，①の解は

$x=1$

2章　集合と論証

1節　集合と論証

19 集合

p.40

50A 集合 A の要素は 1, 3, 5, 7, 9 である。

(1) $3 \in A$　　(2) $6 \notin A$

(3) $11 \notin A$　　(4) $9 \in A$

50B 集合 A の要素は 2, 3, 5, 7 である。

(1) $2 \in A$　　(2) $4 \notin A$

(3) $7 \in A$　　(4) $13 \notin A$

51A $\{1,\ 2,\ 3,\ 4,\ 6,\ 12\}$

51B $\{1,\ 3,\ 5,\ 7\}$

52A $A \subset B$

52B $A=\{3,\ 6,\ 9,\ 12,\ 15,\ 18\}$

$B=\{6,\ 12,\ 18\}$ より　$A \supset B$

53A $\varnothing$, $\{3\}$, $\{5\}$, $\{3,\ 5\}$

53B $\varnothing$, $\{2\}$, $\{4\}$, $\{6\}$, $\{2,\ 4\}$, $\{2,\ 6\}$, $\{4,\ 6\}$, $\{2,\ 4,\ 6\}$

54A (1) $A \cap B=\{6,\ 8\}$

(2) $A \cup B=\{2,\ 4,\ 6,\ 7,\ 8\}$

54B (1) $A \cap B=\{11\}$

(2) $A \cup B=\{5,\ 7,\ 9,\ 11,\ 13,\ 15\}$

55A 下の図から

(1) $A \cap B=\{x \mid -1<x<4,\ x$ は実数$\}$

(2) $A \cup B=\{x \mid -3<x<6,\ x$ は実数$\}$

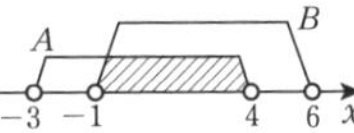

55B 下の図から

(1) $A \cap B=\{x \mid 2 \leqq x \leqq 3,\ x$ は実数$\}$

(2) $A \cup B=\{x \mid 1 \leqq x \leqq 5,\ x$ は実数$\}$

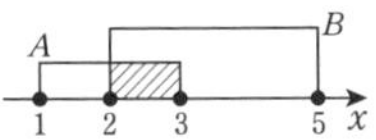

56A (1) $\overline{A}=\{2,\ 4,\ 6,\ 8,\ 10\}$

(2) $A \cap B=\{1,\ 3\}$ であるから

$\overline{A \cap B}=\{2,\ 4,\ 5,\ 6,\ 7,\ 8,\ 9,\ 10\}$

(3) $A \cup B=\{1,\ 2,\ 3,\ 5,\ 6,\ 7,\ 9\}$ であるから

$\overline{A \cup B}=\{4,\ 8,\ 10\}$

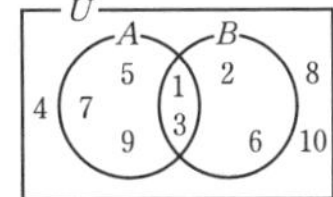

56B (1) $\overline{B}=\{4,\ 5,\ 7,\ 8,\ 9,\ 10\}$

(2) $\overline{A}=\{2,\ 4,\ 6,\ 8,\ 10\}$ であるから

$\overline{A} \cap B=\{2,\ 6\}$

(3) $\overline{B}=\{4,\ 5,\ 7,\ 8,\ 9,\ 10\}$ であるから

$A \cup \overline{B}=\{1,\ 3,\ 4,\ 5,\ 7,\ 8,\ 9,\ 10\}$

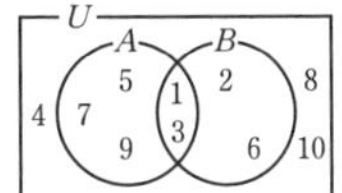

20 命題と条件

p.44

57A (1) 条件 p, q を満たす x の集合を，それぞれ P, Q とする。下の図から $P \subset Q$ が成り立つ。

よって，命題「$p \Longrightarrow q$」は **真** である。

(2) 条件 p, q を満たす n の集合を，それぞれ P, Q とする。

$P=\{3,\ 6,\ 9,\ 12,\ 15,\ \cdots\cdots\}$

$Q=\{6,\ 12,\ 18,\ \cdots\cdots\}$

であるから，$P \subset Q$ は成り立たない。

よって，命題「$p \Longrightarrow q$」は **偽** である。

57B (1) 条件 p, q を満たす x の集合を，それぞれ P, Q とする。下の図から $P \subset Q$ が成り立つ。

よって，命題「$p \Longrightarrow q$」は **真** である。

(2) 条件 p, q を満たす n の集合を，それぞれ P, Q とする。

$P=\{1,\ 2,\ 4,\ 8\}$

$Q=\{1,\ 2,\ 3,\ 4,\ 6,\ 8,\ 12,\ 24\}$

であるから，$P \subset Q$ は成り立つ。

よって，命題「$p \Longrightarrow q$」は **真** である。

58A (1) 「$x=1 \Longrightarrow x^2=1$」は真である。

「$x^2=1 \Longrightarrow x=1$」は偽である。

(反例は $x=-1$)

よって，**十分条件**

(2) 「四角形 ABCD が平行四辺形 $\Longrightarrow$ 四角形 ABCD が長方形」は偽である。

「四角形 ABCD が長方形 $\Longrightarrow$ 四角形 ABCD が平行四辺形」は真である。

よって，**必要条件**

(3) $x^2=y^2$ より

$x=\pm\sqrt{y^2}$

$=\pm|y|=\pm y$

よって「$x^2=y^2$」$\Longrightarrow$「$x=\pm y$」は真である。

「$x=\pm y$」$\Longrightarrow$「$x^2=y^2$」も真である。

したがって，**必要十分条件**

58B (1) 「$x^2=0 \Longrightarrow x=0$」は真である。

「$x=0 \Longrightarrow x^2=0$」は真である。

よって，**必要十分条件**

(2) 「$\triangle ABC \equiv \triangle DEF \Longrightarrow \triangle ABC \backsim \triangle DEF$」は真である。

「$\triangle ABC \backsim \triangle DEF \Longrightarrow \triangle ABC \equiv \triangle DEF$」は偽である。

よって，**十分条件**

(3) $x^2+y^2=0$ は $x=y=0$ と同値である。

よって，「$x=0$ または $y=0 \Longrightarrow x^2+y^2=0$」は偽である。(反例は $x=1$, $y=0$)

「$x^2+y^2=0 \Longrightarrow x=0$ または $y=0$」は真である。

したがって，**必要条件**

59A (1) $\boldsymbol{x \neq 5}$
(2) $\boldsymbol{x<0}$
(3) $\boldsymbol{x \geqq 4}$ **または** $\boldsymbol{y>2}$
(4) 否定は「$x>2$ かつ $x \leqq 5$」であるから
$\boldsymbol{2<x \leqq 5}$
(5) 「x は正 または y は正」ということなので，その否定は「x は0以下 かつ y は0以下」
すなわち，**$\boldsymbol{x}$，$\boldsymbol{y}$ はともに0以下**

59B (1) $\boldsymbol{x=-1}$
(2) $\boldsymbol{x \geqq -2}$
(3) 「$-3<x<2$」は「$x>-3$ かつ $x<2$」であるから，これの否定は
$\boldsymbol{x \leqq -3}$ **または** $\boldsymbol{2 \leqq x}$
(4) 「$x<-2$ かつ $x<1$」は「$x<-2$」であるから，これの否定は $\boldsymbol{x \geqq -2}$
(5) 「m が偶数 かつ n が偶数」ということなので，その否定は
m が奇数 または n が奇数
すなわち，**$\boldsymbol{m}$，$\boldsymbol{n}$ のうち少なくとも一方は奇数**

21 逆・裏・対偶

p.47

60A (1) この命題は **偽** である。
逆：「$\boldsymbol{x=4 \Longrightarrow x^2=16}$」…**真**
裏：「$\boldsymbol{x^2 \neq 16 \Longrightarrow x \neq 4}$」…**真**
対偶：「$\boldsymbol{x \neq 4 \Longrightarrow x^2 \neq 16}$」…**偽**
(2) この命題は **真** である。
逆：「$\boldsymbol{xy=6 \Longrightarrow x=2}$ **かつ** $\boldsymbol{y=3}$」…**偽**
裏：「$\boldsymbol{x \neq 2}$ **または** $\boldsymbol{y \neq 3 \Longrightarrow xy \neq 6}$」…**偽**
対偶：「$\boldsymbol{xy \neq 6 \Longrightarrow x \neq 2}$ **または** $\boldsymbol{y \neq 3}$」…**真**

60B (1) この命題は **偽** である。
逆：「$\boldsymbol{x<5 \Longrightarrow x>-1}$」…**偽**
裏：「$\boldsymbol{x \leqq -1 \Longrightarrow x \geqq 5}$」…**偽**
対偶：「$\boldsymbol{x \geqq 5 \Longrightarrow x \leqq -1}$」…**偽**
(2) この命題は **真** である。
逆：「$\boldsymbol{x>2}$ **または** $\boldsymbol{y>1 \Longrightarrow x+y>3}$」…**偽**
裏：「$\boldsymbol{x+y \leqq 3 \Longrightarrow x \leqq 2}$ **かつ** $\boldsymbol{y \leqq 1}$」…**偽**
対偶：「$\boldsymbol{x \leqq 2}$ **かつ** $\boldsymbol{y \leqq 1 \Longrightarrow x+y \leqq 3}$」…**真**

61A 与えられた命題の対偶「n が3の倍数ならば n^2+5 は9の倍数でない」を証明する。
n が3の倍数であるとき，ある整数 k を用いて $n=3k$ と表される。
ゆえに
$$n^2+5=(3k)^2+5=9k^2+5$$
ここで，k^2 は整数であるから，$9k^2$ は9の倍数であり，$9k^2+5$ は9の倍数でない。
よって，対偶が真であるから，もとの命題も真である。

61B 与えられた命題の対偶「n が3の倍数でないならば n^2 は3の倍数でない」を証明する。
n が3の倍数でないとき，ある整数 k を用いて
$$n=3k+1 \quad \text{または} \quad n=3k+2$$
と表される。
(i) $n=3k+1$ のとき
$$n^2=(3k+1)^2=9k^2+6k+1$$
$$=3(3k^2+2k)+1$$
(ii) $n=3k+2$ のとき
$$n^2=(3k+2)^2=9k^2+12k+4$$
$$=3(3k^2+4k+1)+1$$
(i)，(ii)において，$3k^2+2k$，$3k^2+4k+1$ は整数であるから，いずれの場合も n^2 は3の倍数でない。
よって，対偶が真であるから，もとの命題も真である。

62A $3+2\sqrt{2}$ が無理数でない，すなわち
$3+2\sqrt{2}$ は有理数である
と仮定する。
そこで，r を有理数として
$$3+2\sqrt{2}=r$$
とおくと
$$\sqrt{2}=\frac{r-3}{2} \quad \cdots\cdots ①$$
r は有理数であるから，$\dfrac{r-3}{2}$ は有理数であり，等式①は，$\sqrt{2}$ が無理数であることに矛盾する。
よって，$3+2\sqrt{2}$ は無理数である。

62B $2-3\sqrt{5}$ が無理数でない，すなわち
$2-3\sqrt{5}$ は有理数である
と仮定する。
そこで，r を有理数として
$$2-3\sqrt{5}=r$$
とおくと
$$\sqrt{5}=\frac{-r+2}{3} \quad \cdots\cdots ①$$
r は有理数であるから，$\dfrac{-r+2}{3}$ は有理数であり，等式①は，$\sqrt{5}$ が無理数であることに矛盾する。
よって，$2-3\sqrt{5}$ は無理数である。

3章　2次関数

1節　2次関数とそのグラフ

22 関数とグラフ

p.50

63A $\boldsymbol{y=3x}$

63B $\boldsymbol{y=50x+500}$

64A (1) $f(3)=2\times3^2-5\times3+3=\boldsymbol{6}$
(2) $f(a)=\boldsymbol{2a^2-5a+3}$

64B (1) $f(2)=-(2)^2+2\times2-2=\boldsymbol{-2}$
(2) $f(-2a)=-(-2a)^2+2\times(-2a)-2$
$$=\boldsymbol{-4a^2-4a-2}$$

65A (1)

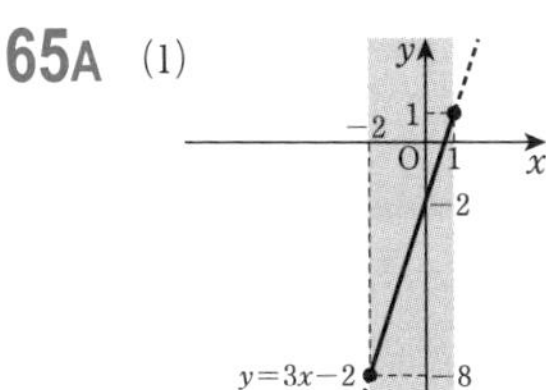

(2) (1)のグラフより値域は　**$-8\leqq y\leqq 1$**

(3) (1)のグラフより

$x=1$ のとき **最大値 1**

$x=-2$ のとき **最小値 -8**

65B (1)

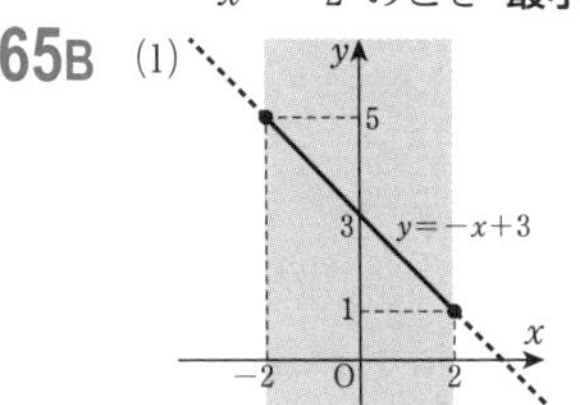

(2) (1)のグラフより値域は　**$1\leqq y\leqq 5$**

(3) (1)のグラフより

$x=-2$ のとき **最大値 5**

$x=2$ のとき **最小値 1**

23 2次関数とグラフ

p.52

66A (1)　(2)

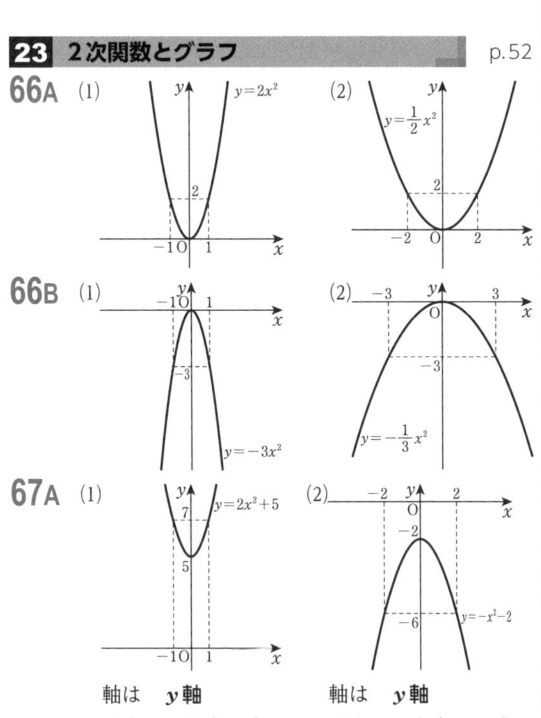

66B (1)　(2)

67A (1)　(2)

(1) 軸は　**y軸**

頂点は　点 **$(0,\ 5)$**

(2) 軸は　**y軸**

頂点は　点 **$(0,\ -2)$**

67B (1)

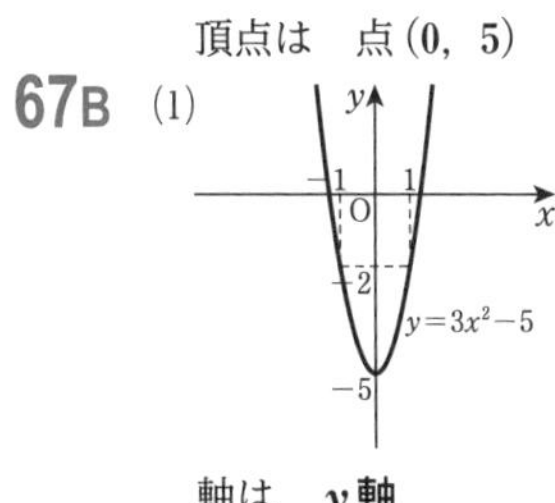

軸は　**y軸**

頂点は　点 **$(0,\ -5)$**

(2)

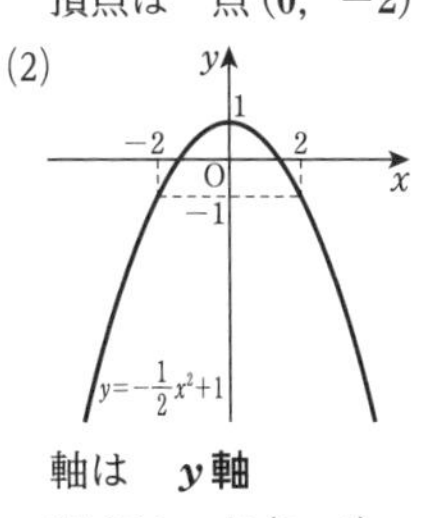

軸は　**y軸**

頂点は　点 **$(0,\ 1)$**

68A (1)

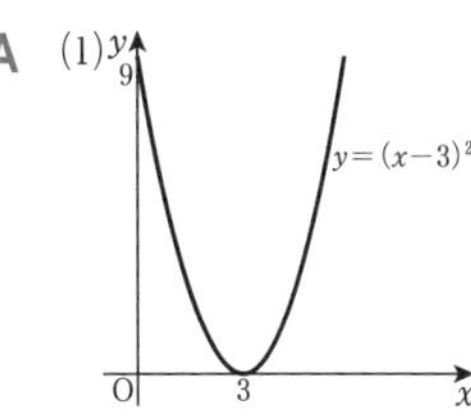

軸は　直線 **$x=3$**

頂点は　点 **$(3,\ 0)$**

(2)

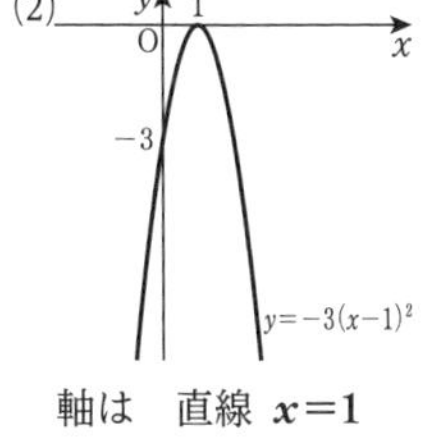

軸は　直線 **$x=1$**

頂点は　点 **$(1,\ 0)$**

68B (1)

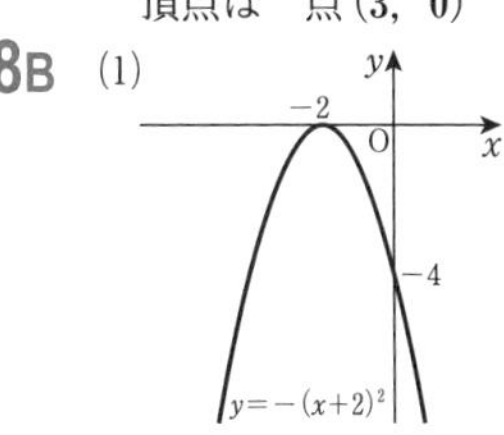

軸は　直線 **$x=-2$**

頂点は　点 **$(-2,\ 0)$**

(2)

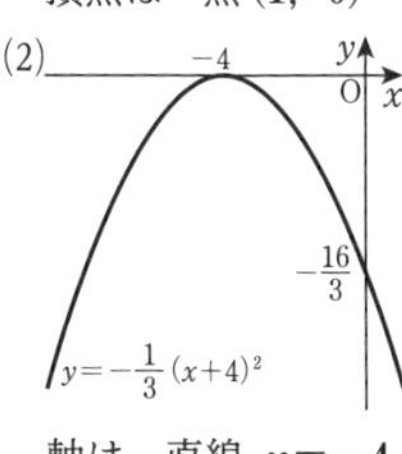

軸は　直線 **$x=-4$**

頂点は　点 **$(-4,\ 0)$**

69A (1)

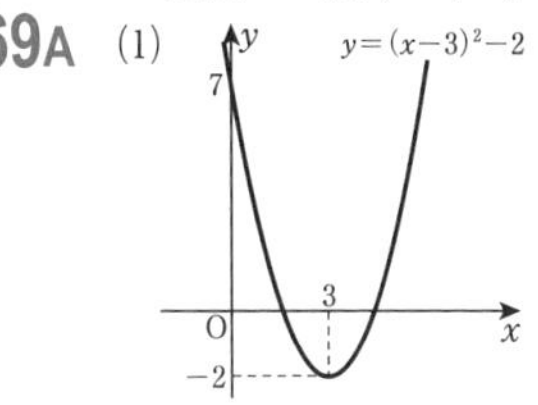

軸は　直線 **$x=3$**

頂点は　点 **$(3,\ -2)$**

(2) $y=-2(x+1)^2-2$

軸は　直線 **$x=-1$**

頂点は　点 **$(-1,\ -2)$**

69B (1)

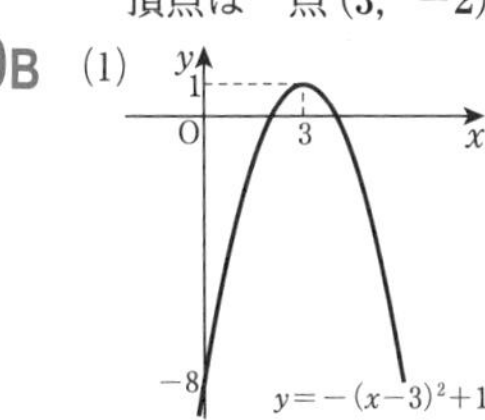

軸は　直線 **$x=3$**

頂点は　点 **$(3,\ 1)$**

(2) $y=\frac{1}{2}(x+3)^2-4$

軸は　直線 **$x=-3$**

頂点は　点 **$(-3,\ -4)$**

70A 求める関数のグラフは，$y=3x^2$ を平行移動した放物線で，頂点が点 $(-2,\ 4)$ であるから

$$y=3\{x-(-2)\}^2+4$$

すなわち　**$y=3(x+2)^2+4$**

70B 求める関数のグラフは，$y=-x^2$ のグラフを平行移動した放物線で，頂点が点 $(2,\ -1)$ であるから

$y=-(x-2)^2-1$

24 $y=ax^2+bx+c$ の変形

p.56

71A (1) $y=x^2-2x$

$=(x-1)^2-1^2$

$=(x-1)^2-1$

(2) $y=x^2-8x+9$

$=(x-4)^2-4^2+9$

$=(x-4)^2-7$

(3) $y=x^2+10x-5$

$=(x+5)^2-5^2-5$

$=(x+5)^2-30$

(4) $y=x^2-x$

$=\left(x-\frac{1}{2}\right)^2-\left(\frac{1}{2}\right)^2$

$\boldsymbol{=\left(x-\frac{1}{2}\right)^2-\frac{1}{4}}$

(5) $\boldsymbol{y}=x^2-3x-2$

$=\left(x-\frac{3}{2}\right)^2-\left(\frac{3}{2}\right)^2-2$

$=\left(x-\frac{3}{2}\right)^2-\frac{9}{4}-2$

$\boldsymbol{=\left(x-\frac{3}{2}\right)^2-\frac{17}{4}}$

71B (1) $\boldsymbol{y}=x^2+4x$

$=(x+2)^2-2^2$

$\boldsymbol{=(x+2)^2-4}$

(2) $\boldsymbol{y}=x^2+6x-2$

$=(x+3)^2-3^2-2$

$\boldsymbol{=(x+3)^2-11}$

(3) $\boldsymbol{y}=x^2-4x+4$

$=(x-2)^2-2^2+4$

$\boldsymbol{=(x-2)^2}$

(4) $\boldsymbol{y}=x^2+5x+5$

$=\left(x+\frac{5}{2}\right)^2-\left(\frac{5}{2}\right)^2+5$

$\boldsymbol{=\left(x+\frac{5}{2}\right)^2-\frac{5}{4}}$

(5) $\boldsymbol{y}=x^2+x-\frac{3}{4}$

$=\left(x+\frac{1}{2}\right)^2-\left(\frac{1}{2}\right)^2-\frac{3}{4}$

$\boldsymbol{=\left(x+\frac{1}{2}\right)^2-1}$

72A (1) $\boldsymbol{y}=2x^2+12x$

$=2(x^2+6x)$

$=2\{(x+3)^2-3^2\}$

$=2(x+3)^2-2\times3^2$

$\boldsymbol{=2(x+3)^2-18}$

(2) $\boldsymbol{y}=3x^2-12x-4$

$=3(x^2-4x)-4$

$=3\{(x-2)^2-2^2\}-4$

$=3(x-2)^2-3\times2^2-4$

$\boldsymbol{=3(x-2)^2-16}$

(3) $\boldsymbol{y}=4x^2-8x+1$

$=4(x^2-2x)+1$

$=4\{(x-1)^2-1^2\}+1$

$=4(x-1)^2-4\times1^2+1$

$\boldsymbol{=4(x-1)^2-3}$

(4) $\boldsymbol{y}=-3x^2+12x-2$

$=-3(x^2-4x)-2$

$=-3\{(x-2)^2-2^2\}-2$

$=-3(x-2)^2+3\times2^2-2$

$\boldsymbol{=-3(x-2)^2+10}$

(5) $\boldsymbol{y}=-x^2-4x-4$

$=-(x^2+4x)-4$

$=-\{(x+2)^2-2^2\}-4$

$=-(x+2)^2+2^2-4$

$\boldsymbol{=-(x+2)^2}$

72B (1) $\boldsymbol{y}=3x^2-6x$

$=3(x^2-2x)$

$=3\{(x-1)^2-1^2\}$

$=3(x-1)^2-3\times1^2$

$\boldsymbol{=3(x-1)^2-3}$

(2) $\boldsymbol{y}=2x^2+4x+5$

$=2(x^2+2x)+5$

$=2\{(x+1)^2-1^2\}+5$

$=2(x+1)^2-2\times1^2+5$

$\boldsymbol{=2(x+1)^2+3}$

(3) $\boldsymbol{y}=-2x^2+4x+3$

$=-2(x^2-2x)+3$

$=-2\{(x-1)^2-1^2\}+3$

$=-2(x-1)^2+2\times1^2+3$

$\boldsymbol{=-2(x-1)^2+5}$

(4) $\boldsymbol{y}=-4x^2-8x-3$

$=-4(x^2+2x)-3$

$=-4\{(x+1)^2-1^2\}-3$

$=-4(x+1)^2+4\times1^2-3$

$\boldsymbol{=-4(x+1)^2+1}$

(5) $\boldsymbol{y}=2x^2-8x+8$

$=2(x^2-4x)+8$

$=2\{(x-2)^2-2^2\}+8$

$=2(x-2)^2-2\times2^2+8$

$\boldsymbol{=2(x-2)^2}$

25 $y=ax^2+bx+c$ のグラフ

p.58

73A (1) $y=x^2+6x+7$

$=(x+3)^2-3^2+7$

$=(x+3)^2-2$

軸は　直線 $\boldsymbol{x=-3}$

頂点は　点 $\boldsymbol{(-3,\ -2)}$

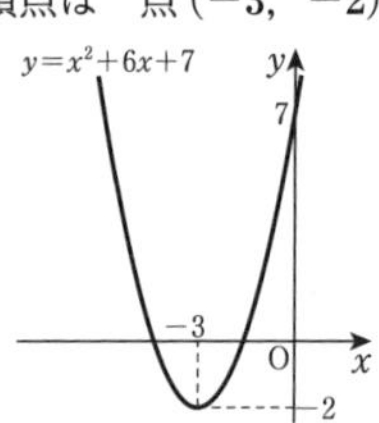

(2) $y=x^2+4x-1$

$=(x+2)^2-2^2-1$

$=(x+2)^2-5$

軸は　直線 $\boldsymbol{x=-2}$

頂点は　点 $\boldsymbol{(-2,\ -5)}$

73B (1) $y=x^2-2x-3$

$=(x-1)^2-1^2-3$

$=(x-1)^2-4$

軸は　直線 $\boldsymbol{x=1}$

頂点は　点 $\boldsymbol{(1,\ -4)}$

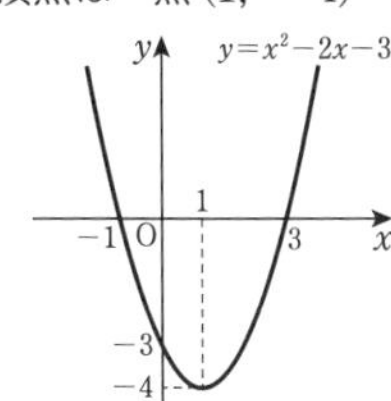

(2) $y=x^2-8x+13$

$=(x-4)^2-4^2+13$

$=(x-4)^2-3$

軸は　直線 $\boldsymbol{x=4}$

頂点は　点 $\boldsymbol{(4,\ -3)}$

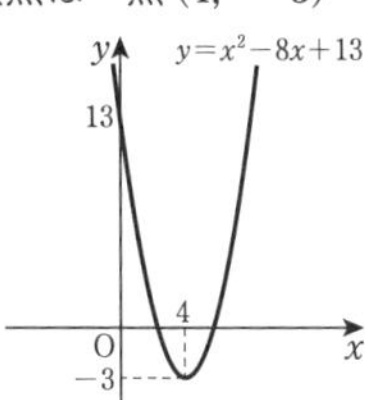

74A (1) $y=2x^2-8x+3$

$=2(x^2-4x)+3$

$=2\{(x-2)^2-2^2\}+3$

$=2(x-2)^2-5$

軸は　直線 $\boldsymbol{x=2}$

頂点は　点 $\boldsymbol{(2,\ -5)}$

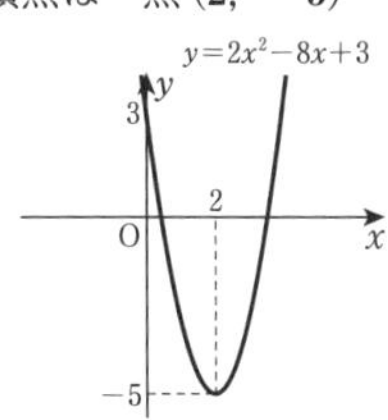

(2) $y=-2x^2-4x+5$

$=-2(x^2+2x)+5$

$=-2\{(x+1)^2-1^2\}+5$

$=-2(x+1)^2+7$

軸は　直線 $\boldsymbol{x=-1}$

頂点は　点 $\boldsymbol{(-1,\ 7)}$

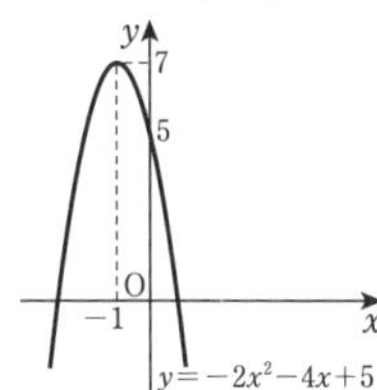

74B (1) $y=3x^2+6x+5$

$=3(x^2+2x)+5$

$=3\{(x+1)^2-1^2\}+5$

$=3(x+1)^2+2$

軸は　直線 $\boldsymbol{x=-1}$

頂点は　点 $\boldsymbol{(-1,\ 2)}$

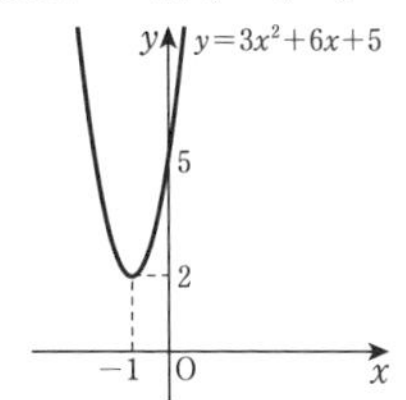

(2) $y=-3x^2+12x-8$

$=-3(x^2-4x)-8$

$=-3\{(x-2)^2-2^2\}-8$

$=-3(x-2)^2+4$

軸は　直線 $\boldsymbol{x=2}$

頂点は　点 $\boldsymbol{(2,\ 4)}$

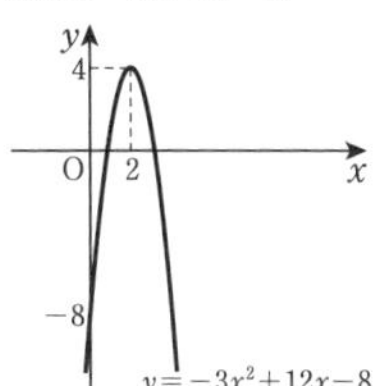

75A $y=x^2-6x+4$ を変形すると

$y=(x-3)^2-5$ ……①

$y=x^2+4x-2$ を変形すると

$y=(x+2)^2-6$ ……②

よって，①，②のグラフは，ともに $y=x^2$ のグラフを平行移動した放物線であり，頂点はそれぞれ

点 $(3,\ -5)$，点 $(-2,\ -6)$

したがって，$y=x^2-6x+4$ のグラフを

x軸方向に -5，y軸方向に -1

だけ平行移動すれば，$y=x^2+4x-2$ のグラフに重なる。

75B $y=-x^2-4x-7$ を変形すると

$y=-(x+2)^2-3$ ……①

$y=-x^2+2x-4$ を変形すると

$y=-(x-1)^2-3$ ……②

よって，①，②のグラフは，ともに $y=-x^2$ のグラフを平行移動した放物線であり，

頂点はそれぞれ

点 $(-2,\ -3)$，点 $(1,\ -3)$

したがって，$y=-x^2-4x-7$ のグラフを

x軸方向に 3 だけ平行移動すれば，

$y=-x^2+2x-4$ のグラフに重なる。

26 グラフの平行移動・対称移動

p.61

76A $y=x^2+3x-4$ において，

x を $x-2$，y を $y-3$ に置きかえて

$y-3=(x-2)^2+3(x-2)-4$

すなわち　$\boldsymbol{y=x^2-x-3}$

76B $y=2x^2+x+1$ において，

x を $x+1$，y を $y+2$ に置きかえて

$y+2=2(x+1)^2+(x+1)+1$

すなわち　$y=2x^2+5x+2$

77A x 軸：$-y=x^2+2x-3$

すなわち　$y=-x^2-2x+3$

y 軸：$y=(-x)^2+2(-x)-3$

すなわち　$y=x^2-2x-3$

原点：$-y=(-x)^2+2(-x)-3$

すなわち　$y=-x^2+2x+3$

77B x 軸：$-y=-2x^2-x+5$

すなわち　$y=2x^2+x-5$

y 軸：$y=-2(-x)^2-(-x)+5$

すなわち　$y=-2x^2+x+5$

原点：$-y=-2(-x)^2-(-x)+5$

すなわち　$y=2x^2-x-5$

27 2次関数の最大・最小

p.62

78A (1)

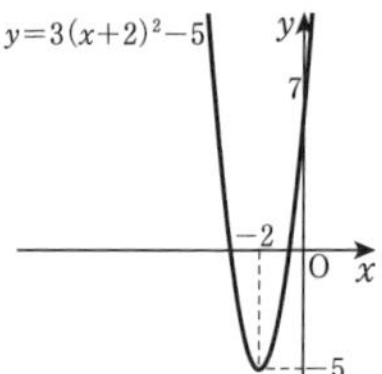

y は $x=-2$ のとき
最小値 -5 をとる。
最大値はない。

(2)

y は $x=3$ のとき
最大値 2 をとる。
最小値はない。

(3) $y=x^2-4x+1$
$=(x-2)^2-3$

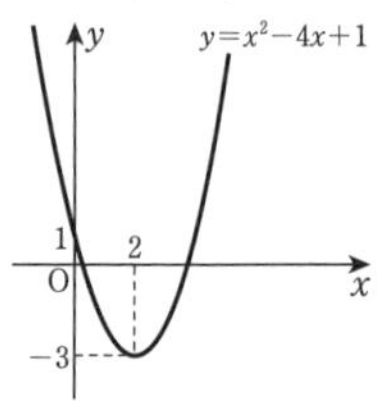

y は $x=2$ のとき
最小値 -3 をとる。
最大値はない。

(4) $y=-x^2-8x+4$
$=-(x+4)^2+20$

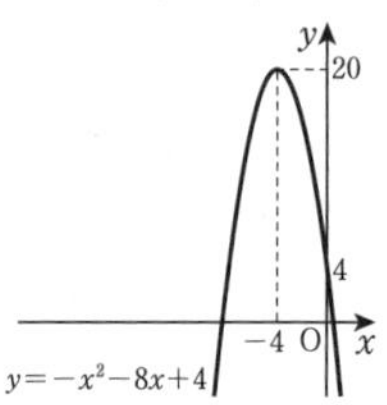

y は $x=-4$ のとき
最大値 20 をとる。
最小値はない。

78B (1)

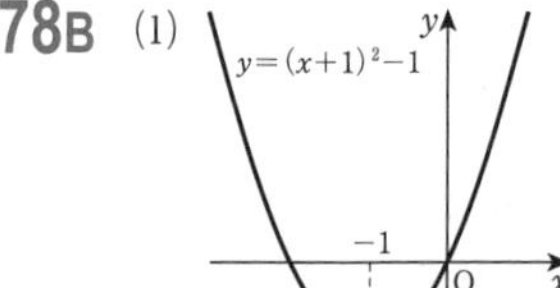

y は $x=-1$ のとき
最小値 -1 をとる。
最大値はない。

(2)

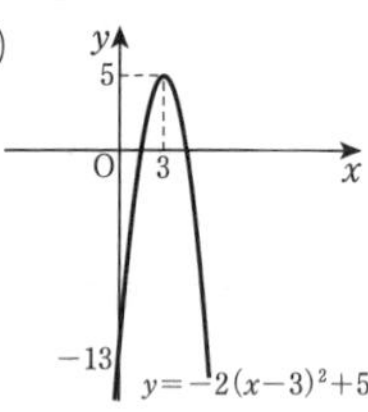

y は $x=3$ のとき
最大値 5 をとる。
最小値はない。

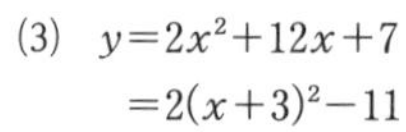

(3) $y=2x^2+12x+7$
$=2(x+3)^2-11$

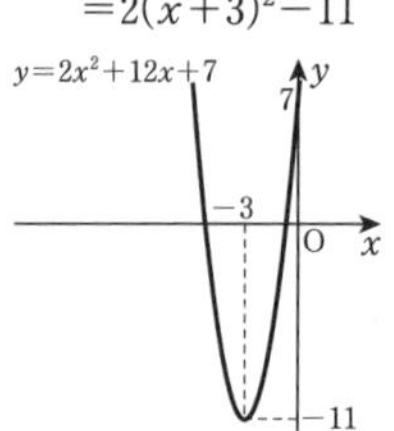

y は $x=-3$ のとき
最小値 -11 をとる。
最大値はない。

(4) $y=-3x^2+6x-5$
$=-3(x-1)^2-2$

y は $x=1$ のとき
最大値 -2 をとる。
最小値はない。

79A (1)

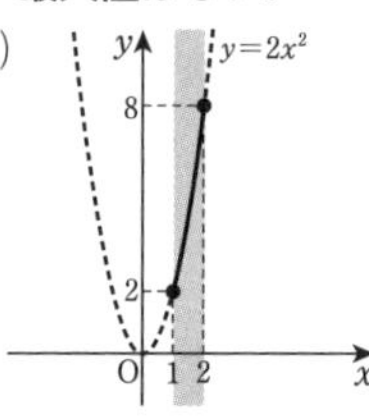

この関数のグラフは，上の図の実線部分である。
よって，y は
$x=2$ のとき
最大値 8 をとり，
$x=1$ のとき
最小値 2 をとる。

(2)

この関数のグラフは，上の図の実線部分である。
よって，y は
$x=-3$ のとき
最大値 27 をとり，
$x=-1$ のとき
最小値 3 をとる。

(3) この関数のグラフは，右の図の実線部分である。
よって，y は $x=1$ のとき　**最大値** -2 をとり，
$x=4$ のとき　**最小値** -32 をとる。

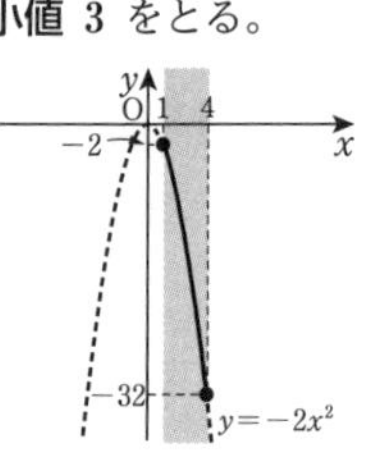

79B (1)

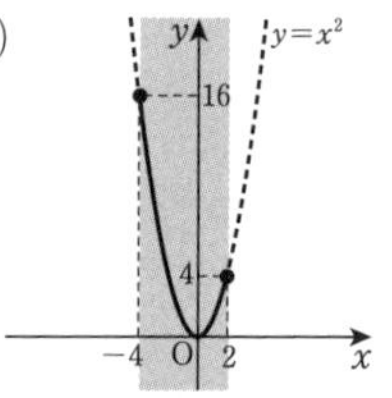

この関数のグラフは，上の図の実線部分である。
よって，y は
$x=-4$ のとき
最大値 16 をとり，
$x=0$ のとき
最小値 0 をとる。

(2)

この関数のグラフは，上の図の実線部分である。
よって，y は
$x=-1$ のとき
最大値 -1 をとり，
$x=-3$ のとき
最小値 -9 をとる。

(3) この関数のグラフは，右の図の実線部分である。
よって，y は
$x=0$ のとき
最大値 0 をとり，
$x=-2$ のとき
最小値 -12 をとる。

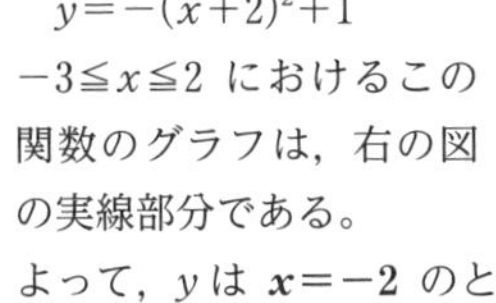

80A (1) $y=x^2-2x+4$
を変形すると
$y=(x-1)^2+3$

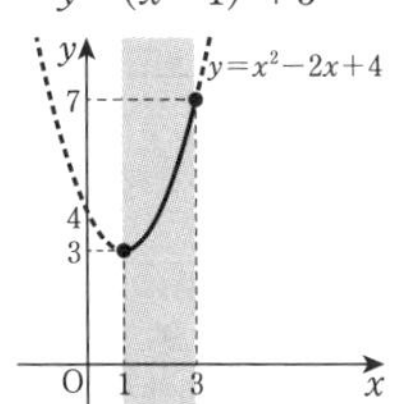

$1\leqq x\leqq 3$ における
この関数のグラフは，
上の図の実線部分である。
よって，y は
$x=3$ のとき
最大値 7 をとり，
$x=1$ のとき
最小値 3 をとる。

(2) $y=x^2-4x-1$
を変形すると
$y=(x-2)^2-5$

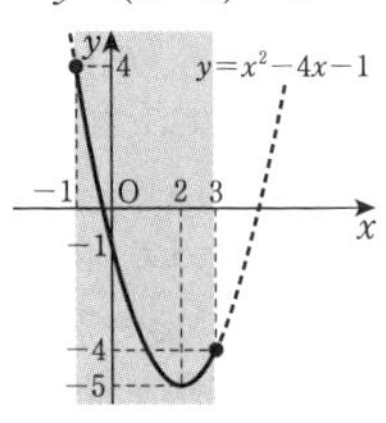

$-1\leqq x\leqq 3$ における
この関数のグラフは，
上の図の実線部分である。
よって，y は
$x=-1$ のとき
最大値 4 をとり，
$x=2$ のとき
最小値 -5 をとる。

(3) $y=-x^2-4x-3$
を変形すると
$y=-(x+2)^2+1$
$-3\leqq x\leqq 2$ におけるこの関数のグラフは，右の図の実線部分である。

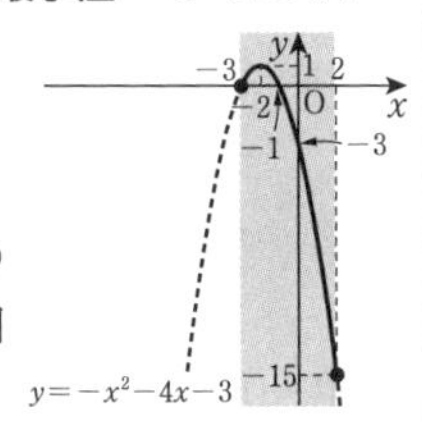

よって，y は **$x=-2$ のとき　最大値 1** をとり，
$x=2$ のとき　最小値 -15 をとる。

80B (1) $y=x^2+6x-3$
を変形すると
$y=(x+3)^2-12$

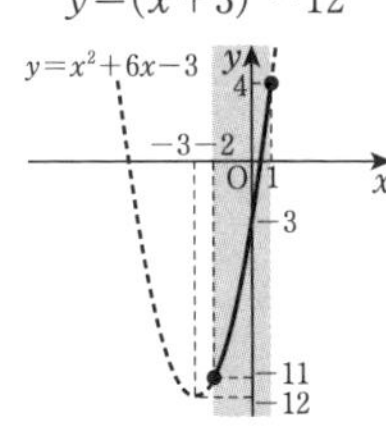

$-2\leqq x\leqq 1$ における
この関数のグラフは，
上の図の実線部分である。
よって，y は
$x=1$ のとき
最大値 4 をとり，
$x=-2$ のとき
最小値 -11 をとる。

(2) $y=2x^2-8x+7$
を変形すると
$y=2(x-2)^2-1$

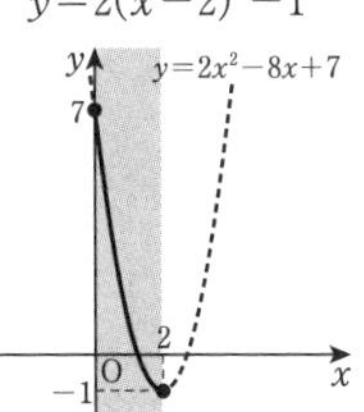

$0\leqq x\leqq 2$ における
この関数のグラフは，
上の図の実線部分である。
よって，y は
$x=0$ のとき
最大値 7 をとり，
$x=2$ のとき
最小値 -1 をとる。

(3) $y=-2x^2+4x-1$
を変形すると
$y=-2(x-1)^2+1$
$-1\leqq x\leqq 3$ におけるこの関数のグラフは，右の図の実線部分である。

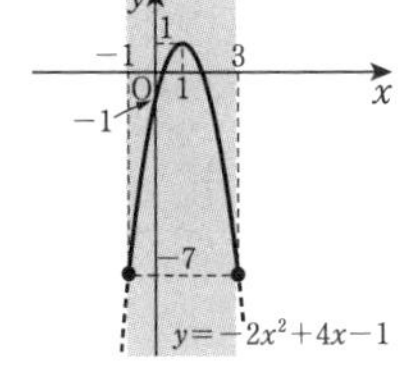

よって，y は
$x=1$ のとき　最大値 1 をとり，
$x=-1$，3 のとき　最小値 -7 をとる。

81A 囲いの横の長さを x m とすると，縦の長さは $(18-x)$ m である。
$x>0$ かつ $18-x>0$ であるから，
$0<x<18$
このとき，囲いの面積は
$y=x(18-x)$
よって
$y=-x^2+18x$
$=-(x-9)^2+81$
ゆえに，$0<x<18$ におけるこの関数のグラフは，右の図の実線部分である。

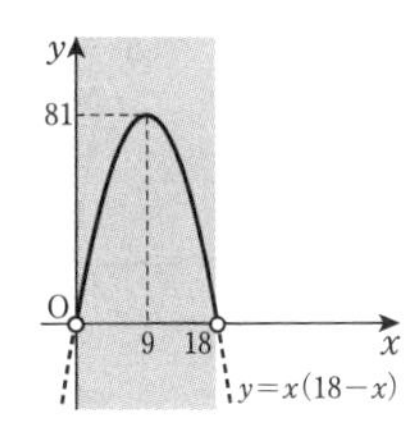

したがって，y は，
$x=9$ のとき，**最大値 81** をとる。

81B AH$=x$ (cm) とすると，
AE$=$HD$=(100-x)$ (cm)
である。$x>0$ かつ
$100-x>0$ であるから
$0<x<100$
また，$y=\mathrm{EH}^2$ である。
ここで，三平方の定理より
$\mathrm{EH}^2=\mathrm{AE}^2+\mathrm{AH}^2$
$=(100-x)^2+x^2$
$=2x^2-200x+10000$
よって
$y=2x^2-200x+10000$
$=2(x-50)^2+5000$
ゆえに，$0<x<100$ におけるこの関数のグラフは，右の図の実線部分である。

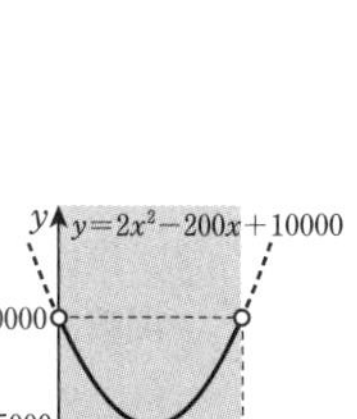

したがって，y は
$x=50$ のとき
最小値 5000 をとる。

28 2次関数の決定

p.66

82A (1) 頂点が点 $(-3,\ 5)$ であるから，求める2次関数は
$y=a(x+3)^2+5$
と表される。
グラフが点 $(-2,\ 3)$ を通ることから
$3=a(-2+3)^2+5$
より　$3=a+5$　　よって　$a=-2$

第3章 2次関数

したがって，求める 2 次関数は

$$\boldsymbol{y=-2(x+3)^2+5}$$

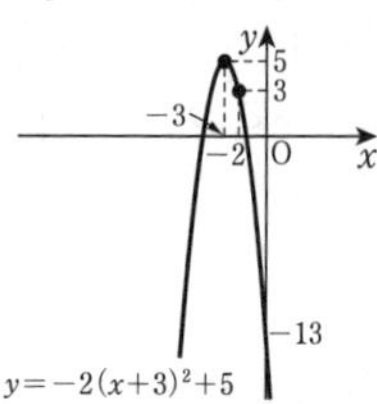

(2)　頂点が点 (2, −4) であるから，求める 2 次関数は

$$y=a(x-2)^2-4$$

と表される。

グラフが原点を通ることから

$$0=a(0-2)^2-4$$

より　$0=4a-4$　　よって　$a=1$

したがって，求める 2 次関数は

$$\boldsymbol{y=(x-2)^2-4}$$

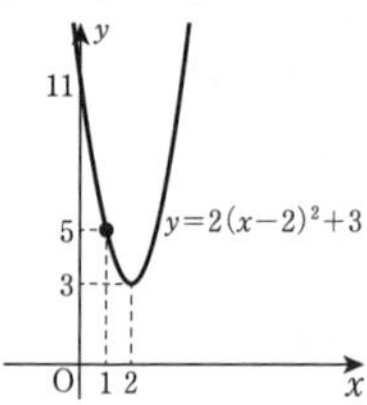

82B　(1)　頂点が点 (2, 3) であるから，求める 2 次関数は

$$y=a(x-2)^2+3$$

と表される。

グラフが点 (1, 5) を通ることから

$$5=a(1-2)^2+3$$

より　$5=a+3$　　よって　$a=2$

したがって，求める 2 次関数は

$$\boldsymbol{y=2(x-2)^2+3}$$

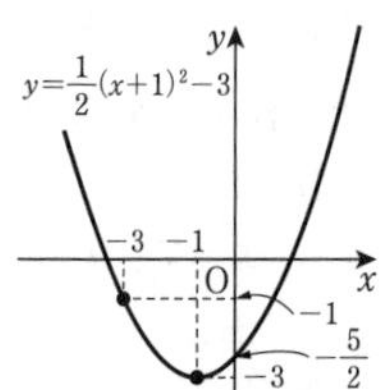

(2)　頂点が点 (−1, −3) であるから，求める 2 次関数は

$$y=a(x+1)^2-3$$

と表される。

グラフが点 (−3, −1) を通ることから

$$-1=a(-3+1)^2-3$$

より　$-1=4a-3$　　よって　$a=\frac{1}{2}$

したがって，求める 2 次関数は

$$\boldsymbol{y=\frac{1}{2}(x+1)^2-3}$$

83A　(1)　軸が直線 $x=3$ であるから，求める 2 次関数は

$$y=a(x-3)^2+q$$

と表される。

グラフが点 (1, −2) を通ることから

$$-2=a(1-3)^2+q\ \cdots\cdots①$$

グラフが点 (4, −8) を通ることから

$$-8=a(4-3)^2+q\ \cdots\cdots②$$

①，②より

$$\begin{cases}4a+q=-2\\a+q=-8\end{cases}$$

これを解いて

$$a=2,\ q=-10$$

よって，求める 2 次関数は

$$\boldsymbol{y=2(x-3)^2-10}$$

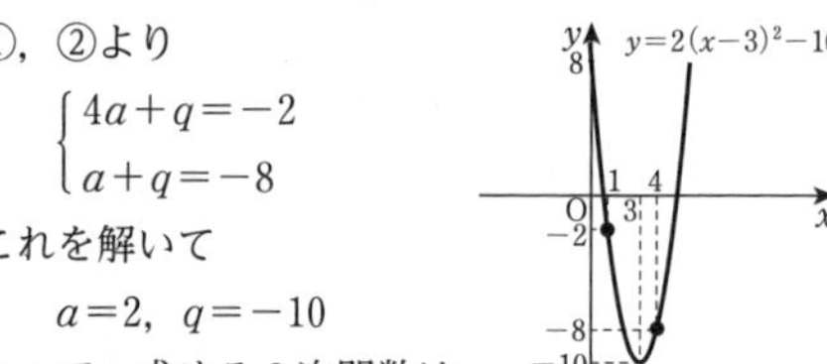

(2)　軸が直線 $x=-1$ であるから，求める 2 次関数は

$$y=a(x+1)^2+q$$

と表される。

グラフが点 (0, 1) を通ることから

$$1=a(0+1)^2+q\ \cdots\cdots①$$

グラフが点 (2, 17) を通ることから

$$17=a(2+1)^2+q\ \cdots\cdots②$$

①，②より

$$\begin{cases}a+q=1\\9a+q=17\end{cases}$$

これを解いて

$$a=2,\ q=-1$$

よって，求める 2 次関数は

$$\boldsymbol{y=2(x+1)^2-1}$$

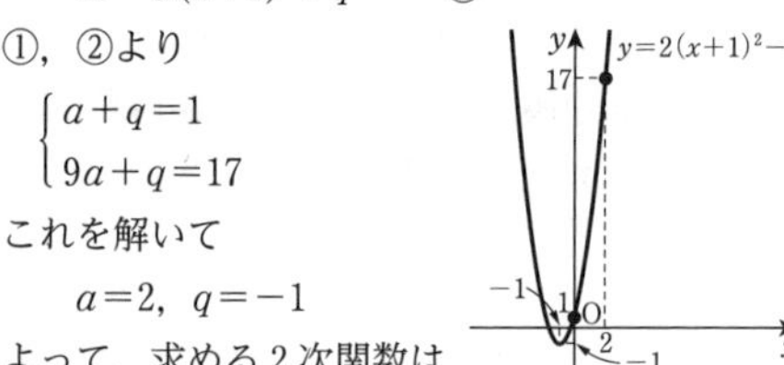

83B　(1)　軸が直線 $x=-2$ であるから，求める 2 次関数は

$$y=a(x+2)^2+q$$

と表される。

グラフが点 (0, 13) を通ることから

$$13=a(0+2)^2+q\ \cdots\cdots①$$

グラフが点 (−3, 4) を通ることから

$$4=a(-3+2)^2+q\ \cdots\cdots②$$

①，②より

$$\begin{cases}4a+q=13\\a+q=4\end{cases}$$

これを解いて

$$a=3,\ q=1$$

よって，求める 2 次関数は

$$\boldsymbol{y=3(x+2)^2+1}$$

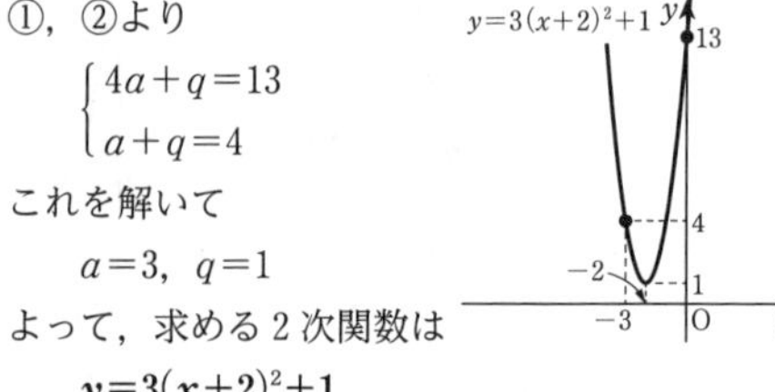

(2)　軸が直線 $x=3$ であるから，求める 2 次関数は

$$y=a(x-3)^2+q$$

と表される。

グラフが点 (2, −2) を通ることから

$$-2=a(2-3)^2+q\ \cdots\cdots①$$

グラフが点 (1, −8) を通ることから

$-8=a(1-3)^2+q$ ……②

①，②より

$$\begin{cases} a+q=-2 \\ 4a+q=-8 \end{cases}$$

これを解いて

$a=-2,\ q=0$

よって，求める 2 次関数は

$\boldsymbol{y=-2(x-3)^2}$

84A 求める 2 次関数を

$y=ax^2+bx+c$

とおく。

グラフが 3 点 $(0,\ -1)$，$(1,\ 2)$，$(2,\ 7)$ を通ることから

$$\begin{cases} -1=c & \cdots\cdots① \\ 2=a+b+c & \cdots\cdots② \\ 7=4a+2b+c & \cdots\cdots③ \end{cases}$$

①より　$c=-1$

これを②，③に代入して整理すると

$$\begin{cases} a+b=3 \\ 2a+b=4 \end{cases}$$

これを解いて

$a=1,\ b=2$

よって，求める 2 次関数は

$\boldsymbol{y=x^2+2x-1}$

84B 求める 2 次関数を

$y=ax^2+bx+c$

とおく。

グラフが 3 点 $(0,\ 2)$，$(-2,\ -14)$，$(3,\ -4)$ を通ることから

$$\begin{cases} 2=c & \cdots\cdots① \\ -14=4a-2b+c & \cdots\cdots② \\ -4=9a+3b+c & \cdots\cdots③ \end{cases}$$

①より　$c=2$

これを②，③に代入して整理すると

$$\begin{cases} 2a-b=-8 \\ 3a+b=-2 \end{cases}$$

これを解いて

$a=-2,\ b=4$

よって，求める 2 次関数は

$\boldsymbol{y=-2x^2+4x+2}$

85A 求める 2 次関数を

$y=ax^2+bx+c$

とおく。

グラフが 3 点 $(-2,\ 7)$，$(-1,\ 2)$，$(2,\ -1)$ を通ることから

$$\begin{cases} 4a-2b+c=7 & \cdots\cdots① \\ a-b+c=2 & \cdots\cdots② \\ 4a+2b+c=-1 & \cdots\cdots③ \end{cases}$$

①−② より　$3a-b=5$ ……④

③−② より　$3a+3b=-3$

すなわち　$a+b=-1$ ……⑤

④，⑤より a と b の値を求めると　$a=1,\ b=-2$

これらを②に代入して，c の値を求めると　$c=-1$

よって，求める 2 次関数は

$\boldsymbol{y=x^2-2x-1}$

85B 求める 2 次関数を

$y=ax^2+bx+c$

とおく。

グラフが 3 点 $(1,\ 2)$，$(3,\ 6)$，$(-2,\ 11)$ を通ることから

$$\begin{cases} a+b+c=2 & \cdots\cdots① \\ 9a+3b+c=6 & \cdots\cdots② \\ 4a-2b+c=11 & \cdots\cdots③ \end{cases}$$

②−① より　$8a+2b=4$

すなわち　$4a+b=2$ ……④

③−① より　$3a-3b=9$

すなわち　$a-b=3$ ……⑤

④，⑤より a と b の値を求めると　$a=1,\ b=-2$

これらを①に代入して，c の値を求めると　$c=3$

よって，求める 2 次関数は

$\boldsymbol{y=x^2-2x+3}$

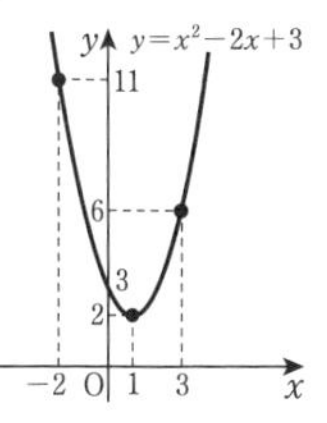

2 節　2 次方程式と 2 次不等式

29　2 次方程式　p.70

86A (1) $x+1=0$ または $x-2=0$

よって　$\boldsymbol{x=-1,\ 2}$

(2) 左辺を因数分解すると

$(x+3)(x-1)=0$

よって　$x+3=0$ または $x-1=0$

したがって　$\boldsymbol{x=-3,\ 1}$

(3) 左辺を因数分解すると

$(x+2)(x-3)=0$

よって　$x+2=0$ または $x-3=0$

したがって　$\boldsymbol{x=-2,\ 3}$

(4) 左辺を因数分解すると

$(x+5)(x-5)=0$

よって　$x+5=0$ または $x-5=0$

したがって　$\boldsymbol{x=-5,\ 5}$

(5) 左辺を因数分解すると

$x(x+3)=0$

よって　$x=0$ または $x+3=0$

したがって　$\boldsymbol{x=0,\ -3}$

86B (1) $2x+1=0$ または $3x-2=0$

よって　$\boldsymbol{x=-\frac{1}{2},\ \frac{2}{3}}$

(2) 左辺を因数分解すると

$(x-3)(x-5)=0$

よって　$x-3=0$ または $x-5=0$

したがって　$\boldsymbol{x=3,\ 5}$

(3) 左辺を因数分解すると

$(x+8)(x-3)=0$

よって　$x+8=0$ または $x-3=0$

したがって　$\boldsymbol{x=-8,\ 3}$

(4) 左辺を因数分解すると

$(x+6)(x-6)=0$

よって　$x+6=0$ または $x-6=0$

したがって　$\boldsymbol{x=-6,\ 6}$

(5) 左辺を因数分解すると

$x(x+4)=0$

よって　$x=0$ または $x+4=0$

したがって　$\boldsymbol{x=0,\ -4}$

87A (1) $x=\dfrac{-3\pm\sqrt{3^2-4\times1\times1}}{2\times1}$

$=\boldsymbol{\dfrac{-3\pm\sqrt{5}}{2}}$

(2) $x=\dfrac{-(-5)\pm\sqrt{(-5)^2-4\times3\times(-1)}}{2\times3}$

$=\boldsymbol{\dfrac{5\pm\sqrt{37}}{6}}$

(3) $x=\dfrac{-6\pm\sqrt{6^2-4\times1\times(-8)}}{2\times1}$

$=\dfrac{-6\pm2\sqrt{17}}{2}$

$=\boldsymbol{-3\pm\sqrt{17}}$

(4) $x=\dfrac{-(-1)\pm\sqrt{(-1)^2-4\times2\times(-3)}}{2\times2}$

$=\dfrac{1\pm\sqrt{25}}{4}$

$=\dfrac{1\pm5}{4}=\boldsymbol{-1,\ \dfrac{3}{2}}$

87B (1) $x=\dfrac{-(-5)\pm\sqrt{(-5)^2-4\times1\times3}}{2\times1}$

$=\boldsymbol{\dfrac{5\pm\sqrt{13}}{2}}$

(2) $x=\dfrac{-5\pm\sqrt{5^2-4\times2\times1}}{2\times2}$

$=\boldsymbol{\dfrac{-5\pm\sqrt{17}}{4}}$

(3) $x=\dfrac{-8\pm\sqrt{8^2-4\times3\times2}}{2\times3}$

$=\dfrac{-8\pm2\sqrt{10}}{6}$

$=\boldsymbol{\dfrac{-4\pm\sqrt{10}}{3}}$

(4) $x=\dfrac{-(-5)\pm\sqrt{(-5)^2-4\times6\times(-4)}}{2\times6}$

$=\dfrac{5\pm\sqrt{121}}{12}=\dfrac{5\pm11}{12}$

$=\boldsymbol{\dfrac{4}{3},\ -\dfrac{1}{2}}$

30 2次方程式の実数解

p.72

88A 判別式をDとおく。

(1) $D=3^2-4\times1\times1=5$ より　$D>0$

よって，実数解の個数は**2個**である。

(2) $D=(-5)^2-4\times3\times2=1$ より　$D>0$

よって，実数解の個数は**2個**である。

(3) $D=6^2-4\times3\times4=-12$ より　$D<0$

よって，実数解の個数は**0個**である。

88B (1) $D=(-1)^2-4\times1\times3=-11$ より　$D<0$

よって，実数解の個数は**0個**である。

(2) $D=(-4)^2-4\times4\times1=0$

よって，実数解の個数は**1個**である。

(3) $D=2^2-4\times2\times(-5)=44$ より　$D>0$

よって，実数解の個数は**2個**である。

89A 2次方程式 $3x^2-4x-m=0$ の

判別式をDとすると

$D=(-4)^2-4\times3\times(-m)$

$=16+12m$

この2次方程式が異なる2つの実数解をもつためには，$D>0$ であればよい。

よって，$16+12m>0$ より

$\boldsymbol{m>-\dfrac{4}{3}}$

89B 2次方程式 $2x^2-4x-m=0$ の

判別式をDとすると

$D=(-4)^2-4\times2\times(-m)$

$=16+8m$

この2次方程式が異なる2つの実数解をもつためには，$D>0$ であればよい。

よって，$16+8m>0$ より

$\boldsymbol{m>-2}$

90A 2次方程式 $2x^2+4mx+5m+3=0$ の

判別式をDとすると

$D=(4m)^2-4\times2\times(5m+3)$

$=16m^2-40m-24$

この2次方程式が重解をもつためには，$D=0$ であればよい。

よって　$16m^2-40m-24=0$

$2m^2-5m-3=0$

$(2m+1)(m-3)=0$

より　$\boldsymbol{m=-\dfrac{1}{2},\ 3}$

$m=-\dfrac{1}{2}$ のとき，2次方程式は $2x^2-2x+\dfrac{1}{2}=0$

となり

$4x^2-4x+1=0$

$(2x-1)^2=0$

より重解は　$\boldsymbol{x=\dfrac{1}{2}}$

$m=3$ のとき，2次方程式は $2x^2+12x+18=0$ となり

$x^2+6x+9=0$
$(x+3)^2=0$
より重解は　**$x=-3$**

90B 2次方程式 $3x^2-6mx+2m+1=0$ の判別式をDとすると

$D=(-6m)^2-4\times3\times(2m+1)$
$=36m^2-24m-12$

この2次方程式が重解をもつためには，$D=0$ であればよい。

よって　$36m^2-24m-12=0$
$3m^2-2m-1=0$
$(3m+1)(m-1)=0$

より　**$m=-\frac{1}{3}$，1**

$m=-\frac{1}{3}$ のとき，2次方程式は $3x^2+2x+\frac{1}{3}=0$ となり

$9x^2+6x+1=0$
$(3x+1)^2=0$

より重解は　**$x=-\frac{1}{3}$**

$m=1$ のとき，2次方程式は $3x^2-6x+3=0$ となり

$x^2-2x+1=0$
$(x-1)^2=0$

より重解は　**$x=1$**

31 2次関数のグラフとx軸の位置関係 p.74

91A (1)　2次関数 $y=x^2+5x+6$ のグラフと x軸の共有点の x座標は，2次方程式 $x^2+5x+6=0$ の解である。
左辺を因数分解して
$(x+2)(x+3)=0$　より　$x=-2，-3$
よって，共有点の x座標は　**-2，-3**

(2)　2次関数 $y=-x^2+4x-4$ のグラフと x軸の共有点の x座標は，2次方程式
$-x^2+4x-4=0$　すなわち　$x^2-4x+4=0$
の解である。左辺を因数分解して
$(x-2)^2=0$　より　$x=2$
よって，共有点の x座標は　**2**

91B (1)　2次関数 $y=x^2-3x-1$ のグラフと x軸の共有点の x座標は，2次方程式 $x^2-3x-1=0$ の解である。解の公式より

$$x=\frac{-(-3)\pm\sqrt{(-3)^2-4\times1\times(-1)}}{2}$$
$$=\frac{3\pm\sqrt{13}}{2}$$

よって，共有点の x座標は　**$\frac{3-\sqrt{13}}{2}$，$\frac{3+\sqrt{13}}{2}$**

(2)　2次関数 $y=-4x^2+4x-1$ のグラフと x軸の共有点の x座標は，2次方程式
$-4x^2+4x-1=0$　すなわち　$4x^2-4x+1=0$
の解である。左辺を因数分解して
$(2x-1)^2=0$　より　$x=\frac{1}{2}$
よって，共有点の x座標は　**$\frac{1}{2}$**

92A (1)　2次方程式 $x^2-4x+2=0$ の判別式をDとすると
$D=(-4)^2-4\times1\times2=8$　より　$D>0$
よって，グラフと x軸の共有点の個数は　**2個**

(2)　2次方程式 $2x^2-12x+18=0$ すなわち $x^2-6x+9=0$ の判別式をDとすると
$D=(-6)^2-4\times1\times9=0$
よって，グラフと x軸の共有点の個数は　**1個**

92B (1)　2次方程式 $-3x^2+5x-1=0$ の判別式をDとすると
$D=5^2-4\times(-3)\times(-1)=13$　より　$D>0$
よって，グラフと x軸の共有点の個数は　**2個**

(2)　2次方程式 $3x^2+3x+1=0$ の判別式をDとすると
$D=3^2-4\times3\times1=-3$　より　$D<0$
よって，グラフと x軸の共有点の個数は　**0個**

93A (1)　2次方程式 $x^2-4x-2m=0$ の判別式をDとすると
$D=(-4)^2-4\times1\times(-2m)$
$=16+8m$
グラフと x軸の共有点の個数が2個であるためには，$D>0$ であればよい。
よって　$16+8m>0$
より　**$m>-2$**

(2)　2次方程式 $-x^2+4x+3m-2=0$ の判別式をDとすると
$D=4^2-4\times(-1)\times(3m-2)$
$=12m+8$
グラフと x軸の共有点がないためには，$D<0$ であればよい。よって
$12m+8<0$ より
$m<-\frac{2}{3}$

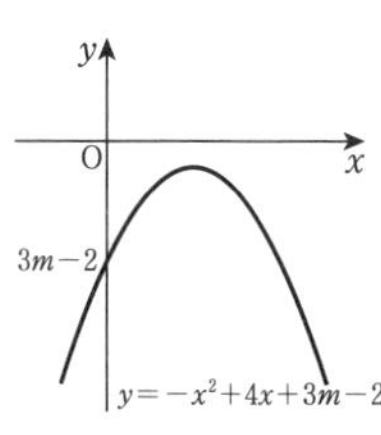

93B (1)　2次方程式 $-2x^2-2x+m-1=0$ の判別式をDとすると
$D=(-2)^2-4\times(-2)\times(m-1)$
$=8m-4$
グラフと x軸の共有点の個数が2個であるためには，$D>0$ であればよい。
よって　$8m-4>0$
より　**$m>\frac{1}{2}$**

(2)　2次方程式 $x^2+(m+2)x+2m+5=0$ の判別式を D とすると

$D=(m+2)^2-4\times1\times(2m+5)$

$=m^2-4m-16$

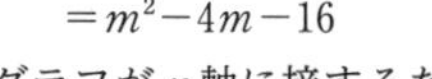

グラフが x 軸に接するためには，$D=0$ であればよい。

ゆえに

$m^2-4m-16=0$

これを解くと

$$m=\frac{-(-4)\pm\sqrt{(-4)^2-4\times1\times(-16)}}{2\times1}$$

$$=\frac{4\pm\sqrt{80}}{2}=\frac{4\pm4\sqrt{5}}{2}=2\pm2\sqrt{5}$$

よって　　$\boldsymbol{m=2\pm2\sqrt{5}}$

32　2次関数のグラフと2次不等式 (1)

p.76

94A　(1)　2次方程式 $(x-3)(x-5)=0$ を解くと

$x=3,\ 5$

よって，$(x-3)(x-5)<0$ の解は

$\boldsymbol{3<x<5}$

(2)　2次方程式 $(x+3)(x-2)=0$ を解くと

$x=-3,\ 2$

よって，$(x+3)(x-2)>0$ の解は

$\boldsymbol{x<-3,\ 2<x}$

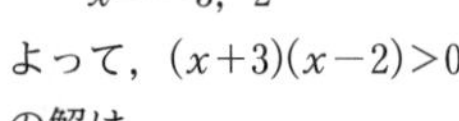

(3)　2次方程式 $x^2-3x-40=0$ を解くと

$(x+5)(x-8)=0$ より　　$x=-5,\ 8$

よって，$x^2-3x-40<0$ の解は

$\boldsymbol{-5<x<8}$

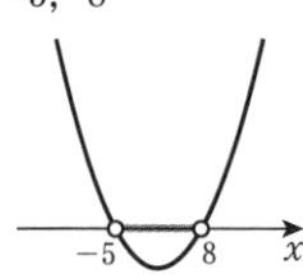

(4)　2次方程式 $x^2-16=0$ を解くと

$(x+4)(x-4)=0$ より　　$x=-4,\ 4$

よって，$x^2-16>0$ の解は

$\boldsymbol{x<-4,\ 4<x}$

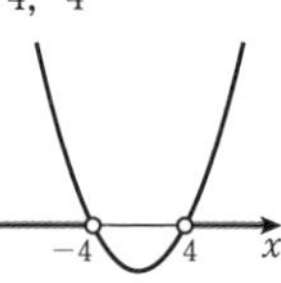

94B　(1)　2次方程式 $(x-1)(x+2)=0$ を解くと

$x=1,\ -2$

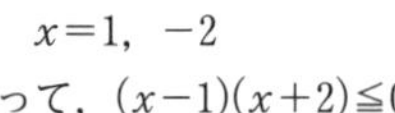

よって，$(x-1)(x+2)\leqq0$ の解は

$\boldsymbol{-2\leqq x\leqq1}$

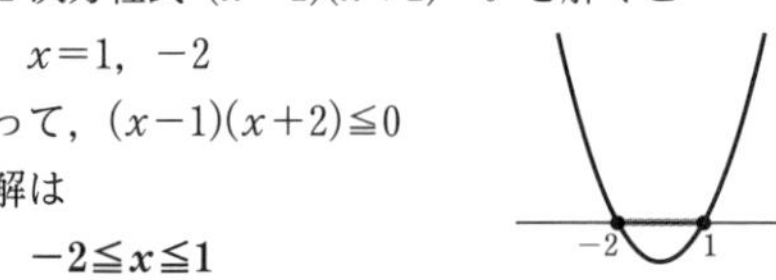

(2)　2次方程式 $x(x+4)=0$ を解くと

$x=0,\ -4$

よって，$x(x+4)\geqq0$ の解は

$\boldsymbol{x\leqq-4,\ 0\leqq x}$

(3)　2次方程式 $x^2-7x+10=0$ を解くと

$(x-2)(x-5)=0$ より　　$x=2,\ 5$

よって，$x^2-7x+10\geqq0$ の解は

$\boldsymbol{x\leqq2,\ 5\leqq x}$

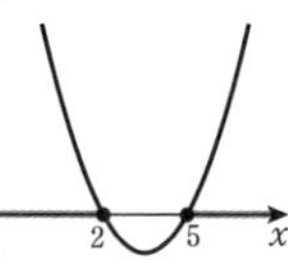

(4)　2次方程式 $x^2+x=0$ を解くと

$x(x+1)=0$ より　　$x=0,\ -1$

よって，$x^2+x<0$ の解は

$\boldsymbol{-1<x<0}$

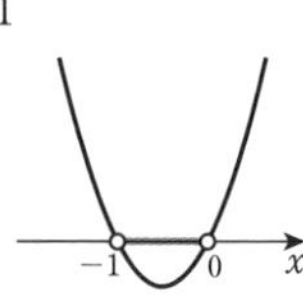

95A　(1)　2次方程式 $2x^2-5x-3=0$ を解くと

$(x-3)(2x+1)=0$ より　　$x=3,\ -\frac{1}{2}$

よって，$2x^2-5x-3>0$ の解は

$\boldsymbol{x<-\frac{1}{2},\ 3<x}$

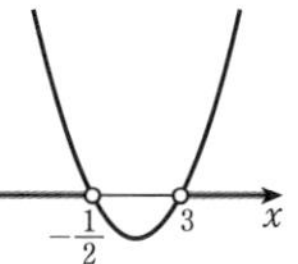

(2)　2次方程式 $6x^2+x-2=0$ を解くと

$(2x-1)(3x+2)=0$ より　　$x=\frac{1}{2},\ -\frac{2}{3}$

よって，$6x^2+x-2<0$ の解は

$\boldsymbol{-\frac{2}{3}<x<\frac{1}{2}}$

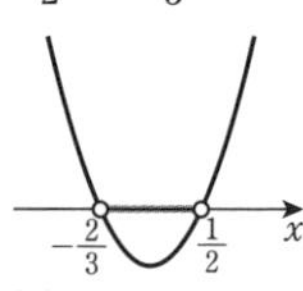

(3)　2次方程式 $x^2+5x+3=0$ を解くと

$$x=\frac{-5\pm\sqrt{5^2-4\times1\times3}}{2\times1}$$

$$=\frac{-5\pm\sqrt{13}}{2}$$

よって，$x^2+5x+3\leqq0$ の解は

$$\boldsymbol{\frac{-5-\sqrt{13}}{2}\leqq x\leqq\frac{-5+\sqrt{13}}{2}}$$

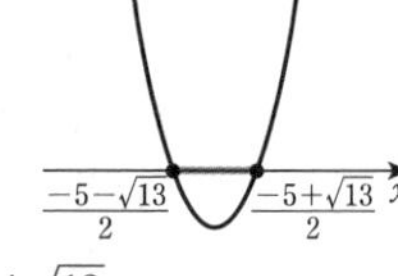

(4)　2次方程式 $2x^2-x-2=0$ を解くと

$$x=\frac{-(-1)\pm\sqrt{(-1)^2-4\times2\times(-2)}}{2\times2}$$

$$=\frac{1\pm\sqrt{17}}{4}$$

よって，$2x^2-x-2>0$ の解は

$$\boldsymbol{x<\frac{1-\sqrt{17}}{4},\ \frac{1+\sqrt{17}}{4}<x}$$

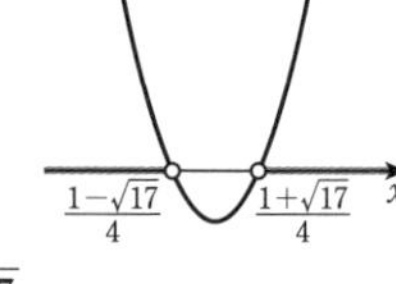

95B　(1)　2次方程式 $3x^2-7x+4=0$ を解くと

$(x-1)(3x-4)=0$ より　　$x=1,\ \frac{4}{3}$

よって，$3x^2-7x+4\leqq0$ の解は

$\boldsymbol{1\leqq x\leqq\frac{4}{3}}$

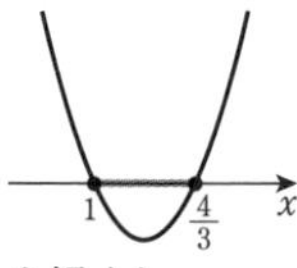

(2)　2次方程式 $10x^2-9x-9=0$ を解くと

$(2x-3)(5x+3)=0$ より　　$x=\frac{3}{2},\ -\frac{3}{5}$

よって，$10x^2-9x-9 \geqq 0$
の解は

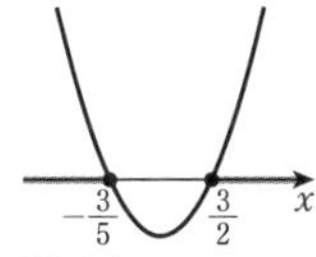

$$\boldsymbol{x \leqq -\frac{3}{5},\ \frac{3}{2} \leqq x}$$

(3)　2 次方程式 $x^2-2x-4=0$ を解くと

$$x=\frac{-(-2)\pm\sqrt{(-2)^2-4\times1\times(-4)}}{2\times1}$$

$$=\frac{2\pm\sqrt{20}}{2}=\frac{2\pm2\sqrt{5}}{2}=1\pm\sqrt{5}$$

よって，$x^2-2x-4 \geqq 0$
の解は

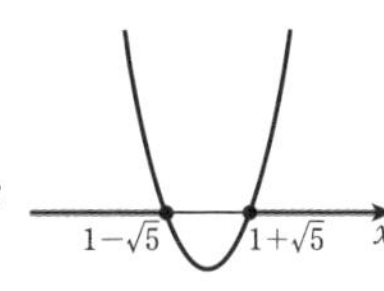

$$\boldsymbol{x \leqq 1-\sqrt{5},\ 1+\sqrt{5} \leqq x}$$

(4)　2 次方程式 $3x^2+2x-2=0$ を解くと

$$x=\frac{-2\pm\sqrt{2^2-4\times3\times(-2)}}{2\times3}$$

$$=\frac{-2\pm\sqrt{28}}{6}=\frac{-2\pm2\sqrt{7}}{6}$$

$$=\frac{-1\pm\sqrt{7}}{3}$$

よって，$3x^2+2x-2<0$
の解は

$$\boldsymbol{\frac{-1-\sqrt{7}}{3}<x<\frac{-1+\sqrt{7}}{3}}$$

96A　(1)　$-x^2-2x+8<0$
の両辺に -1 を掛けると
$x^2+2x-8>0$
2 次方程式 $x^2+2x-8=0$
を解くと
$(x+4)(x-2)=0$ より　$x=-4,\ 2$
よって，$-x^2-2x+8<0$ の解は

$$\boldsymbol{x<-4,\ 2<x}$$

(2)　$-x^2+4x-1 \leqq 0$ の両辺
に -1 を掛けると
$x^2-4x+1 \geqq 0$

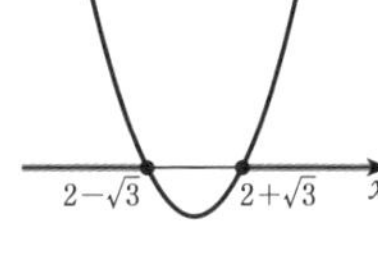

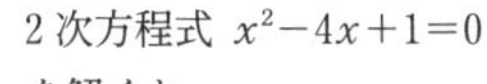

2 次方程式 $x^2-4x+1=0$
を解くと

$$x=\frac{-(-4)\pm\sqrt{(-4)^2-4\times1\times1}}{2\times1}$$

$$=\frac{4\pm\sqrt{12}}{2}=\frac{4\pm2\sqrt{3}}{2}=2\pm\sqrt{3}$$

よって，$-x^2+4x-1 \leqq 0$ の解は

$$\boldsymbol{x \leqq 2-\sqrt{3},\ 2+\sqrt{3} \leqq x}$$

(3)　$-2x^2+x+3 \geqq 0$
の両辺に -1 を掛けると
$2x^2-x-3 \leqq 0$
2 次方程式 $2x^2-x-3=0$
を解くと
$(x+1)(2x-3)=0$
より　$x=-1,\ \frac{3}{2}$
よって，$-2x^2+x+3 \geqq 0$ の解は

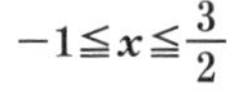

$$\boldsymbol{-1 \leqq x \leqq \frac{3}{2}}$$

96B　(1)　$-x^2-7x-10 \geqq 0$ の両辺に
-1 を掛けると
$x^2+7x+10 \leqq 0$
2 次方程式 $x^2+7x+10=0$ を解くと
$(x+5)(x+2)=0$
より　$x=-5,\ -2$
よって，$-x^2-7x-10 \geqq 0$ の解は

$$\boldsymbol{-5 \leqq x \leqq -2}$$

(2)　$-2x^2-x+4>0$ の両辺に
-1 を掛けると
$2x^2+x-4<0$
2 次方程式 $2x^2+x-4=0$
を解くと

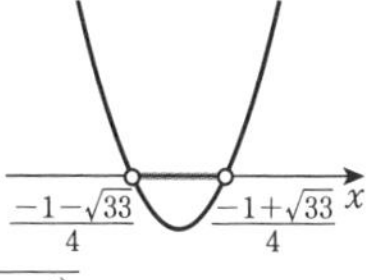

$$x=\frac{-1\pm\sqrt{1^2-4\times2\times(-4)}}{2\times2}$$

$$=\frac{-1\pm\sqrt{33}}{4}$$

よって，$-2x^2-x+4>0$ の解は

$$\boldsymbol{\frac{-1-\sqrt{33}}{4}<x<\frac{-1+\sqrt{33}}{4}}$$

(3)　$-3x^2-5x-1 \geqq 0$ の両辺
に -1 を掛けると
$3x^2+5x+1 \leqq 0$
2 次方程式 $3x^2+5x+1=0$
を解くと

$$x=\frac{-5\pm\sqrt{5^2-4\times3\times1}}{2\times3}$$

$$=\frac{-5\pm\sqrt{13}}{6}$$

よって，$-3x^2-5x-1 \geqq 0$ の解は

$$\boldsymbol{\frac{-5-\sqrt{13}}{6} \leqq x \leqq \frac{-5+\sqrt{13}}{6}}$$

33　2 次関数のグラフと 2 次不等式 (2)

p.79

97A　(1)　2 次方程式 $(x-2)^2=0$ は
重解 $x=2$ をもつ。
よって，$(x-2)^2>0$ の解は
$x=2$ 以外のすべての実数

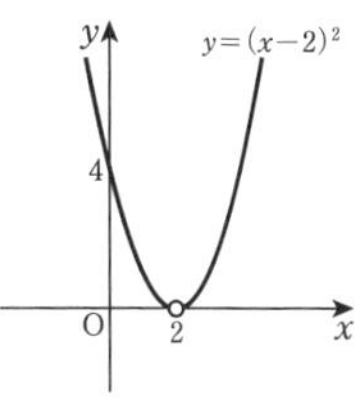

(2)　2 次方程式 $x^2+4x+4=0$ は
$(x+2)^2=0$ より　重解 $x=-2$ をもつ。
よって，$x^2+4x+4<0$ の
解は
ない

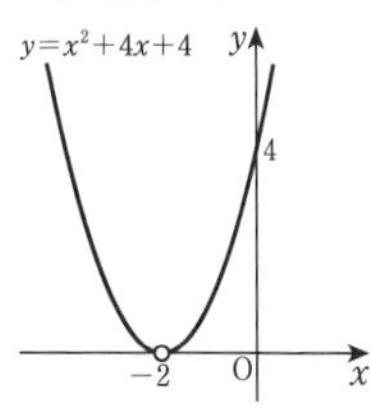

(3)　2 次方程式 $9x^2+6x+1=0$ は

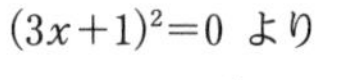

$(3x+1)^2=0$ より

重解 $x=-\frac{1}{3}$ をもつ。

よって，$9x^2+6x+1\leqq 0$

の解は

$\boldsymbol{x=-\frac{1}{3}}$

(4)　$-4x^2+4x-1\leqq 0$ の両辺に -1 を掛けると

$4x^2-4x+1\geqq 0$

ここで，2 次方程式 $4x^2-4x+1=0$ は

$(2x-1)^2=0$ より　重解 $x=\frac{1}{2}$ をもつ。

よって，$4x^2-4x+1\geqq 0$

すなわち $-4x^2+4x-1\leqq 0$

の解は

すべての実数

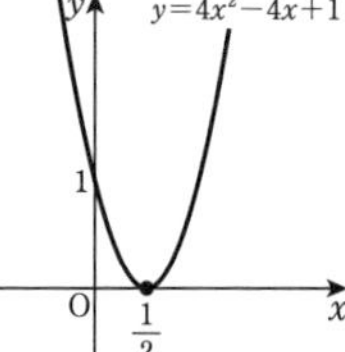

97B (1)　2 次方程式 $(2x+3)^2=0$ は

重解 $x=-\frac{3}{2}$ をもつ。

よって，$(2x+3)^2\leqq 0$ の

解は

$\boldsymbol{x=-\frac{3}{2}}$

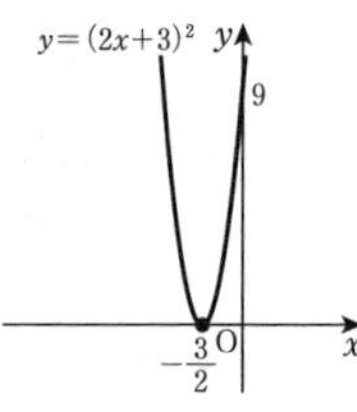

(2)　2 次方程式 $x^2-12x+36=0$ は

$(x-6)^2=0$ より　重解 $x=6$ をもつ。

よって，$x^2-12x+36\geqq 0$

の解は

すべての実数

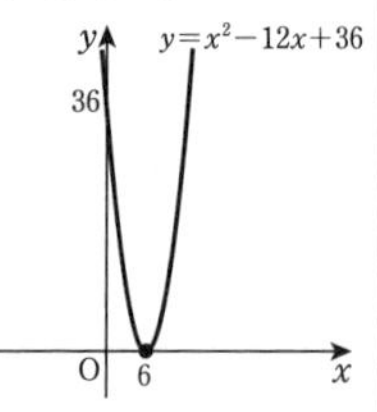

(3)　2 次方程式 $4x^2-12x+9=0$ は

$(2x-3)^2=0$ より　重解 $x=\frac{3}{2}$ をもつ。

よって，$4x^2-12x+9>0$

の解は

$\boldsymbol{x=\frac{3}{2}}$ **以外のすべての実数**

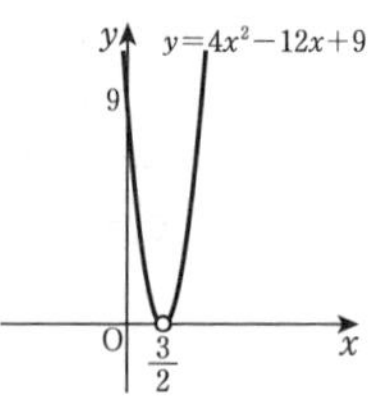

(4)　$-9x^2+12x-4<0$ の両辺に -1 を掛けると

$9x^2-12x+4>0$

ここで，2 次方程式 $9x^2-12x+4=0$ は

$(3x-2)^2=0$ より　重解

$x=\frac{2}{3}$ をもつ。

よって，$9x^2-12x+4>0$

すなわち

$-9x^2+12x-4<0$ の解は

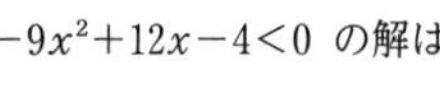

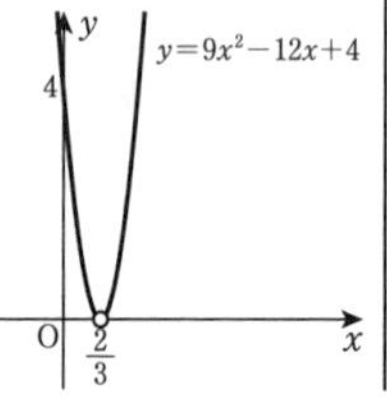

$\boldsymbol{x=\frac{2}{3}}$ **以外のすべての実数**

98A (1)　2 次方程式 $x^2+4x+5=0$ の判別式を D とすると

$D=4^2-4\times 1\times 5=-4<0$

より，この 2 次方程式は

実数解をもたない。

よって，$x^2+4x+5>0$

の解は

すべての実数

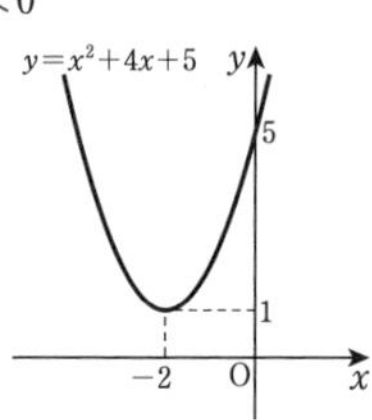

(2)　2 次不等式 $-x^2+2x-3\leqq 0$ の両辺に -1 を掛けると

$x^2-2x+3\geqq 0$

2 次方程式 $x^2-2x+3=0$ の判別式を D とすると

$D=(-2)^2-4\times 1\times 3=-8<0$

より，この 2 次方程式は実数解をもたない。

よって，$x^2-2x+3\geqq 0$

すなわち　$-x^2+2x-3\leqq 0$

の解は

すべての実数

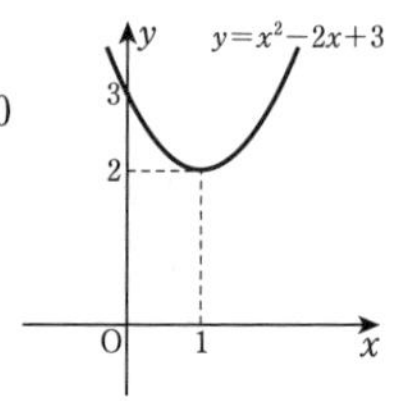

(3)　2 次方程式 $4x^2-4x+3=0$ の判別式を D とすると

$D=(-4)^2-4\times 4\times 3=-32<0$

より，この 2 次方程式は実数解をもたない。

よって，$4x^2-4x+3<0$

の解は　**ない**

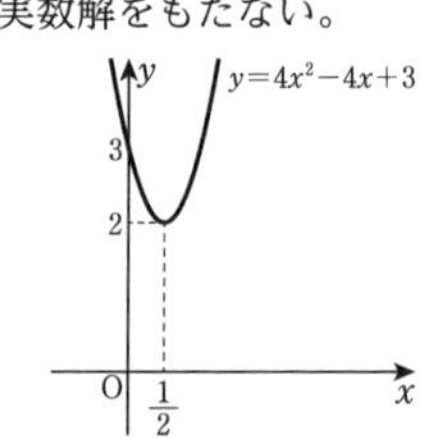

98B (1)　2 次方程式 $3x^2-6x+4=0$ の判別式を D とすると

$D=(-6)^2-4\times 3\times 4=-12<0$

より，この 2 次方程式は実数解をもたない。

よって，$3x^2-6x+4\leqq 0$

の解は　**ない**

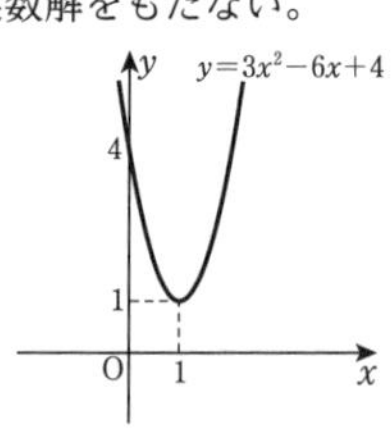

(2)　2 次方程式 $2x^2-8x+9=0$

の判別式を D とすると

$D=(-8)^2-4\times 2\times 9$

$=-8<0$

より，この 2 次方程式は

実数解をもたない。

よって，$2x^2-8x+9\geqq 0$ の解は

すべての実数

(3) 2 次不等式 $-2x^2+2x-1\geqq 0$ の両辺に -1 を掛けると

$2x^2-2x+1\leqq 0$

2 次方程式 $2x^2-2x+1=0$ の判別式を D とすると

$D=(-2)^2-4\times 2\times 1=-4<0$

より，この 2 次方程式は実数解をもたない。

よって，$2x^2-2x+1\leqq 0$

すなわち $-2x^2+2x-1\geqq 0$

の解は

ない

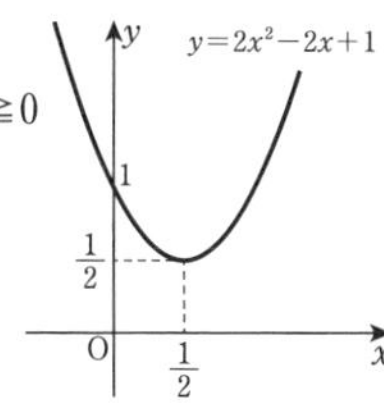

99A (1) $3-2x-x^2>0$ を整理すると

$x^2+2x-3<0$ より

$(x+3)(x-1)<0$

よって

$\boldsymbol{-3<x<1}$

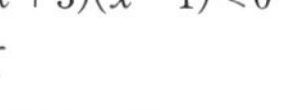

(2) $5+3x+2x^2\geqq x^2+7x+2$ を整理すると

$x^2-4x+3\geqq 0$ より

$(x-1)(x-3)\geqq 0$

よって

$\boldsymbol{x\leqq 1,\ 3\leqq x}$

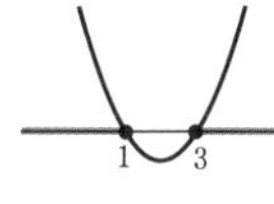

(3) $2x^2\geqq x-3$ を整理すると $2x^2-x+3\geqq 0$

2 次方程式 $2x^2-x+3=0$ の判別式を D とすると

$D=(-1)^2-4\times 2\times 3=-23<0$

より，この 2 次方程式は実数解をもたない。

よって，$2x^2-x+3\geqq 0$

の解は

すべての実数

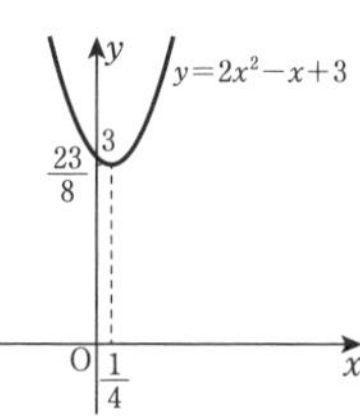

99B (1) $3-x>2x^2$ を整理すると

$2x^2+x-3<0$ より

$(x-1)(2x+3)<0$

よって

$\boldsymbol{-\frac{3}{2}<x<1}$

(2) $1-x-x^2>2x^2+8x-2$ を整理すると

$3x^2+9x-3<0$ より

$x^2+3x-1<0$

2 次方程式 $x^2+3x-1=0$ を解くと

$x=\dfrac{-3\pm\sqrt{3^2-4\times 1\times(-1)}}{2\times 1}$

$=\dfrac{-3\pm\sqrt{13}}{2}$

よって，$x^2+3x-1<0$ の解は

$\boldsymbol{\dfrac{-3-\sqrt{13}}{2}<x<\dfrac{-3+\sqrt{13}}{2}}$

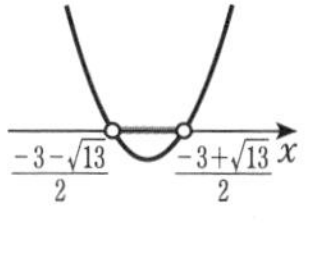

(3) $x^2+3x-2<2x^2+4x$ を整理すると

$x^2+x+2>0$

2 次方程式 $x^2+x+2=0$ の判別式を D とすると

$D=1^2-4\times 1\times 2=-7<0$

より，この 2 次方程式は実数解をもたない。

よって，$x^2+x+2>0$

の解は **すべての実数**

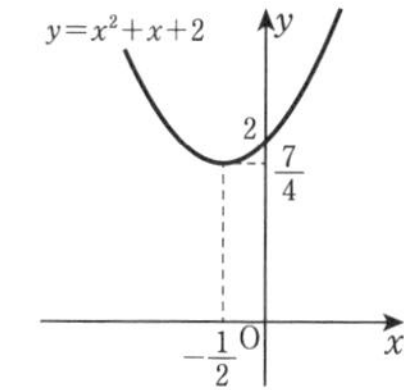

34 連立不等式

p.82

100A (1) $2x-5\leqq 0$ を解くと

$x\leqq\dfrac{5}{2}$ ……①

$x^2-2x-8>0$ を解くと

$(x+2)(x-4)>0$ より

$x<-2,\ 4<x$ ……②

①，②より，連立不等式の解は

$\boldsymbol{x<-2}$

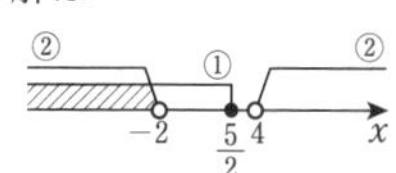

(2) $x^2+4x+3\leqq 0$ を解くと

$(x+1)(x+3)\leqq 0$ より

$-3\leqq x\leqq -1$ ……①

$x^2+7x+10<0$ を解くと

$(x+2)(x+5)<0$ より

$-5<x<-2$ ……②

①，②より，連立不等式の解は

$\boldsymbol{-3\leqq x<-2}$

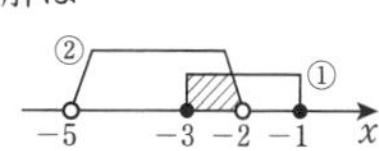

100B (1) $4-x\leqq 0$ を解くと

$x\geqq 4$ ……①

$2x^2-x-10>0$ を解くと

$(x+2)(2x-5)>0$ より

$x<-2,\ \dfrac{5}{2}<x$ ……②

①，②より，連立不等式の解は

$\boldsymbol{x\geqq 4}$

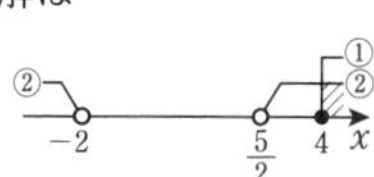

(2) $x^2-x-6<0$ を解くと

$(x+2)(x-3)<0$ より

$-2<x<3$ ……①

$x^2-2x>0$ を解くと

$x(x-2)>0$ より

$x<0,\ 2<x$ ……②

①，②より，連立不等式の解は

$\boldsymbol{-2<x<0,\ 2<x<3}$

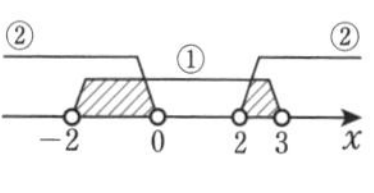

101A 与えられた不等式は $\begin{cases}4<x^2-3x\\x^2-3x\leqq 10\end{cases}$ と表される。

$4<x^2-3x$ を解くと

$x^2-3x-4>0$ より　$(x+1)(x-4)>0$

よって　$x<-1,\ 4<x$　……①

$x^2-3x\leqq 10$ を解くと

$x^2-3x-10\leqq 0$ より　$(x+2)(x-5)\leqq 0$

よって　$-2\leqq x\leqq 5$　……②

①，②より

$-2\leqq x<-1$，

$4<x\leqq 5$

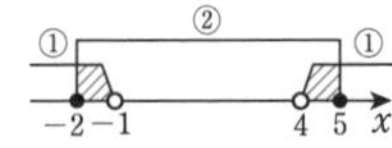

101B 与えられた不等式は $\begin{cases}7x-4\leqq x^2+2x\\x^2+2x<4x+3\end{cases}$ と表される。

$7x-4\leqq x^2+2x$ を解くと

$x^2-5x+4\geqq 0$ より　$(x-1)(x-4)\geqq 0$

よって　$x\leqq 1,\ 4\leqq x$　……①

$x^2+2x<4x+3$ を解くと

$x^2-2x-3<0$ より　$(x+1)(x-3)<0$

よって　$-1<x<3$　……②

①，②より

$-1<x\leqq 1$

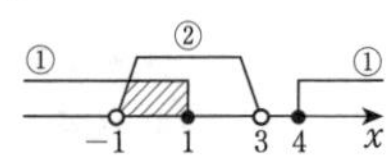

102 道の幅を x m とする。道の幅は正で，長方形の辺の長さより短いから，$x>0$，$x<6$，$x<10$ より

$0<x<6$　……①

道の面積をもとの花壇全体の $\frac{1}{4}$ 以下になるようにしたいから

$6\times x+10\times x-x^2\leqq\frac{1}{4}\times 6\times 10$

より　$x^2-16x+15\geqq 0$

これを解くと

$(x-1)(x-15)\geqq 0$ より

$x\leqq 1,\ 15\leqq x$　……②

①，②を同時に満たす x の値の範囲は

$0<x\leqq 1$

したがって，道の幅を

1 m 以下 にすればよい。

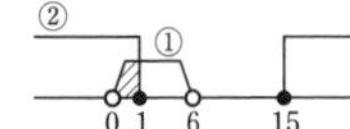

演習問題

103 $y=-x^2+4x+2$ を変形すると

$y=-(x-2)^2+6$

(i)　$0<a<2$ のとき

$0\leqq x\leqq a$ におけるこの関数のグラフは，下の図の実線部分である。よって，y は $x=a$ のとき，最大値 $-a^2+4a+2$ をとる。

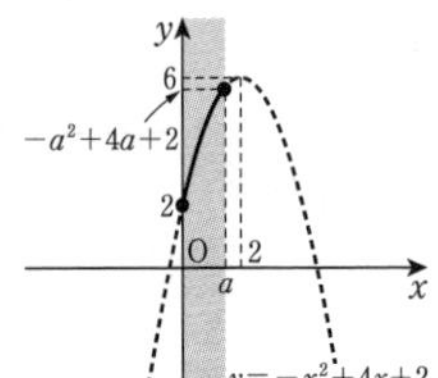

(ii)　$a\geqq 2$ のとき

$0\leqq x\leqq a$ におけるこの関数のグラフは，下の図の実線部分であり，頂点の x 座標は定義域に含まれる。よって，y は $x=2$ のとき，最大値 6 をとる。

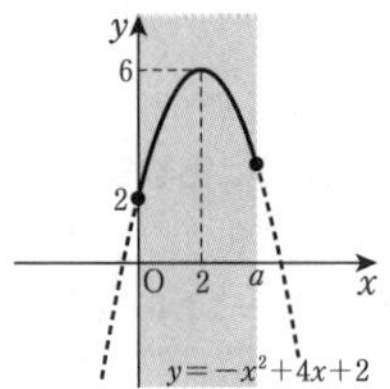

(i)，(ii)より，y は

$0<a<2$ のとき $x=a$ で**最大値 $-a^2+4a+2$** をとる。

$a\geqq 2$ のとき $x=2$ で**最大値 6** をとる。

104 $y=x^2-4ax+3$ を変形すると

$y=(x-2a)^2-4a^2+3$

よって，

軸は直線 $x=2a$

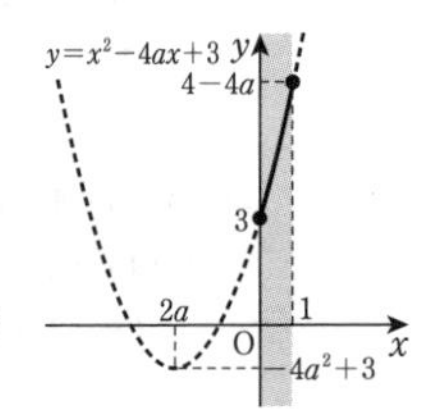

(i)　$2a<0$　すなわち

$a<0$ のとき

軸は定義域の左側にあるから

$x=0$ のとき　最小値 3

(ii)　$0\leqq 2a\leqq 1$　すなわち　$0\leqq a\leqq\frac{1}{2}$ のとき

軸は定義域内にあるから

$x=2a$ のとき　最小値 $-4a^2+3$

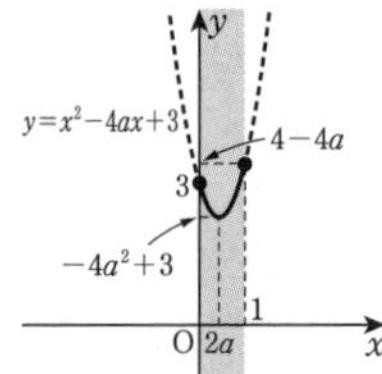

(iii)　$2a>1$　すなわち　$a>\frac{1}{2}$ のとき

軸は定義域の右側にあるから

$x=1$ のとき　最小値 $4-4a$

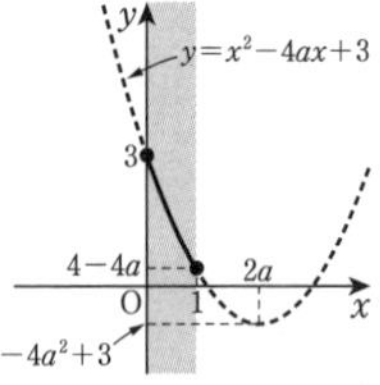

(i)，(ii)，(iii)より，y は

$a<0$ のとき　$x=0$ で**最小値 3** をとる。

$0\leqq a\leqq\frac{1}{2}$ のとき

$x=2a$ で**最小値 $-4a^2+3$** をとる。

$a>\frac{1}{2}$ のとき　$x=1$ で**最小値 $4-4a$** をとる。

105 (1)　共有点の x 座標は，

$x^2+4x-1=2x+3$ の実数解である。
これを解くと　$x=-1\pm\sqrt{5}$
$y=2x+3$ に代入すると
　$x=-1+\sqrt{5}$ のとき　$y=1+2\sqrt{5}$
　$x=-1-\sqrt{5}$ のとき　$y=1-2\sqrt{5}$
よって，共有点の座標は
　$(-1+\sqrt{5},\ 1+2\sqrt{5}),\ (-1-\sqrt{5},\ 1-2\sqrt{5})$

(2)　共有点の x 座標は，
$-x^2+3x+1=-x+5$ の実数解である。
これを解くと　$x=2$
$y=-x+5$ に代入すると
$x=2$ のとき　$y=3$
よって，共有点の座標は
　$(2,\ 3)$

106　(1)　2 次方程式 $x^2-2kx+k+12=0$ の判別式を D とすると
$$D=(-2k)^2-4(k+12)=4k^2-4k-48$$
2 次不等式 $x^2-2kx+k+12>0$ の解がすべての実数となるのは，2 次方程式 $x^2-2kx+k+12=0$ が実数解をもたないときであるから，$D<0$ である。
よって　　$4k^2-4k-48<0$
　　　　　$k^2-k-12<0$
より　　　$(k+3)(k-4)<0$
したがって　　$-3<k<4$

(2)　$-x^2+kx-2k<0$ の両辺に -1 を掛けると
$$x^2-kx+2k>0$$
2 次方程式 $x^2-kx+2k=0$ の判別式を D とすると
$$D=(-k)^2-4\times1\times2k=k^2-8k$$
2 次不等式 $x^2-kx+2k>0$ の解がすべての実数となるのは，2 次方程式 $x^2-kx+2k=0$ が実数解をもたないときであるから，$D<0$ である。
よって　　$k^2-8k<0$
より　　　$k(k-8)<0$
したがって　　$0<k<8$

4章　図形と計量
1節　三角比
35 三角比　p.88

107A (1)　$\sin A=\dfrac{8}{10}=\dfrac{4}{5}$，$\cos A=\dfrac{6}{10}=\dfrac{3}{5}$，
$\tan A=\dfrac{8}{6}=\dfrac{4}{3}$

(2)　$\sin A=\dfrac{\sqrt{5}}{3}$，$\cos A=\dfrac{2}{3}$，
$\tan A=\dfrac{\sqrt{5}}{2}$

107B (1)　$\sin A=\dfrac{3}{\sqrt{10}}$，$\cos A=\dfrac{1}{\sqrt{10}}$，
$\tan A=\dfrac{3}{1}=3$

(2)　$\sin A=\dfrac{3}{\sqrt{13}}$，$\cos A=\dfrac{2}{\sqrt{13}}$，
$\tan A=\dfrac{3}{2}$

108A (1)　三平方の定理より　$3^2+1^2=AB^2$
ゆえに　　$AB^2=10$
ここで，$AB>0$ であるから　$AB=\sqrt{10}$
よって　$\sin A=\dfrac{1}{\sqrt{10}}$，$\cos A=\dfrac{3}{\sqrt{10}}$，
$\tan A=\dfrac{1}{3}$

(2)　三平方の定理より　$5^2+BC^2=6^2$
ゆえに　　$BC^2=11$
ここで，$BC>0$ であるから　$BC=\sqrt{11}$
よって　　$\sin A=\dfrac{\sqrt{11}}{6}$，$\cos A=\dfrac{5}{6}$，
$\tan A=\dfrac{\sqrt{11}}{5}$

108B (1)　三平方の定理より　$AC^2+4^2=(2\sqrt{5})^2$
ゆえに　　$AC^2=4$
ここで，$AC>0$ であるから　$AC=2$
よって　$\sin A=\dfrac{4}{2\sqrt{5}}=\dfrac{2}{\sqrt{5}}$，
$\cos A=\dfrac{2}{2\sqrt{5}}=\dfrac{1}{\sqrt{5}}$，
$\tan A=\dfrac{4}{2}=2$

(2)　三平方の定理より　$AC^2+1^2=(\sqrt{3})^2$
ゆえに　　$AC^2=2$
ここで，$AC>0$ であるから　$AC=\sqrt{2}$
よって　$\sin A=\dfrac{1}{\sqrt{3}}$，
$\cos A=\dfrac{\sqrt{2}}{\sqrt{3}}=\dfrac{\sqrt{6}}{3}$，
$\tan A=\dfrac{1}{\sqrt{2}}$

36 三角比の利用　p.90

109A (1)　$\sin A=\dfrac{3}{4}=0.75$
よって，三角比の表より A の値を求めると
　$A\fallingdotseq 49°$　⬅ $\sin 48°=0.7431$，$\sin 49°=0.7547$

(2)　$\sin A=\dfrac{7}{15}=0.4666\cdots\cdots$
よって，三角比の表より A の値を求めると
　$A\fallingdotseq 28°$　⬅ $\sin 27°=0.4540$，$\sin 28°=0.4695$

109B (1)　$\cos A=\dfrac{4}{5}=0.8$
よって，三角比の表より A の値を求めると
　$A\fallingdotseq 37°$　⬅ $\cos 36°=0.8090$，$\cos 37°=0.7986$

(2)　$\tan A=2$

よって，三角比の表よりAの値を求めると

$A \fallingdotseq \mathbf{63°}$ ⬅ $\tan 63°=1.9626$，$\tan 64°=2.0503$

110A $BC=AB\sin 29°=4000\times 0.4848=1939.2\fallingdotseq 1939$

$AC=AB\cos 29°=4000\times 0.8746=3498.4\fallingdotseq 3498$

よって，標高差は **1939 m**，水平距離は **3498 m**

110B $BC=AC\tan 25°=20\times 0.4663$

$=9.326\fallingdotseq 9.3$

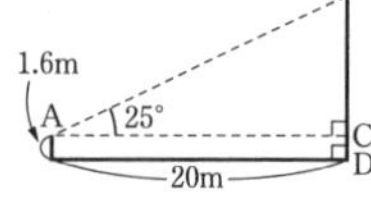

よって

$BD=BC+CD$

$=9.3+1.6=10.9$

したがって，鉄塔の高さは　**10.9 m**

37 三角比の相互関係 (1)

p.92

111A $\sin A=\dfrac{12}{13}$ のとき，

$\sin^2 A+\cos^2 A=1$ より

$\cos^2 A=1-\sin^2 A=1-\left(\dfrac{12}{13}\right)^2=\dfrac{25}{169}$

$0°<A<90°$ のとき，$\cos A>0$ であるから

$\cos A=\sqrt{\dfrac{25}{169}}=\mathbf{\dfrac{5}{13}}$

また，$\tan A=\dfrac{\sin A}{\cos A}$ より

$\tan A=\dfrac{12}{13}\div\dfrac{5}{13}=\dfrac{12}{13}\times\dfrac{13}{5}=\mathbf{\dfrac{12}{5}}$

111B $\cos A=\dfrac{3}{4}$ のとき，

$\sin^2 A+\cos^2 A=1$ より

$\sin^2 A=1-\cos^2 A=1-\left(\dfrac{3}{4}\right)^2=\dfrac{7}{16}$

$0°<A<90°$ のとき，$\sin A>0$ であるから

$\sin A=\sqrt{\dfrac{7}{16}}=\mathbf{\dfrac{\sqrt{7}}{4}}$

また，$\tan A=\dfrac{\sin A}{\cos A}$ より

$\tan A=\dfrac{\sqrt{7}}{4}\div\dfrac{3}{4}=\dfrac{\sqrt{7}}{4}\times\dfrac{4}{3}=\mathbf{\dfrac{\sqrt{7}}{3}}$

112A $\tan A=\sqrt{5}$ のとき，

$1+\tan^2 A=\dfrac{1}{\cos^2 A}$ より

$\dfrac{1}{\cos^2 A}=1+\tan^2 A=1+(\sqrt{5})^2=6$

よって　$\cos^2 A=\dfrac{1}{6}$

$0°<A<90°$ のとき，$\cos A>0$ であるから

$\cos A=\sqrt{\dfrac{1}{6}}=\mathbf{\dfrac{1}{\sqrt{6}}}$

また，$\tan A=\dfrac{\sin A}{\cos A}$ より

$\sin A=\tan A\times\cos A=\sqrt{5}\times\dfrac{1}{\sqrt{6}}=\mathbf{\dfrac{\sqrt{30}}{6}}$

112B $\tan A=\dfrac{1}{2}$ のとき，$1+\tan^2 A=\dfrac{1}{\cos^2 A}$ より

$\dfrac{1}{\cos^2 A}=1+\tan^2 A=1+\left(\dfrac{1}{2}\right)^2=\dfrac{5}{4}$

よって　$\cos^2 A=\dfrac{4}{5}$

$0°<A<90°$ のとき，$\cos A>0$ であるから

$\cos A=\sqrt{\dfrac{4}{5}}=\mathbf{\dfrac{2}{\sqrt{5}}}$

また，$\tan A=\dfrac{\sin A}{\cos A}$ より

$\sin A=\tan A\times\cos A$

$=\dfrac{1}{2}\times\dfrac{2}{\sqrt{5}}=\mathbf{\dfrac{1}{\sqrt{5}}}$

113A (1)　$\sin 87°=\sin(90°-3°)=\mathbf{\cos 3°}$

(2)　$\tan 65°=\tan(90°-25°)=\mathbf{\dfrac{1}{\tan 25°}}$

113B (1)　$\cos 74°=\cos(90°-16°)=\mathbf{\sin 16°}$

(2)　$\dfrac{1}{\tan 85°}=\dfrac{1}{\tan(90°-5°)}=\mathbf{\tan 5°}$

38 三角比の拡張

p.94

114A (1)　右の図の半径 2 の半円において，

$\angle AOP=120°$

となる点Pの座標は

$(-1,\ \sqrt{3})$

であるから

$\sin 120°=\mathbf{\dfrac{\sqrt{3}}{2}}$

$\cos 120°=\dfrac{-1}{2}=\mathbf{-\dfrac{1}{2}}$

$\tan 120°=\dfrac{\sqrt{3}}{-1}=\mathbf{-\sqrt{3}}$

(2)　右の図の半径 1 の半円において，

$\angle AOP=90°$

となる点Pの座標は

$(0,\ 1)$

であるから

$\sin 90°=\dfrac{1}{1}=\mathbf{1}$

$\cos 90°=\dfrac{0}{1}=\mathbf{0}$

$\tan 90°$ は**定義しない**

114B (1)　右の図の半径 $\sqrt{2}$ の半円において，

$\angle AOP=135°$

となる点Pの座標は

$(-1,\ 1)$

であるから

$\sin 135°=\mathbf{\dfrac{1}{\sqrt{2}}}$

$\cos 135°=\dfrac{-1}{\sqrt{2}}=\mathbf{-\dfrac{1}{\sqrt{2}}}$

$\tan 135°=\dfrac{1}{-1}=\mathbf{-1}$

(2) 右の図の半径 1 の半円において，

$\angle AOP=180°$

となる点Pの座標は

$(-1,\ 0)$

であるから

$\sin 180°=\frac{0}{1}=\mathbf{0}$

$\cos 180°=\frac{-1}{1}=\mathbf{-1}$

$\tan 180°=\frac{0}{-1}=\mathbf{0}$

115A (1) $\sin 130°=\sin(180°-50°)$

$=\mathbf{\sin 50°=0.7660}$

(2) $\cos 105°=\cos(180°-75°)$

$=\mathbf{-\cos 75°=-0.2588}$

(3) $\tan 168°=\tan(180°-12°)$

$=\mathbf{-\tan 12°=-0.2126}$

115B (1) $\sin 157°=\sin(180°-23°)$

$=\mathbf{\sin 23°=0.3907}$

(2) $\cos 145°=\cos(180°-35°)$

$=\mathbf{-\cos 35°=-0.8192}$

(3) $\tan 98°=\tan(180°-82°)$

$=\mathbf{-\tan 82°=-7.1154}$

39 三角比の値と角

p.96

116A (1) 単位円の x 軸より上側の周上の点で，y 座標が

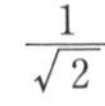

$\frac{1}{\sqrt{2}}$

となるのは，右の図の 2 点P，P′ である。

$\angle AOP=45°$

$\angle AOP'=180°-45°=135°$

であるから，求める θ は

$\boldsymbol{\theta=45°,\ 135°}$

(2) 単位円において，y 座標が 0 となるのは，右の図の 2 点A，P である。

求める θ は

$\boldsymbol{\theta=0°,\ 180°}$

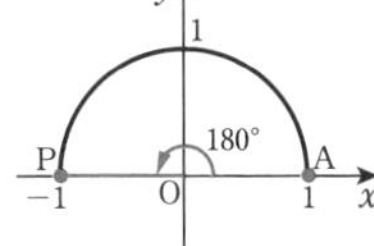

116B (1) 単位円の x 軸より上側の周上の点で，x 座標が $\frac{\sqrt{3}}{2}$ となるのは，右の図の 1 点Pである。

$\angle AOP=30°$

であるから，求める θ は

$\boldsymbol{\theta=30°}$

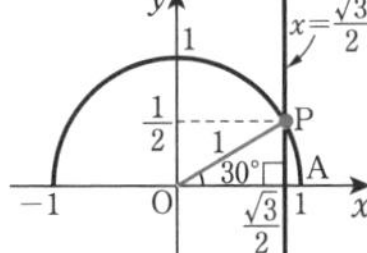

(2) 単位円において，x 座標が -1 となるのは，右の図の 1 点Pである。

求める θ は

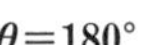

$\boldsymbol{\theta=180°}$

117A (1) 直線 $x=1$ 上に点$Q\left(1,\ \frac{1}{\sqrt{3}}\right)$をとり，直線 OQ と単位円との交点 P を右の図のように定める。このとき，$\angle AOP$ の大きさが求める θ であるから

$\boldsymbol{\theta=30°}$

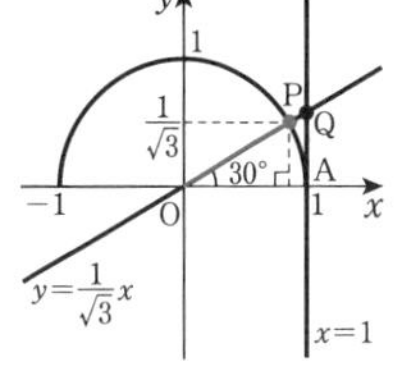

(2) 直線 $x=1$ 上に点 $Q(1,\ -1)$ をとり，直線 OQ と単位円との交点 P を右の図のように定める。このとき，$\angle AOP$ の大きさが求める θ であるから

$\theta=180°-45°=\mathbf{135°}$

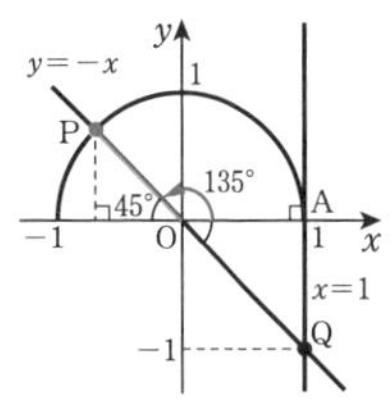

117B (1) 直線 $x=1$ 上に点 $Q(1,\ 1)$ をとり，直線 OQ と単位円との交点 P を右の図のように定める。このとき，$\angle AOP$ の大きさが求める θ であるから

$\boldsymbol{\theta=45°}$

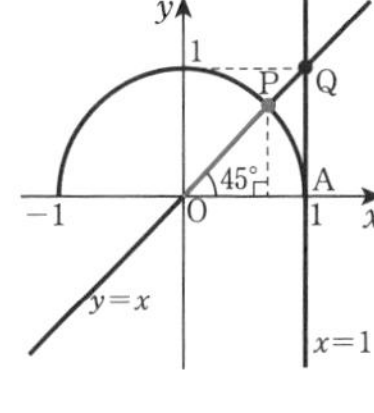

(2) 直線 $x=1$ 上に点 $A(1,\ 0)$ をとり，直線 OA と単位円との交点のうち，A でない点Pを右の図ように定める。

このとき，$\angle AOA$ と $\angle AOP$ の大きさが求める θ であるから

$\boldsymbol{\theta=0°,\ 180°}$

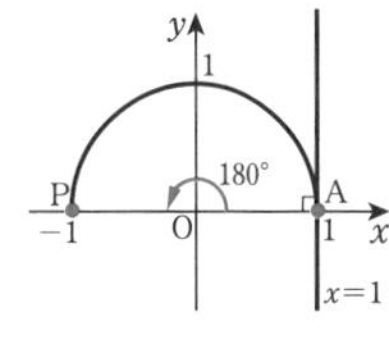

40 三角比の相互関係 (2)

p.98

118A (1) $\sin\theta=\frac{1}{4}$ のとき，

$\sin^2\theta+\cos^2\theta=1$ より

$\cos^2\theta=1-\sin^2\theta=1-\left(\frac{1}{4}\right)^2=\frac{15}{16}$

$90°<\theta<180°$ のとき，$\cos\theta<0$ であるから

$\cos\theta=-\sqrt{\frac{15}{16}}=\mathbf{-\frac{\sqrt{15}}{4}}$

また，$\tan\theta=\frac{\sin\theta}{\cos\theta}$ より

$\tan\theta=\frac{1}{4}\div\left(-\frac{\sqrt{15}}{4}\right)=\frac{1}{4}\times\left(-\frac{4}{\sqrt{15}}\right)$

$$=-\frac{1}{\sqrt{15}}$$

(2) $\cos\theta=-\frac{3}{5}$ のとき，

$\sin^2\theta+\cos^2\theta=1$ より

$$\sin^2\theta=1-\cos^2\theta=1-\left(-\frac{3}{5}\right)^2=\frac{16}{25}$$

$90°<\theta<180°$ のとき，$\sin\theta>0$ であるから

$$\sin\theta=\sqrt{\frac{16}{25}}=\frac{4}{5}$$

また，$\tan\theta=\frac{\sin\theta}{\cos\theta}$ より

$$\tan\theta=\frac{4}{5}\div\left(-\frac{3}{5}\right)=\frac{4}{5}\times\left(-\frac{5}{3}\right)$$

$$=-\frac{4}{3}$$

118B (1) $\sin\theta=\frac{1}{\sqrt{5}}$ のとき，

$\sin^2\theta+\cos^2\theta=1$ より

$$\cos^2\theta=1-\sin^2\theta=1-\left(\frac{1}{\sqrt{5}}\right)^2=\frac{4}{5}$$

$90°<\theta<180°$ のとき，$\cos\theta<0$ であるから

$$\cos\theta=-\sqrt{\frac{4}{5}}=-\frac{2}{\sqrt{5}}$$

また，$\tan\theta=\frac{\sin\theta}{\cos\theta}$ より

$$\tan\theta=\frac{1}{\sqrt{5}}\div\left(-\frac{2}{\sqrt{5}}\right)=\frac{1}{\sqrt{5}}\times\left(-\frac{\sqrt{5}}{2}\right)$$

$$=-\frac{1}{2}$$

(2) $\cos\theta=-\frac{12}{13}$ のとき，

$\sin^2\theta+\cos^2\theta=1$ より

$$\sin^2\theta=1-\cos^2\theta=1-\left(-\frac{12}{13}\right)^2=\frac{25}{169}$$

$90°<\theta<180°$ のとき，$\sin\theta>0$ であるから

$$\sin\theta=\sqrt{\frac{25}{169}}=\frac{5}{13}$$

また，$\tan\theta=\frac{\sin\theta}{\cos\theta}$ より

$$\tan\theta=\frac{5}{13}\div\left(-\frac{12}{13}\right)=\frac{5}{13}\times\left(-\frac{13}{12}\right)$$

$$=-\frac{5}{12}$$

119A $\tan\theta=-\frac{1}{2}$ のとき，$1+\tan^2\theta=\frac{1}{\cos^2\theta}$

より $\frac{1}{\cos^2\theta}=1+\tan^2\theta=1+\left(-\frac{1}{2}\right)^2=\frac{5}{4}$

よって $\cos^2\theta=\frac{4}{5}$

$90°<\theta<180°$ のとき，$\cos\theta<0$ であるから

$$\cos\theta=-\sqrt{\frac{4}{5}}=-\frac{2}{\sqrt{5}}$$

また，$\tan\theta=\frac{\sin\theta}{\cos\theta}$ より

$$\sin\theta=\tan\theta\times\cos\theta=-\frac{1}{2}\times\left(-\frac{2}{\sqrt{5}}\right)$$

$$=\frac{1}{\sqrt{5}}$$

119B $\tan\theta=-\sqrt{2}$ のとき，$1+\tan^2\theta=\frac{1}{\cos^2\theta}$

より $\frac{1}{\cos^2\theta}=1+\tan^2\theta=1+(-\sqrt{2})^2=3$

よって $\cos^2\theta=\frac{1}{3}$

$90°<\theta<180°$ のとき，$\cos\theta<0$ であるから

$$\cos\theta=-\sqrt{\frac{1}{3}}=-\frac{1}{\sqrt{3}}$$

また，$\tan\theta=\frac{\sin\theta}{\cos\theta}$ より

$$\sin\theta=\tan\theta\times\cos\theta=-\sqrt{2}\times\left(-\frac{1}{\sqrt{3}}\right)$$

$$=\frac{\sqrt{2}}{\sqrt{3}}=\frac{\sqrt{6}}{3}$$

2節　三角比と図形の計量

41 正弦定理

p.100

120A (1) 正弦定理より

$$\frac{5}{\sin 45°}=2R$$

ゆえに $2R=\frac{5}{\sin 45°}$

よって $R=\frac{5}{2\sin 45°}$

$$=\frac{5}{2}\div\sin 45°=\frac{5}{2}\div\frac{1}{\sqrt{2}}$$

$$=\frac{5}{2}\times\sqrt{2}=\frac{5\sqrt{2}}{2}$$

(2) 正弦定理より

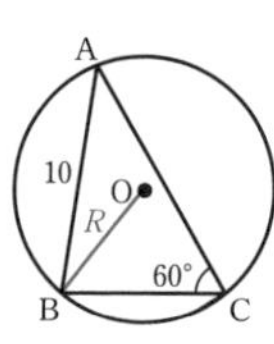

$$\frac{10}{\sin 60°}=2R$$

ゆえに $2R=\frac{10}{\sin 60°}$

よって $R=\frac{5}{\sin 60°}$

$$=5\div\sin 60°$$

$$=5\div\frac{\sqrt{3}}{2}=5\times\frac{2}{\sqrt{3}}=\frac{10}{\sqrt{3}}=\frac{10\sqrt{3}}{3}$$

(3) 正弦定理より

$$\frac{3}{\sin 120°}=2R$$

ゆえに $2R=\frac{3}{\sin 120°}$

よって $R=\frac{3}{2\sin 120°}$

$$=\frac{3}{2}\div\sin 120°$$

$$=\frac{3}{2}\div\frac{\sqrt{3}}{2}=\frac{3}{2}\times\frac{2}{\sqrt{3}}=\sqrt{3}$$

120B (1) 正弦定理より

$$\frac{\sqrt{3}}{\sin 150^\circ}=2R$$

ゆえに $2R=\dfrac{\sqrt{3}}{\sin 150^\circ}$

よって $R=\dfrac{\sqrt{3}}{2\sin 150^\circ}$

$=\dfrac{\sqrt{3}}{2}\div\sin 150^\circ$

$=\dfrac{\sqrt{3}}{2}\div\dfrac{1}{2}=\dfrac{\sqrt{3}}{2}\times 2=\boldsymbol{\sqrt{3}}$

(2) 正弦定理より

$$\frac{\sqrt{6}}{\sin 120^\circ}=2R$$

ゆえに $2R=\dfrac{\sqrt{6}}{\sin 120^\circ}$

よって $R=\dfrac{\sqrt{6}}{2\sin 120^\circ}$

$=\dfrac{\sqrt{6}}{2}\div\sin 120^\circ$

$=\dfrac{\sqrt{6}}{2}\div\dfrac{\sqrt{3}}{2}=\dfrac{\sqrt{6}}{2}\times\dfrac{2}{\sqrt{3}}=\boldsymbol{\sqrt{2}}$

(3) $B=180^\circ-(A+C)=180^\circ-(60^\circ+75^\circ)$

$=45^\circ$

正弦定理より

$$\frac{8}{\sin 45^\circ}=2R$$

ゆえに $2R=\dfrac{8}{\sin 45^\circ}$

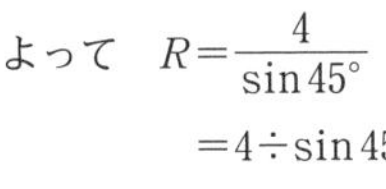

よって $R=\dfrac{4}{\sin 45^\circ}$

$=4\div\sin 45^\circ$

$=4\div\dfrac{1}{\sqrt{2}}=4\times\sqrt{2}=\boldsymbol{4\sqrt{2}}$

121A (1) 正弦定理より

$$\frac{a}{\sin 135^\circ}=\frac{3}{\sin 30^\circ}$$

両辺に $\sin 135^\circ$ を掛けて

$a=\dfrac{3}{\sin 30^\circ}\times\sin 135^\circ$

$=3\div\dfrac{1}{2}\times\dfrac{1}{\sqrt{2}}$

$=3\times 2\times\dfrac{1}{\sqrt{2}}=\boldsymbol{3\sqrt{2}}$

(2) $A=180^\circ-(75^\circ+45^\circ)=60^\circ$

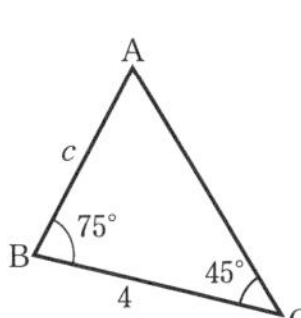

正弦定理より

$$\frac{4}{\sin 60^\circ}=\frac{c}{\sin 45^\circ}$$

両辺に $\sin 45^\circ$ を掛けて

$\dfrac{4}{\sin 60^\circ}\times\sin 45^\circ=c$ より

$c=\dfrac{4}{\sin 60^\circ}\times\sin 45^\circ$

$=4\div\dfrac{\sqrt{3}}{2}\times\dfrac{1}{\sqrt{2}}$

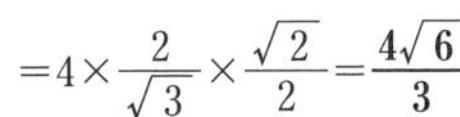

$=4\times\dfrac{2}{\sqrt{3}}\times\dfrac{\sqrt{2}}{2}=\boldsymbol{\dfrac{4\sqrt{6}}{3}}$

121B (1) 正弦定理より

$$\frac{12}{\sin 30^\circ}=\frac{b}{\sin 45^\circ}$$

両辺に $\sin 45^\circ$ を掛けて

$\dfrac{12}{\sin 30^\circ}\times\sin 45^\circ=b$

より

$b=\dfrac{12}{\sin 30^\circ}\times\sin 45^\circ$

$=12\div\dfrac{1}{2}\times\dfrac{1}{\sqrt{2}}$

$=12\times 2\times\dfrac{1}{\sqrt{2}}=\boldsymbol{12\sqrt{2}}$

(2) $B=180^\circ-(45^\circ+15^\circ)=120^\circ$

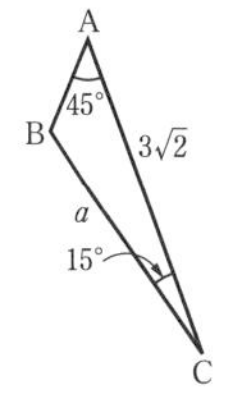

正弦定理より

$$\frac{a}{\sin 45^\circ}=\frac{3\sqrt{2}}{\sin 120^\circ}$$

両辺に $\sin 45^\circ$ を掛けて

$a=\dfrac{3\sqrt{2}}{\sin 120^\circ}\times\sin 45^\circ$ より

$a=\dfrac{3\sqrt{2}}{\sin 120^\circ}\times\sin 45^\circ$

$=3\sqrt{2}\div\dfrac{\sqrt{3}}{2}\times\dfrac{1}{\sqrt{2}}$

$=3\sqrt{2}\times\dfrac{2}{\sqrt{3}}\times\dfrac{1}{\sqrt{2}}=\boldsymbol{2\sqrt{3}}$

42 余弦定理

p.102

122A (1) 余弦定理より

$b^2=(\sqrt{3})^2+4^2-2\times\sqrt{3}\times 4\times\cos 30^\circ$

$=3+16-8\sqrt{3}\times\dfrac{\sqrt{3}}{2}$

$=3+16-12=7$

$b>0$ より

$b=\boldsymbol{\sqrt{7}}$

(2) 余弦定理より

$c^2=2^2+(1+\sqrt{3})^2$

$\quad-2\times 2\times(1+\sqrt{3})\times\cos 60^\circ$

$=4+4+2\sqrt{3}-4(1+\sqrt{3})\times\dfrac{1}{2}$

$=4+4+2\sqrt{3}-2-2\sqrt{3}$

$=6$

$c>0$ より

$c=\boldsymbol{\sqrt{6}}$

122B (1) 余弦定理より

$a^2=3^2+4^2-2\times 3\times 4\times\cos 120^\circ$

$=9+16-24\times\left(-\dfrac{1}{2}\right)$

$=9+16+12=37$

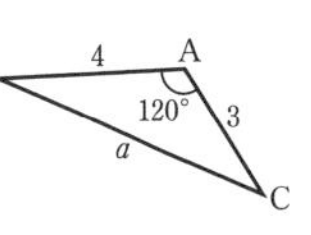

$a>0$ より

$a=\boldsymbol{\sqrt{37}}$

(2) 余弦定理より

$$b^2=(2\sqrt{3})^2+4^2-2\times 2\sqrt{3}\times 4\times\cos 150^\circ$$
$$=12+16-16\sqrt{3}\times\left(-\frac{\sqrt{3}}{2}\right)$$
$$=12+16+24$$
$$=52$$

$b>0$ より

$$b=\sqrt{52}=\mathbf{2\sqrt{13}}$$

123A (1) 余弦定理より

$$\cos A=\frac{b^2+c^2-a^2}{2bc}=\frac{8^2+3^2-7^2}{2\times 8\times 3}$$
$$=\frac{64+9-49}{2\times 8\times 3}=\frac{24}{2\times 8\times 3}=\mathbf{\frac{1}{2}}$$

よって，$0^\circ<A<180^\circ$ より

$$A=\mathbf{60^\circ}$$

(2) 余弦定理より

$$\cos C=\frac{a^2+b^2-c^2}{2ab}=\frac{7^2+(6\sqrt{2})^2-11^2}{2\times 7\times 6\sqrt{2}}$$
$$=\frac{49+72-121}{2\times 7\times 6\sqrt{2}}=\frac{0}{2\times 7\times 6\sqrt{2}}=\mathbf{0}$$

よって，$0^\circ<C<180^\circ$ より

$$C=\mathbf{90^\circ}$$

123B (1) 余弦定理より

$$\cos C=\frac{a^2+b^2-c^2}{2ab}=\frac{8^2+7^2-13^2}{2\times 8\times 7}$$
$$=\frac{64+49-169}{2\times 8\times 7}=\frac{-56}{2\times 8\times 7}$$
$$=-\mathbf{\frac{1}{2}}$$

よって，$0^\circ<C<180^\circ$ より

$$C=\mathbf{120^\circ}$$

(2) 余弦定理より

$$\cos B=\frac{c^2+a^2-b^2}{2ca}=\frac{(3\sqrt{2})^2+4^2-(\sqrt{10})^2}{2\times 3\sqrt{2}\times 4}$$
$$=\frac{18+16-10}{2\times 3\sqrt{2}\times 4}=\frac{24}{2\times 3\sqrt{2}\times 4}$$
$$=\mathbf{\frac{1}{\sqrt{2}}}$$

よって，$0^\circ<B<180^\circ$ より

$$B=\mathbf{45^\circ}$$

43 正弦定理と余弦定理の応用

p.104

124A 余弦定理より

$$a^2=(\sqrt{3})^2+(2\sqrt{3})^2-2\times\sqrt{3}\times 2\sqrt{3}\times\cos 60^\circ$$
$$=3+12-12\times\frac{1}{2}=9$$

ここで，$a>0$ であるから　$a=3$

また，正弦定理より

$$\frac{3}{\sin 60^\circ}=\frac{\sqrt{3}}{\sin B}$$

両辺に $\sin 60^\circ\sin B$ を掛けて

$$3\sin B=\sqrt{3}\sin 60^\circ$$

ゆえに

$$\sin B=\frac{\sqrt{3}}{3}\sin 60^\circ$$
$$=\frac{\sqrt{3}}{3}\times\frac{\sqrt{3}}{2}=\frac{1}{2}$$

ここで，$A=60^\circ$ であるから，$B<120^\circ$ より

$$B=30^\circ$$

よって　$C=180^\circ-(60^\circ+30^\circ)=90^\circ$

したがって

$$\mathbf{a=3,\ B=30^\circ,\ C=90^\circ}$$

124B 余弦定理より

$$b^2=(\sqrt{3}-1)^2+(\sqrt{2})^2-2\times(\sqrt{3}-1)\times\sqrt{2}\times\cos 135^\circ$$
$$=4-2\sqrt{3}+2+2\sqrt{3}-2=4$$

ここで，$b>0$ であるから　$b=2$

また，正弦定理より

$$\frac{\sqrt{2}}{\sin A}=\frac{2}{\sin 135^\circ}$$

両辺に $\sin A\sin 135^\circ$ を掛けて

$$\sqrt{2}\sin 135^\circ=2\sin A$$

ゆえに

$$\sin A=\frac{\sqrt{2}}{2}\sin 135^\circ$$
$$=\frac{\sqrt{2}}{2}\times\frac{1}{\sqrt{2}}=\frac{1}{2}$$

ここで，$180^\circ-135^\circ=45^\circ$ より　$A<45^\circ$

よって　$A=30^\circ$

さらに　$C=180^\circ-(135^\circ+30^\circ)=15^\circ$

したがって

$$\mathbf{b=2,\ A=30^\circ,\ C=15^\circ}$$

44 三角形の面積

p.105

125A (1) $S=\frac{1}{2}\times 5\times 4\times\sin 45^\circ$

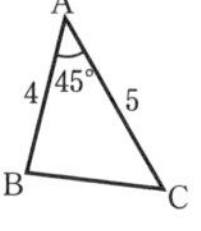

$$=\frac{1}{2}\times 5\times 4\times\frac{1}{\sqrt{2}}$$
$$=\mathbf{5\sqrt{2}}$$

(2) $S=\frac{1}{2}\times 8\times 6\times\sin 60^\circ$

$$=\frac{1}{2}\times 8\times 6\times\frac{\sqrt{3}}{2}$$
$$=\mathbf{12\sqrt{3}}$$

(3) $S=\frac{1}{2}\times 4\times 3\sqrt{3}\times\sin 60^\circ$

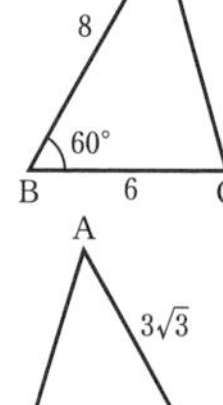

$$=\frac{1}{2}\times 4\times 3\sqrt{3}\times\frac{\sqrt{3}}{2}$$
$$=\mathbf{9}$$

125B (1) $S=\frac{1}{2}\times 6\times 4\times\sin 120^\circ$

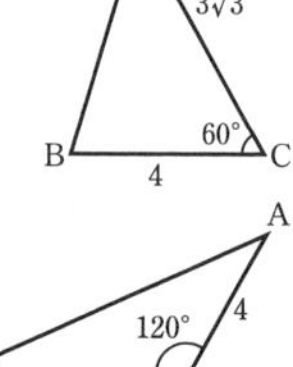

$$=\frac{1}{2}\times 6\times 4\times\frac{\sqrt{3}}{2}$$
$$=\mathbf{6\sqrt{3}}$$

(2) $S=\frac{1}{2}\times7\times8\times\sin150^\circ$

$=\frac{1}{2}\times7\times8\times\frac{1}{2}$

$=\mathbf{14}$

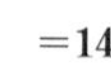

(3) $S=\frac{1}{2}\times8\times7\sqrt{2}\times\sin135^\circ$

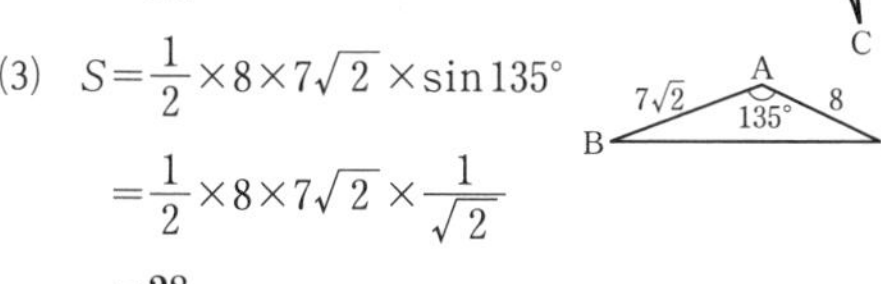

$=\frac{1}{2}\times8\times7\sqrt{2}\times\frac{1}{\sqrt{2}}$

$=\mathbf{28}$

126A (1) 余弦定理より

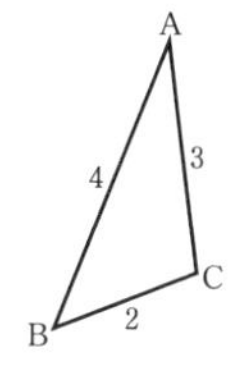

$\cos A=\frac{3^2+4^2-2^2}{2\times3\times4}$

$=\frac{21}{2\times3\times4}$

$=\frac{\mathbf{7}}{\mathbf{8}}$

(2) $\sin^2A+\cos^2A=1$ より

$\sin^2A=1-\cos^2A=1-\left(\frac{7}{8}\right)^2=\frac{15}{64}$

ここで，$\sin A>0$　であるから

$\sin A=\sqrt{\frac{15}{64}}=\frac{\sqrt{\mathbf{15}}}{\mathbf{8}}$

(3) $S=\frac{1}{2}bc\sin A=\frac{1}{2}\times3\times4\times\frac{\sqrt{15}}{8}$

$=\frac{\mathbf{3\sqrt{15}}}{\mathbf{4}}$

126B (1) 余弦定理より

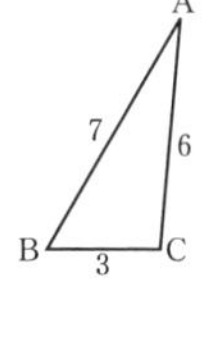

$\cos A=\frac{6^2+7^2-3^2}{2\times6\times7}$

$=\frac{76}{2\times6\times7}$

$=\frac{\mathbf{19}}{\mathbf{21}}$

(2) $\sin^2A+\cos^2A=1$ より

$\sin^2A=1-\cos^2A=1-\left(\frac{19}{21}\right)^2=\frac{80}{441}$

ここで，$\sin A>0$　であるから

$\sin A=\sqrt{\frac{80}{441}}=\frac{\mathbf{4\sqrt{5}}}{\mathbf{21}}$

(3) $S=\frac{1}{2}bc\sin A=\frac{1}{2}\times6\times7\times\frac{4\sqrt{5}}{21}$

$=\mathbf{4\sqrt{5}}$

127A (1) 余弦定理より

$a^2=5^2+3^2-2\times5\times3\times\cos120^\circ$

$=25+9-30\times\left(-\frac{1}{2}\right)$

$=49$

$a>0$ より

$a=\mathbf{7}$

(2) $S=\frac{1}{2}\times5\times3\times\sin120^\circ=\frac{15}{2}\times\frac{\sqrt{3}}{2}$

$=\frac{\mathbf{15\sqrt{3}}}{\mathbf{4}}$

ここで，$S=\frac{1}{2}r(a+b+c)$ であるから

$\frac{15\sqrt{3}}{4}=\frac{1}{2}r(7+5+3)$

$\frac{15\sqrt{3}}{4}=\frac{15}{2}r$

よって　$r=\frac{15\sqrt{3}}{4}\times\frac{2}{15}=\frac{\mathbf{\sqrt{3}}}{\mathbf{2}}$

127B (1) 余弦定理より

$a^2=(2\sqrt{2})^2+12^2-2\times2\sqrt{2}\times12\times\cos135^\circ$

$=8+144-48\sqrt{2}\times\left(-\frac{1}{\sqrt{2}}\right)$

$=200$

$a>0$ より

$a=\sqrt{200}=\mathbf{10\sqrt{2}}$

(2) $S=\frac{1}{2}\times2\sqrt{2}\times12\times\sin135^\circ=12\sqrt{2}\times\frac{1}{\sqrt{2}}$

$=\mathbf{12}$

ここで，$S=\frac{1}{2}r(a+b+c)$ であるから

$12=\frac{1}{2}r(10\sqrt{2}+2\sqrt{2}+12)$

$12=(6\sqrt{2}+6)r$

よって　$r=\frac{12}{6(\sqrt{2}+1)}=\frac{2}{\sqrt{2}+1}$

$=\frac{2(\sqrt{2}-1)}{(\sqrt{2}+1)(\sqrt{2}-1)}=\mathbf{2\sqrt{2}-2}$

45 空間図形の計量

p.108

128A △ABH において，

$\angle\mathrm{AHB}=180^\circ-(60^\circ+75^\circ)=45^\circ$

であるから，正弦定理より

$\frac{\mathrm{AH}}{\sin60^\circ}=\frac{30}{\sin45^\circ}$

よって

$\mathrm{AH}=\frac{30}{\sin45^\circ}\times\sin60^\circ$

$=30\div\frac{1}{\sqrt{2}}\times\frac{\sqrt{3}}{2}=15\sqrt{6}$

したがって，△ACH において

$\mathrm{CH}=\mathrm{AH}\tan45^\circ$

$=15\sqrt{6}\times1=\mathbf{15\sqrt{6}}$ **(m)**

128B △AHB において，

正弦定理より

$\frac{\mathrm{BH}}{\sin30^\circ}=\frac{100}{\sin135^\circ}$

よって

$\mathrm{BH}=\frac{100}{\sin135^\circ}\times\sin30^\circ$

$=100\div\frac{1}{\sqrt{2}}\times\frac{1}{2}=50\sqrt{2}$

したがって，△BCH において

$\mathrm{CH}=\mathrm{BH}\tan60^\circ$

$=50\sqrt{2}\times\sqrt{3}=\mathbf{50\sqrt{6}}$ **(m)**

129 (1) $\mathrm{AC}=\sqrt{1^2+(\sqrt{3})^2}=\mathbf{2}$

$AF=\sqrt{(\sqrt{6})^2+(\sqrt{3})^2}=\mathbf{3}$

$FC=\sqrt{1^2+(\sqrt{6})^2}=\sqrt{7}$

(2) △AFC において，余弦定理より

$$\cos\theta=\frac{2^2+3^2-(\sqrt{7})^2}{2\times2\times3}=\frac{6}{2\times2\times3}=\mathbf{\frac{1}{2}}$$

(3) $\sin\theta>0$ より

$$\sin\theta=\sqrt{1-\cos^2\theta}=\sqrt{1-\left(\frac{1}{2}\right)^2}=\frac{\sqrt{3}}{2}$$

よって

$$S=\frac{1}{2}\times AF\times AC\times\sin\theta$$
$$=\frac{1}{2}\times3\times2\times\frac{\sqrt{3}}{2}$$
$$=\mathbf{\frac{3\sqrt{3}}{2}}$$

演習問題

130 (1) $\triangle ABD=\frac{1}{2}\times3\times x\times\sin30^\circ=\mathbf{\frac{3}{4}x}$

$\triangle ACD=\frac{1}{2}\times2\times x\times\sin30^\circ=\mathbf{\frac{1}{2}x}$

(2) $\triangle ABC=\frac{1}{2}\times2\times3\times\sin60^\circ=\frac{3\sqrt{3}}{2}$

△ABD＋△ACD＝△ABC であるから

$$\frac{3}{4}x+\frac{1}{2}x=\frac{3\sqrt{3}}{2}$$

よって $\frac{5}{4}x=\frac{3\sqrt{3}}{2}$ より

$$x=\mathbf{\frac{6\sqrt{3}}{5}}$$

131 (1) △ABD において，余弦定理より

$BD^2=1^2+4^2-2\times1\times4\times\cos\theta=17-8\cos\theta$

△BCD において，余弦定理より

$BD^2=2^2+3^2-2\times2\times3\times\cos(180^\circ-\theta)$
$=13+12\cos\theta$

ゆえに　$17-8\cos\theta=13+12\cos\theta$

よって　$\cos\theta=\mathbf{\frac{1}{5}}$

(2) $0^\circ<\theta<180^\circ$ より $\sin\theta>0$ であるから

$$\sin\theta=\sqrt{1-\cos^2\theta}=\sqrt{1-\left(\frac{1}{5}\right)^2}=\frac{2\sqrt{6}}{5}$$

よって

$$S=\triangle ABD+\triangle BCD$$
$$=\frac{1}{2}\times1\times4\times\sin\theta$$
$$+\frac{1}{2}\times2\times3\times\sin(180^\circ-\theta)$$
$$=2\times\frac{2\sqrt{6}}{5}+3\times\frac{2\sqrt{6}}{5}=\mathbf{2\sqrt{6}}$$

5章　データの分析

1節　データの整理

46 度数分布表とヒストグラム　p.112

132A (1) 9.5～10.0 (秒) の階級の階級値であるから

$$\frac{9.5+10.0}{2}=\mathbf{9.75}\ (\textbf{秒})$$

(2) 8.0～8.5 (秒) の階級に速い方から 4 番目までの生徒がおり，8.5～9.0 (秒) の階級までに速い方から 4+6=10 番目までの生徒がいる。よって，速い方から 5 番目の生徒は 8.5～9.0 (秒) の階級にいることがわかる。

その階級値は　$\frac{8.5+9.0}{2}=\mathbf{8.75}$ **(秒)**

(3) $4+6+7=\mathbf{17}$ **(人)**

(4) 9.0～9.5 (秒) の階級の度数は 7 であるから

$$\frac{7}{20}=\mathbf{0.35}$$

132B (1) 77～81 (dB) の階級の階級値であるから

$$\frac{77+81}{2}=\mathbf{79}\ (\textbf{dB})$$

(2) 77～81 (dB) の階級に大きい方から 11+2=13 番目までの地点があり，73～77 (dB) の階級までに大きい方から 11+2+5=18 番目までの地点がある。よって，大きい方から 15 番目の地点は 73～77 (dB) の階級にあることがわかる。

その階級値は　$\frac{73+77}{2}=\mathbf{75}$ **(dB)**

(3) $6+6+5=\mathbf{17}$

(4) 69～73 (dB) の階級の度数は 6 であるから

$$\frac{6}{30}=\mathbf{0.2}$$

133 (1)

階級(回) 以上～未満	階級値 (回)	度数 (人)
12～16	**14**	**1**
16～20	**18**	**3**
20～24	**22**	**6**
24～28	**26**	**8**
28～32	**30**	**2**
計		20

(2)

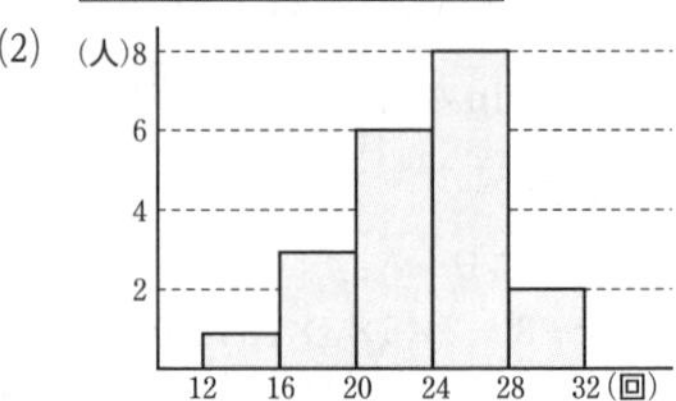

47 代表値　p.114

134A $\bar{x}=\frac{1}{5}(18+21+30+9+17)$

$=\frac{1}{5}\times95=\mathbf{19}$

134B $\bar{x}=\frac{1}{6}(19+5+15+28+8+9)$

$=\frac{1}{6}\times84=\mathbf{14}$

135A A組で最も多い人数は 12 人
B組で最も多い人数は 8 人
よって　A組：**6**
B組：**7**

135B 1 組で最も多い人数は 11 人
2 組で最も多い人数は 9 人
よって　1 組：**5 本**
2 組：**0 本**

136A (1)　データの大きさが 7 であるから，
中央値は 4 番目の値である。
よって　**32**

(2)　データの大きさが 10 であるから，中央値は 5 番目と 6 番目の値の平均値である。
よって　$\frac{28+41}{2}=\mathbf{34.5}$

136B (1)　データの大きさが 9 であるから，中央値は 5 番目の値である。
よって　**37**

(2)　データの大きさが 8 であるから，中央値は 4 番目と 5 番目の値の平均値である。
よって　$\frac{27+27}{2}=\mathbf{27}$

48 四分位数と四分位範囲

p.116

137A (本書では，第 1 四分位数，第 2 四分位数，第 3 四分位数を，それぞれ Q_1，Q_2，Q_3 で表す。)

(1)　中央値が Q_2 であるから
$Q_2=6$
Q_2 を除いて，データを前半と後半に分ける。
Q_1 は前半のデータの中央値であるから
$Q_1=3$
Q_3 は後半のデータの中央値であるから
$Q_3=8$
よって　$\mathbf{Q_1=3}$，$\mathbf{Q_2=6}$，$\mathbf{Q_3=8}$

(2)　中央値が Q_2 であるから
$Q_2=10$
Q_2 を除いて，データを前半と後半に分ける。
Q_1 は前半のデータの中央値であるから
$Q_1=\frac{7+7}{2}=7$
Q_3 は後半のデータの中央値であるから
$Q_3=\frac{13+15}{2}=14$
よって　$\mathbf{Q_1=7}$，$\mathbf{Q_2=10}$，$\mathbf{Q_3=14}$

137B (1)　中央値が Q_2 であるから
$Q_2=\frac{5+6}{2}=5.5$
Q_2 によって，データを前半と後半に分ける。
Q_1 は前半のデータの中央値であるから
$Q_1=\frac{3+3}{2}=3$
Q_3 は後半のデータの中央値であるから
$Q_3=\frac{6+7}{2}=6.5$
よって　$\mathbf{Q_1=3}$，$\mathbf{Q_2=5.5}$，$\mathbf{Q_3=6.5}$

(2)　中央値が Q_2 であるから
$Q_2=\frac{15+17}{2}=16$
Q_2 によって，データを前半と後半に分ける。
Q_1 は前半のデータの中央値であるから
$Q_1=14$
Q_3 は後半のデータの中央値であるから
$Q_3=17$
よって　$\mathbf{Q_1=14}$，$\mathbf{Q_2=16}$，$\mathbf{Q_3=17}$

138A (1)　最大値 11，最小値 5 より
範囲は　$11-5=\mathbf{6}$
$Q_1=6$，$Q_2=9$，$Q_3=10$ より
四分位範囲は　$10-6=\mathbf{4}$

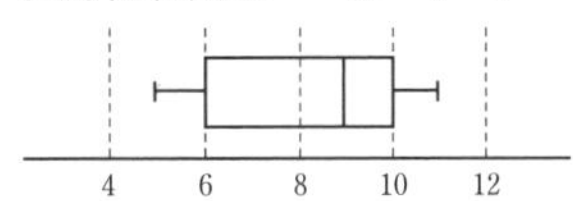

(2)　最大値 12，最小値 5 より
範囲は　$12-5=\mathbf{7}$
$Q_1=5$，$Q_2=8$，$Q_3=9$ より
四分位範囲は　$9-5=\mathbf{4}$

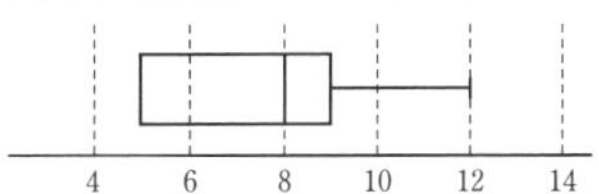

138B (1)　最大値 7，最小値 1 より
範囲は　$7-1=\mathbf{6}$
$Q_1=2$，$Q_2=\frac{5+5}{2}=5$，$Q_3=5$ より
四分位範囲は　$5-2=\mathbf{3}$

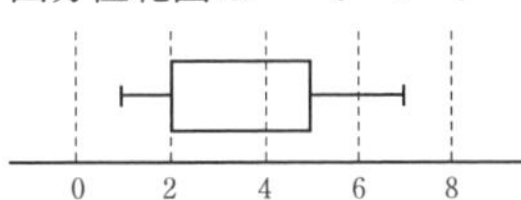

(2)　最大値 56，最小値 20 より
範囲は　$56-20=\mathbf{36}$
$Q_1=\frac{24+24}{2}=24$，$Q_2=\frac{33+37}{2}=35$，
$Q_3=\frac{42+50}{2}=46$ より
四分位範囲は　$46-24=\mathbf{22}$

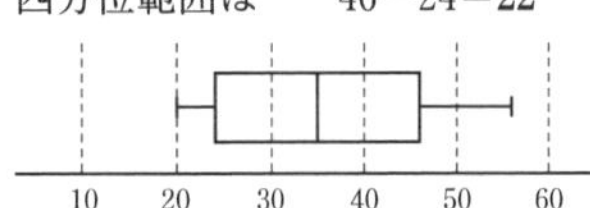

49 データと箱ひげ図

p.118

139A ①　那覇と東京の最大値と最小値の差はそれぞれおよそ
$26-16=10$，　$22-7=15$
であるから，正しい。

② 那覇と東京の四分位範囲はそれぞれ，およそ

$24-19=5, \quad 19-10=9$

であるから，正しくない。

③ 那覇の最高気温の最小値はおよそ 16°C であるから，正しい。

④ 31 個の値について，四分位数の位置は次のようになる。

①～⑦，⑧，⑨～⑮，⑯，⑰～㉓，㉔，㉕～㉛

（⑧ が Q_1，⑯ が Q_2，㉔ が Q_3）

東京の Q_1 は 10°C であるが，たとえば次のようなデータの場合，最高気温が 10°C 未満の日数は 7 日ではない。

（単位 °C）

	①	②	③	④	⑤	⑥	⑦	⑧	⑨	～	⑯	～	㉔	～	㉛
東京	7	9	10	10	10	10	10	10	10	～	14	～	19	～	22

以上より，正しいと判断できるものは

①，③

139B ① 中学生の四分位範囲は 2 以上，高校生の四分位範囲は 2 未満である。

よって，正しい。

② 高校生の睡眠時間の最大値は 8 時間以上であるから，正しくない。

③ 50 個の値について，Q_2 は 25 番目と 26 番目の値の平均値である。中学生の Q_2 は 7 以上であるから，26 番目の値は 7 以上である。ゆえに，少なくとも半数は 7 時間以上であるから，正しい。

④ 50 個の値について，四分位数の位置は次のようになる。

①～⑫，⑬，⑭～㉕，㉖～㊲，㊳，㊴～㊿

（⑬ が Q_1，㉕ と ㉖ から Q_2，㊳ が Q_3）

高校生の Q_1 は 5 時間であるが，たとえば次のようなデータの場合，睡眠時間が 5 時間未満の生徒は 12 人ではない。

（単位：時間）

	①	②	③	④	⑤	⑥	⑦	⑧	⑨	⑩	⑪	⑫	⑬
高校生	4.5	5	5	5	5	5	5	5	5	5	5	5	5

以上より，正しいと判断できるものは

①，③

140A ヒストグラムⓐ，ⓑの表す分布は左右対称であるから，対応する箱ひげ図は㋐か㋓。ⓐは中央付近にデータが集まっているから，㋓が対応する。

ヒストグラムⓒの表す分布は左寄りであるから，箱ひげ図㋑が対応し，ⓓの表す分布は右寄りの分布であるから㋒が対応する。

よって，対応する組は

ⓐと㋓，ⓑと㋐，ⓒと㋑，ⓓと㋒

140B ヒストグラムⓑ，ⓒの表す分布は左右対称であるから，対応する箱ひげ図は㋒か㋓。ⓒは中央付近にデータが集まっているから，㋓が対応する。

ヒストグラムⓐ，ⓓの表す分布は左寄りであるから，対応する箱ひげ図は㋐か㋑。ⓐの方が箱が長い箱ひげ図になるから，㋑が対応する。

よって，対応する組は

ⓐと㋑，ⓑと㋒，ⓒと㋓，ⓓと㋐

2節　データの分析

50 分散と標準偏差

p.120

141 (1) 平均値 $\overline{x}$ は

$$\overline{x}=\frac{1}{5}(3+5+7+4+6)=\frac{25}{5}=5$$

ゆえに，分散 s^2 は

$$s^2=\frac{1}{5}\{(3-5)^2+(5-5)^2+(7-5)^2+(4-5)^2+(6-5)^2\}$$

$$=\frac{10}{5}=\mathbf{2}$$

よって，標準偏差 s は　$s=\sqrt{2}$

(2) 平均値 $\overline{x}$ は

$$\overline{x}=\frac{1}{6}(1+2+5+5+7+10)=\frac{30}{6}=5$$

ゆえに，分散 s^2 は

$$s^2=\frac{1}{6}\{(1-5)^2+(2-5)^2+(5-5)^2+(5-5)^2+(7-5)^2+(10-5)^2\}$$

$$=\frac{54}{6}=\mathbf{9}$$

よって，標準偏差 s は　$s=\sqrt{9}=\mathbf{3}$

142 x の平均値 $\overline{x}$ は

$$\overline{x}=\frac{1}{5}(4+6+7+8+10)=\frac{35}{5}=7$$

であるから，x の標準偏差 s_x は

$$s_x=\sqrt{\frac{1}{5}\{(4-7)^2+(6-7)^2+(7-7)^2+(8-7)^2+(10-7)^2\}}$$

$$=\sqrt{\frac{20}{5}}=\sqrt{4}=\mathbf{2}$$

y の平均値 $\overline{y}$ は

$$\overline{y}=\frac{1}{5}(4+5+7+9+10)=\frac{35}{5}=7$$

であるから，y の標準偏差 s_y は

$$s_y=\sqrt{\frac{1}{5}\{(4-7)^2+(5-7)^2+(7-7)^2+(9-7)^2+(10-7)^2\}}$$

$$=\sqrt{\frac{26}{5}}=\sqrt{\mathbf{5.2}}$$

よって　$s_x<s_y$

したがって，**y の方が散らばりの度合いが大きい。**

143 平均値 $\overline{x}$ は

$$\overline{x}=\frac{1}{5}(8+2+4+6+5)=\frac{25}{5}=5$$

ゆえに，分散 s^2 は

$$s^2=\frac{1}{5}(8^2+2^2+4^2+6^2+5^2)-5^2$$

$$=\frac{145}{5}-25=\mathbf{4}$$

よって，標準偏差 s は　$s=\sqrt{4}=\mathbf{2}$

51 変量の変換 p.122

144A $\overline{u}=4\overline{x}+1=4\times8+1=\mathbf{33}$

$s_u{}^2=4^2s_x{}^2=16\times7=\mathbf{112}$

144B $u=\dfrac{3x-10}{5}=\dfrac{3}{5}x-2$ より

$\overline{u}=\dfrac{3}{5}\overline{x}-2=\dfrac{3}{5}\times5-2=\mathbf{1}$

$s_u{}^2=\left(\dfrac{3}{5}\right)^2s_x{}^2=\dfrac{9}{25}\times10=\mathbf{\dfrac{18}{5}}$

52 散布図 p.123

145 (1)

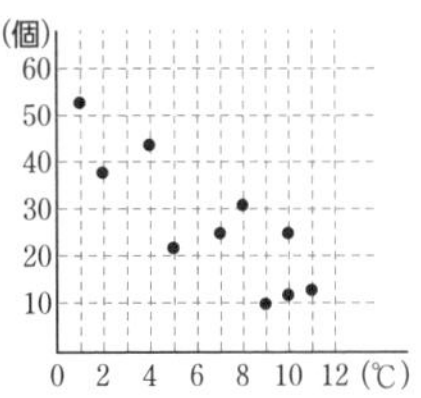

負の相関がある。

(2)

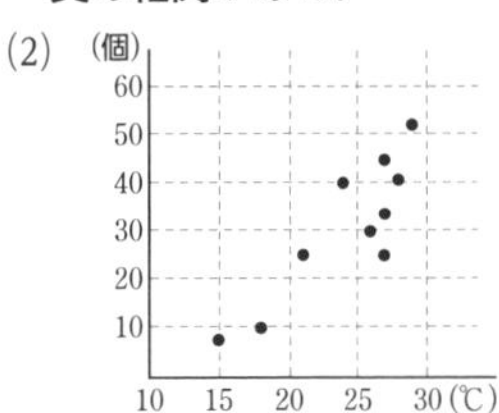

正の相関がある。

53 共分散と相関係数 p.124

146 (1) $\overline{x}=\dfrac{1}{4}(4+7+3+6)=\dfrac{20}{4}=\mathbf{5}$

$\overline{y}=\dfrac{1}{4}(4+8+6+10)=\dfrac{28}{4}=\mathbf{7}$

(2) 下の表より,

$s_{xy}=\dfrac{1}{4}\times10=\mathbf{2.5}$

生徒	ゲーム x (点)	ゲーム y (点)	$x-\overline{x}$	$y-\overline{y}$	$(x-\overline{x})(y-\overline{y})$
①	4	4	−1	−3	3
②	7	8	2	1	2
③	3	6	−2	−1	2
④	6	10	1	3	3
計	20	28	0	0	10

147

生徒	x	y	$x-\overline{x}$	$y-\overline{y}$	$(x-\overline{x})^2$	$(y-\overline{y})^2$	$(x-\overline{x})(y-\overline{y})$
①	4	7	−2	−1	4	1	2
②	7	9	1	1	1	1	1
③	5	8	−1	0	1	0	0
④	8	10	2	2	4	4	4
⑤	6	6	0	−2	0	4	0
計	30	40	0	0	10	10	7
平均値	6	8	0	0	2	2	1.4

上の表より, x, y の分散 $s_x{}^2$, $s_y{}^2$ は

$s_x{}^2=2$, $s_y{}^2=2$

よって, 標準偏差 s_x, s_y は

$s_x=\sqrt{2}$, $s_y=\sqrt{2}$

また, x と y の共分散 s_{xy} は

$s_{xy}=1.4$

したがって, x と y の相関係数 r は

$r=\dfrac{s_{xy}}{s_xs_y}=\dfrac{1.4}{\sqrt{2}\times\sqrt{2}}=\mathbf{0.7}$

54 外れ値 p.126

148A $Q_1=22$, $Q_3=30$ であるから

$Q_1-1.5(Q_3-Q_1)=22-1.5\times(30-22)=10$

$Q_3+1.5(Q_3-Q_1)=30+1.5\times(30-22)=42$

よって, 外れ値は

10 以下または 42 以上

の値である。

したがって　①, ④

148B $Q_1=36$, $Q_3=48$ であるから

$Q_1-1.5(Q_3-Q_1)=36-1.5\times(48-36)=18$

$Q_3+1.5(Q_3-Q_1)=48+1.5\times(48-36)=66$

よって, 外れ値は

18 以下または 66 以上

の値である。

したがって　④

55 仮説検定 p.127

149 度数分布表より, コインを 6 回投げたとき, 表が 6 回出る相対度数は $\dfrac{13}{1000}=0.013$ である。よって, A が 6 勝する確率は 1.3 % と考えられ, 基準となる確率の 5 % より小さい。

したがって, **「A, B の実力が同じ」という仮説が誤り**と判断する。すなわち, A が 6 勝したときは, A の方が強いといえる。